"南开大学-中国电建"京津冀碳中和联合工程研究中心项目

生物质资源化利用国家地方联合工程研究中心(南开大学)项目

昌黎县碳达峰碳中和规划研究

姚晨晨 黎 特 李 君 主编

化学工业出版社

·北京·

内容简介

《昌黎县碳达峰碳中和规划研究》主要内容包括：绪论、昌黎县资源环境和社会经济发展现状、昌黎县发展规划分析、昌黎县碳排放清单分析、昌黎县碳达峰预测分析、昌黎县碳汇分析、各行业领域碳减排路径及实施方案、昌黎县碳达峰碳中和重点任务。本书以案例研究形式，系统梳理了碳达峰碳中和规划的编制思路，分行业开展了碳排放清单编制及碳达峰预测分析，具有较强的系统性、创新性、针对性和可操作性。

本书可供环境科学与工程类、城市规划类、能源类等各相关领域的管理和技术人员参考。

图书在版编目（CIP）数据

昌黎县碳达峰碳中和规划研究 / 姚晨晨，黎特，李君主编． -- 北京：化学工业出版社，2025.3． -- ISBN 978-7-122-47219-9

Ⅰ．X511

中国国家版本馆 CIP 数据核字第 2025X8K312 号

责任编辑：满悦芝　　　　　　　文字编辑：王　琪
责任校对：李露洁　　　　　　　装帧设计：张　辉

出版发行：化学工业出版社
　　　　　（北京市东城区青年湖南街 13 号　邮政编码 100011）
印　　装：北京盛通数码印刷有限公司
710mm×1000mm　1/16　印张 17¾　字数 306 千字
2025 年 4 月北京第 1 版第 1 次印刷

购书咨询：010-64518888　　　　售后服务：010-64518899
网　　址：http://www.cip.com.cn

凡购买本书，如有缺损质量问题，本社销售中心负责调换。

定　　价：98.00 元　　　　　　　　　版权所有　违者必究

本书编写人员名单

主　　编：姚晨晨　黎　特　李　君

副 主 编：李智强　周笑笑　刘泽珺　陈玉龙　叶　顿
　　　　　李　程　郭凤娟

顾　　问：鞠美庭

编写人员（按姓氏笔画排序）：

　　　　　王卫帅　王成旭　王雁南　叶　顿　白新宇
　　　　　吕　帅　刘泽珺　汤　瑶　李　君　李　程
　　　　　李智强　呙　颂　何泳绰　余冠杰　宋京阳
　　　　　陈玉龙　周笑笑　施雅玫　姚晨晨　夏天亮
　　　　　钱恒力　郭凤娟　郭逸豪　赖睿特　黎　特

前言
PREFACE

  2020年9月22日，中国在第75届联合国大会上正式提出2030年实现碳达峰、2060年实现碳中和的目标。党的二十大报告也明确提出：实现碳达峰碳中和是一场广泛而深刻的经济社会系统性变革。立足我国能源资源禀赋，坚持先立后破，有计划分步骤实施碳达峰行动。完善能源消耗总量和强度调控，重点控制化石能源消费，逐步转向碳排放总量和强度"双控"制度。推动能源清洁低碳高效利用，推进工业、建筑、交通等领域清洁低碳转型。

  昌黎县地理位置优越，地处环渤海区域，具有丰富的海上风光资源；县域内地形复杂，有山区丘陵、广阔的平原，还有滨海区域，陆地风光资源丰富，具有开发风电、光电的优势；昌黎县依山傍水，拥有黄金海岸资源优势，是著名的康养休闲地，县域内打造了绿色钢铁小镇、国际葡萄酒园、华夏庄园等休闲空间，旅游资源丰富；昌黎县农业较为发达，拥有三大农业优质品牌；葡萄酒、皮毛产业发达，产品远销海内外。昌黎县以钢铁为主导产业，并形成了葡萄酒产业、金属材料产业、皮毛产业、农产品加工产业以及生命健康产业集群。

  2023年10月至2024年4月，中国电建集团华东勘测设计研究院有限公司、中国电建集团河北省电力勘测设计研究院有限公司和南开大学联合开展并完成了"典型城市碳达峰碳中和实施方案研究——以昌黎县为例"项目，本书即为该项目的成果之一。在项目的完成过程中，得到了昌黎县各政府部门的大力支持和指导，在此要特别向昌黎县政府办公室、昌黎县发展和改革局、昌黎县统计局、昌黎县住建局、昌黎县资源规划局、昌黎县水务局、昌黎县交通运输局、昌黎县农业农村局、昌黎县旅游文广局、昌黎县林业发展中心、秦皇岛市生态环境局昌黎分局等部门的相关领导和同志们诚挚致谢！

  本书在编写过程中参考了相关领域的著作、文献和标准文件，借鉴了国内外专家学者和机构发表的研究成果资料，在此向有关作者致以谢忱。

  由于水平所限，本书中还存在不足和疏漏之处，希望得到广大读者的批评指教。

编 者

2024年12月于天津

目录 CONTENTS

第1章 绪论　1

1.1 碳达峰碳中和的国际经验借鉴 1
　1.1.1 已实现碳达峰国家的情况分析 1
　1.1.2 已实现碳达峰国家的经验做法 5
　1.1.3 碳中和目标和路径的国际共识 14
1.2 我国推动碳达峰碳中和进展 17
　1.2.1 碳达峰碳中和的目标体系建设 17
　1.2.2 碳达峰碳中和的政策体系建设 21
　1.2.3 有序推进碳排放权交易市场建设 25
　1.2.4 推动绿色低碳技术的研发创新 30
1.3 昌黎县碳达峰碳中和研究思路 34
　1.3.1 研究背景和意义 34
　1.3.2 研究目标和内容 35
　1.3.3 技术路线和方法 36

第2章 昌黎县资源环境和社会经济发展现状　37

2.1 自然生态现状调查 37
　2.1.1 地理地质现状 37
　2.1.2 地形地貌现状 37
　2.1.3 水文土壤现状 38
　2.1.4 气候气象现状 43
2.2 社会发展现状调查 43
　2.2.1 社会发展状况 43
　2.2.2 产业结构调查 44
　2.2.3 经济发展指标 44

  2.2.4 社会发展指标 ·· 45
 2.3 环境质量现状调查 ·· 46
  2.3.1 地表水环境指标及污染现状 ······························· 46
  2.3.2 空气环境指标及污染现状 ·································· 48
 2.4 能源资源现状调查 ·· 48
  2.4.1 各类能源生产和消费现状 ·································· 48
  2.4.2 各类资源储量和利用现状 ·································· 50
  2.4.3 地下水环境指标及污染现状 ······························· 52
  2.4.4 土壤环境指标及污染现状 ·································· 52

第3章　昌黎县发展规划分析　　54

 3.1 能源规划分析 ·· 54
  3.1.1 能源消费总量分析 ·· 54
  3.1.2 能源结构构成分析 ·· 55
  3.1.3 城市能源损耗分析 ·· 56
 3.2 工业发展规划分析 ·· 56
  3.2.1 工业能源消耗总量分析 ······································ 57
  3.2.2 工业能源消耗结构分析 ······································ 57
  3.2.3 工业碳排放的变化趋势 ······································ 58
 3.3 交通规划分析 ·· 59
  3.3.1 交通运输变化特征分析 ······································ 59
  3.3.2 交通运输变化趋势分析 ······································ 60
  3.3.3 交通运输系统能源结构分析 ······························· 61
  3.3.4 交通运输系统能源效率分析 ······························· 61
 3.4 土地利用规划分析 ·· 62
  3.4.1 不同用地类型变化特征分析 ······························· 62
  3.4.2 不同用地类型变化趋势分析 ······························· 63
  3.4.3 不同用地类型变化减碳分析 ······························· 65

第4章　昌黎县碳排放清单分析　　67

 4.1 钢铁行业碳排放清单分析 ······································ 67

  4.1.1 钢铁企业碳排放核算方法·······67
  4.1.2 昌黎县钢铁行业现状及碳排放核算·······72
 4.2 建材行业碳排放清单分析·······79
  4.2.1 昌黎县建材行业分析·······79
  4.2.2 建材行业碳排放核算·······80
 4.3 热电行业碳排放清单分析·······85
  4.3.1 热电企业碳排放核算方法·······85
  4.3.2 昌黎县热电行业现状及碳排放核算·······86
 4.4 环境治理行业碳排放清单分析·······90
  4.4.1 污水处理碳排放核算方法·······90
  4.4.2 生活垃圾处理碳排放核算方法·······94
  4.4.3 昌黎县污水处理现状及碳排放核算·······95
  4.4.4 昌黎县固废处理现状及碳排放核算·······97
 4.5 食品加工行业碳排放清单分析·······99
  4.5.1 昌黎县食品加工行业分析·······99
  4.5.2 食品加工行业碳排放核算·······103
 4.6 交通领域碳排放清单分析·······110
  4.6.1 交通领域碳排放核算方法·······110
  4.6.2 昌黎县陆路客货运输现状及碳排放核算·······111
 4.7 建筑领域碳排放清单分析·······112
  4.7.1 建筑物建造排放清单分析·······112
  4.7.2 建筑物运行排放清单分析·······114
  4.7.3 建筑物拆除排放清单分析·······116
 4.8 农业领域碳排放清单及碳汇分析·······118
  4.8.1 种植业排放清单及碳汇分析·······118
  4.8.2 养殖业排放清单分析·······120
  4.8.3 林业碳排放清单及碳汇分析·······122
  4.8.4 农业废弃物处置排放清单分析·······124
 4.9 消费领域碳排放清单分析·······124
  4.9.1 消费领域碳排放核算方法·······125

4.9.2　昌黎县消费领域发展现状及碳排放核算 126
4.10　其他领域碳排放及碳中和规划 131
　　4.10.1　金属制品行业碳排放核算 131
　　4.10.2　皮毛加工与制衣行业碳排放核算 133
　　4.10.3　造纸与玻璃等企业碳排放核算 134
4.11　昌黎县碳排放特征分析 138

第5章　昌黎县碳达峰预测分析　140

5.1　钢铁行业碳达峰预测分析 140
　　5.1.1　压减产量情景设定 140
　　5.1.2　提高电炉工艺炼钢比例情景设定 143
　　5.1.3　采用氢冶金情景设定 143
5.2　建材行业碳达峰预测分析 144
5.3　热电行业碳达峰预测分析 147
5.4　环境治理行业碳达峰预测分析 149
5.5　食品加工行业碳达峰预测分析 151
5.6　交通领域碳达峰预测分析 154
5.7　建筑领域碳达峰预测分析 157
5.8　农业领域碳达峰预测分析 160
5.9　消费领域碳达峰预测分析 163
5.10　昌黎县碳达峰预测分析 165

第6章　昌黎县碳汇分析　167

6.1　昌黎县的森林碳汇分析 167
6.2　昌黎县的农业碳汇分析 170
6.3　昌黎县的湿地碳汇分析 172
6.4　昌黎县的海洋碳汇分析 175
6.5　昌黎县的人工碳汇展望 179
6.6　昌黎县不同类型碳汇汇总 182

第 7 章 各行业领域碳减排路径及实施方案　　183

7.1 钢铁行业碳减排路径及实施方案　183
7.1.1 钢铁行业碳中和目标及路径　183
7.1.2 钢铁行业碳减排实施方案　186

7.2 建材行业碳减排路径及实施方案　190
7.2.1 建材行业碳中和目标及路径　190
7.2.2 建材行业碳减排实施方案　193

7.3 热电行业碳减排路径及实施方案　197
7.3.1 热电行业碳中和目标及路径　199
7.3.2 热电行业碳减排实施方案　203

7.4 环境治理行业碳减排路径及实施方案　206
7.4.1 环境治理行业碳中和目标及路径　206
7.4.2 环境治理行业碳减排实施方案　210

7.5 食品加工行业碳减排路径及实施方案　212
7.5.1 食品加工行业碳中和目标及路径　212
7.5.2 食品加工行业碳减排实施方案　213

7.6 交通领域碳减排路径及实施方案　215
7.6.1 交通领域碳中和目标及路径　215
7.6.2 交通领域碳减排实施方案　221

7.7 建筑领域碳减排路径及实施方案　225
7.7.1 建筑领域碳中和目标及路径　225
7.7.2 建筑领域碳减排实施方案　229

7.8 农业领域碳减排路径及实施方案　234
7.8.1 农业领域碳中和目标及路径　234
7.8.2 农业领域碳减排实施方案　238

7.9 消费领域碳减排路径及实施方案　242
7.9.1 消费领域碳中和目标及路径　242
7.9.2 消费领域碳减排实施方案　248

7.10 其他领域碳减排实施方案　251
7.10.1 金属制品行业碳减排实施方案　251

  7.10.2　皮毛加工与制衣行业碳减排实施方案 ················ 252

  7.10.3　造纸与玻璃等企业碳减排实施方案 ···················· 254

第 8 章　昌黎县碳达峰碳中和重点任务　　257

  8.1　推动能源绿色低碳转型 ·· 257

  8.2　推动绿色低碳创新发展 ·· 259

  8.3　推动循环经济快速发展 ·· 260

  8.4　推动交通领域低碳发展 ·· 262

  8.5　推动建筑领域低碳发展 ·· 262

  8.6　推动绿色低碳技术研发 ·· 263

  8.7　推进钢铁企业超低排放 ·· 264

  8.8　推动高炉富氢冶炼示范 ·· 265

  8.9　推进冀东水泥绿色制造 ·· 265

  8.10　全面推动绿色低碳消费 ······································ 266

参考的规划及政策等文件　　267

  一、昌黎县的规划及政策文件 ···································· 267

  二、秦皇岛市规划及政策文件 ···································· 267

  三、河北省的规划及政策文件 ···································· 267

  四、国家相关规划及政策文件 ···································· 269

参考文献　　270

第1章
绪 论

1.1 碳达峰碳中和的国际经验借鉴

1.1.1 已实现碳达峰国家的情况分析

根据世界资源研究所统计,1990年前实现碳达峰的国家有19个,2000年增至33个,2010年为49个,2020年达53个,上述已实现碳达峰国家的碳排放量占全球排放量的40%,其中达峰时间主要集中在1990年以后,且这些国家大部分为发达国家。已有研究显示,欧盟作为整体早在1990年就实现碳达峰,峰值为48.54亿吨二氧化碳当量;英国1991年实现了碳达峰,峰值为6.60亿吨二氧化碳当量;美国碳达峰时间为2007年,峰值为61.31亿吨二氧化碳当量;日本碳达峰时间为2013年,峰值为13.15亿吨二氧化碳当量;新加坡于2009年达到峰值,峰值为0.90亿吨二氧化碳当量。此外,巴西、俄罗斯等国家也实现了碳达峰。已实现碳达峰国家或地区及对应的达峰时间见表1-1。

1.1.1.1 碳达峰国家的经济发展分析

对已实现碳达峰国家达峰时呈现的一些经济社会基本特点进行归纳总结可以发现,大部分国家人均国内生产总值(GDP)在1万美元以上,多数发达国家实现碳达峰时人均GDP在2万美元以上。美国在碳达峰前10年时间里,GDP保持在1.00%~4.75%的低速增长;2004—2013年达峰前,日本GDP增长率为1.37%。在碳达峰前的10年里,排除1975年世界范围金融危机的影响,欧盟主要国家GDP始终保持在低速增长。

表 1-1 已实现碳达峰国家或地区及达峰时间

国家或地区	达峰时间	国家或地区	达峰时间	国家或地区	达峰时间	国家或地区	达峰时间
1990 年之前		1990—2000 年		2000—2010 年		2010 年之后	
阿塞拜疆		英国	1991	摩纳哥	2000	日本	2013
白俄罗斯		法国	1991	瑞士	2000	韩国	2013
保加利亚		卢森堡	1991	密克罗尼西亚	2001		
克罗地亚		立陶宛	1991	爱尔兰	2001		
捷克		黑山共和国	1991	奥地利	2003		
爱沙尼亚		波兰	1992	巴西	2004		
格鲁吉亚		瑞典	1993	葡萄牙	2005		
德国	1990	芬兰	1994	澳大利亚	2006		
匈牙利		荷兰	1996	加拿大	2007		
哈萨克斯坦		丹麦	1996	希腊	2007		
拉脱维亚		比利时	1996	意大利	2007		
摩尔多瓦		哥斯达黎加	1999	圣马力诺	2007		
挪威				西班牙	2007		
罗马尼亚				美国	2007		
俄罗斯				冰岛	2008		
塞尔维亚				列支敦士登	2008		
斯洛伐克				斯洛文尼亚	2008		
塔吉克斯坦				塞浦路斯	2008		
乌克兰				新加坡	2009		
欧盟	1990						

依据 GDP 及经济发展水平，可将已实现碳达峰国家分为两种类型：第一种类型主要为东欧国家，人均 GDP（PPP）较低，为 5000～10000 美元。这其中有一些国家是因为社会经济受损衰退、转型失败从而实现碳达峰，说明尽管经济增长与碳排放峰值关系密切，但依然可以在较低的经济发展水平上实现达峰。第二种类型为美国、日本、法国、德国等发达国家，碳达峰往往伴随着经济发展到了较高水平阶段，大部分国家的人均 GDP（PPP）在 2 万美元以上，达峰时间基本在 1990 年后。这些国家的碳达峰与其严格的气候政策和经济快速发展有关，通常实现碳达峰后，经济增长速度放缓甚至出现明显下降趋势，实现了经济发展与能源消耗、碳排放增长的脱钩，进入了碳排放环境的库兹涅茨（EKC）曲线的下

降阶段。

如图1-1和表1-2所示，达峰国家达峰当年的人均GDP占同期全球人均GDP的比重变化幅度不大，以欧盟、德国、英国、法国、美国、日本六个发达国家或地区为例，比值约为4.60。例如，2007年达峰的美国，其人均GDP与同年全球人均GDP的比值最大，为5.54，1990年达峰的欧盟比值最小，约为3.60。依据支付能力原则，发达经济体在达峰时达到较高的人均GDP水平，可为后续深度减排所需支付的减排成本提供较好的经济基础。

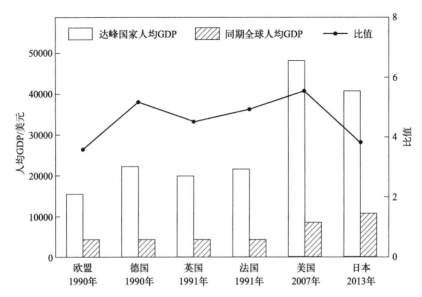

图1-1 部分发达国家或地区达峰人均GDP与同期全球人均GDP的关系

（数据来源：世界银行）

1.1.1.2 碳达峰国家的产业结构分析

从产业结构看，在达峰前后，第二产业占比稳步下降，第三产业尤其是服务业占比逐步上升，绝大多数国家达峰时第三产业比重在60%以上，美国、日本、巴西均在70%左右。德国第二产业的比重从1980年的41%降至1990年碳达峰时的38%，最近20年基本稳定在27%左右的水平。美国第二产业自20世纪80年代开始一直有明显幅度的下滑，比重从1981年的34%降至2007年碳达峰时的21%，近十年占比平稳下降，均不超过20%。美国第三产业近十年占比平稳上升，均值在70%以上。

已实现碳达峰的国家基本上处于后工业化阶段，第三产业占比远高于第二产业，主导产业以高技术加工制造业和生产性服务业为主。

表 1-2　已实现碳达峰国家或地区碳达峰当年的人均 GDP　　单位：美元

国家或地区	人均GDP	国家或地区	人均GDP	国家或地区	人均GDP	国家或地区	人均GDP
阿塞拜疆		俄罗斯		荷兰	29000	意大利	37900
白俄罗斯		塞尔维亚		丹麦	35700	圣马力诺	72000
保加利亚		斯洛伐克		比利时	27500	西班牙	32600
克罗地亚		塔吉克斯坦		哥斯达黎加	3653	美国	48100
捷克		乌克兰		摩纳哥	81600	冰岛	56900
爱沙尼亚		欧盟	15500	瑞士	38900	列支敦士登	143500
格鲁吉亚		英国	19900	密克罗尼西亚	2152	斯洛文尼亚	27600
德国	22300	法国	21700	爱尔兰	28300	塞浦路斯	35400
匈牙利		卢森堡	35700	奥地利	32300	新加坡	38900
哈萨克斯坦		立陶宛		巴西	3623	日本	40900
拉脱维亚		黑山共和国		葡萄牙	18800	韩国	27200
摩尔多瓦		波兰	2459	澳大利亚	36600		
挪威		瑞典	24400	加拿大	44700		
罗马尼亚		芬兰	20300	希腊	28900		

注：数据来源：世界银行。

1.1.1.3　碳达峰国家城市化水平分析

从城市化水平看，无论是自然达峰还是受政策影响达峰的国家，城镇化进程基本完成，城市化率普遍超过 70%，主要集中在 60%～80%。如英国在 1991 年实现碳达峰前，城市化率已经达到 78%，到 2018 年为 83%，城市化水平在欧洲国家居于前列。

城市化对碳减排具有正负效用综合作用的影响。一方面，城镇人口规模的增加会加大对能源的消耗，进而促进碳排放量的增加；另一方面，城市化会促进人口、交通和产业的集群效应、规模经济效应和分工协作效应，有利于资源的节约，从而降低碳排放量。中国的城市化与人均碳排放之间呈现"倒 U 形"曲线关系，且目前处于"倒 U 形"曲线左侧上升阶段。城市化率提升到一定阶段表现出较好的碳减排效应，尤其是在城市化率突破 80% 后，碳减排效果更为明显。

1.1.1.4　碳达峰国家的能源结构分析

从能源消费强度来看，已实现碳达峰国家达峰时能源消费强度均降低至较低水平，多数在1.0~4.7t标准煤/10^4美元，美国、日本等在2.1t标准煤/10^4美元以下。

从能源消费结构来看，呈现三个特点：一是碳达峰时往往伴随着煤炭、石油等高排放能源消费量达到峰值，统计数据显示，九成以上碳达峰国家和地区化石能源消耗占比高于60%，七成以上碳达峰国家和地区化石能源消耗占比高于80%。欧盟、英国、法国、德国通过油气替代改变高煤耗模式，促使排放增速减缓，与达峰前（以1965年为参考）相比，煤炭在能源消费结构中的占比降幅为17%~25%，且达峰后这一下降趋势持续至今，其中英国、法国煤炭占比已削减至3%，基本已完成煤炭淘汰。二是碳达峰时呈现油气为主的特征，美国、日本、欧盟、英国、法国、德国等最为突出，法国达峰时油气占比高达77%以上，英国油气占比相对较低，为57%，油气在碳达峰阶段发挥了能源转型过渡支持作用。英国和美国均是大幅提高天然气使用比例，降低煤炭消费量，加快可再生能源的开发利用，促进了碳排量的降低，进而顺利实现了碳达峰。三是碳达峰后，通过保持或者增加天然气占比，提高核能或可再生能源占比，推动能源结构进一步低碳化。煤炭在能源消费结构中的占比持续下降，大部分国家在40%以下，而可再生能源消费呈现明显的增长态势。安道尔、津巴布韦大力发展可再生能源，达峰时可再生能源占比高达70%左右。法国2020年可再生能源和核能占比高达50%。英国1991年实现碳达峰时煤炭、石油等高排放能源的消费量也达到高峰，之后稳步回落。2003年，英国政府首次提出发展"低碳经济"，可再生能源消费量大幅攀升，成为石油、天然气之后的第三大消费能源。

1.1.2 已实现碳达峰国家的经验做法

1.1.2.1 加快能源结构的优化和调整

能源结构调整是"双碳"目标实现的重要抓手，多数国家将能源结构优化和调整作为长期碳减排战略。对已实现碳达峰国家在能源结构调整与优化方面的成功经验，可总结为以下几个方面。

一是能源供应方面，减少煤炭资源的开采使用、增加可再生能源利用。

德国将能源系统转型作为脱碳的战略重点，建立了完善的能源与气候保护治理体系。制定了"压煤弃核增氢"战略，要求逐步停止使用煤炭、关闭核电站、扩大氢能和可再生能源使用。德国是传统的工业强国，早在20世纪七八十年代就开始发展可再生能源，探索能源转型发展。1987年，德国成立了首个应对气候变化的政府机构——大气层预防性保护委员会。2019年1月，德国煤炭委员会设计了退煤路线图，计划在2022年关闭1/4电厂，在2038年全面退出燃煤发电。2020年7月，德国通过《退煤法案》，确定到2038年退出煤炭市场，并就煤电退出时间表给出详细规划，并有望在2035年提前退出煤电。德国发布《国家能源和气候计划》《国家氢能战略》，构建高比例可再生能源的清洁能源系统，并设定在2030年可再生能源的电力占比将提升到65%的能源战略目标。

欧盟高度重视可再生能源的开发利用。近年来，欧盟发布了新的促进可再生能源使用指令，并设定2030年可再生能源在最终总能源需求中的占比达到32%。欧盟将氢能作为促进经济增长、创造当地就业机会和巩固欧盟在全球领导地位的投资重点。2020年7月，欧盟发布《欧盟氢能战略》及《能源系统一体化战略》，推动利用风能和太阳能生产清洁氢，以减少温室气体的排放。欧盟计划逐步建立欧洲氢生态系统，从2030年开始，欧盟将在所有难以脱碳的部门（如航空、海运、货运交通等领域）大规模使用可再生氢。

日本大力推进氢能开发利用。2011年的福岛核事故推进了日本"停核转氢"的进程。2017年12月，日本制定了《氢能基本战略》，致力于打造"氢能社会"。国际能源署（IEA）数据显示，截至2019年底，日本氢燃料汽车保有量位居全球第四。2020年6月，日本公布其2050年实现碳中和目标，将氢能利用视为实现低碳能源结构、产业转型、抢占技术制高点的重要抓手，通过积极探索国家氢能发展定位，制定具体的激励政策，引领技术进步和产业发展。日本制定能源基本计划和绿色增长战略，提出2030年可再生能源电力占比提高到36%～38%，可再生能源发电量占比在2050年达50%～60%。

二是能源消费方面，通过市场调节（税收激励）与政府干预（政策制定）调节能源结构，提高能源利用效率。

美国通过政府干预制度调整消费侧能源结构。美国政府在奥巴马执政期间，颁布了"应对气候变化国家行动计划"，通过了《美国清洁能源与安全法案》，将电厂和能源效率作为减排的主要和重要领域，成为一段时期内美国碳减排的核心政策。2014年，美国推出"清洁电力计划"，对现有和新建燃煤电厂的碳排放进行限制。2021年，美国政府发布了《迈向2050年净零排放的长期战略》，承诺在2035年前实现电力完全脱碳，在2050年前达到碳净零排放，实现100%的清洁能源经济。

欧盟通过政策要求与政策激励并举方式推进能源效率提升及清洁能源的高效利用。2006年，欧盟出台了《能源效率行动计划》，提出了包括提高能源标准、强化市场手段、提高数字化和电气化程度等的具体措施。欧盟加强统一电力市场建设，促进可再生能源的大范围消纳，制定可再生能源固定上网电价等经济激励政策，促进了北欧水电和风电、南欧光伏发电等清洁能源的高效利用。

英国通过政府干预与市场调节相结合的方式推进能源低碳清洁利用。一方面限制高碳排放行业与企业的发展，对于不具备碳捕集与封存技术的煤炭发电行业施行关停和不予批准经营的办法，以此来规范企业碳排放，进而降低碳消费量；另一方面通过税收优惠政策引导企业自主选择低碳生产技术，同时通过财政补贴来引导公民自觉培养低碳意识，改变以往高碳消费的生活模式。英国在气候减缓行动中始终扮演碳减排先锋角色。为促进双碳目标全面推进，在2017年11月英国与加拿大携手创立了一个活动组织，即"助力淘汰煤炭联盟"。到目前为止，"助力淘汰煤炭联盟"已经吸纳一百多个国家、城市、区域和国际组织成员。英国宣布其国内煤炭全部淘汰的时间节点为2025年，北欧数国紧随其后，基本时间节点大都在2030年左右。国际主要金融机构也非常赞成这一行为，部分机构表示对于煤炭行业的投资将逐年停止。

1.1.2.2 加强碳市场的交易机制建设

碳交易是《京都议定书》中三个灵活减排机制之一，已经成为各个国家和地区控制温室气体排放总量和实现低成本减排的重要工具。近些年来，全球碳市场建设不断加快，从配额限制到配额出售的市场运作，从出台法规到执法检查的监督管理，市场交易机制日渐完善。据国际碳行动伙伴组织（ICAP）最新发布的《2022年度全球碳市场进展报告》指出，目前全球已建成的碳交易系统达25个，覆盖了全球17%的温室气体排放。另外，有7个碳市场正在计划实施，全球化已成为碳交易市场的大趋势。

从全球碳交易市场运行情况来看，碳交易市场结构较为相似。碳交易的本质是企业将实施节能减排举措后获得的剩余排放温室气体的权利进行交易，权利的来源主要包括政府基于总量控制分配的配额或者企业基于项目产生的抵消。全球碳交易市场主要包括"初始分配-现货流通-风险管理"三个环节，即政府通过初始分配将碳排放权交付到指定企业，企业之间再进行碳排放权的现货交易，并利用衍生品交易管理风险。碳配额的初始分配一般基于"总量控制"原则，由政府采用"拍卖＋免费分配"混合的方式将碳排放权交付给参与企业。从碳交易市场运行情况来看，从早期运行到逐渐成熟阶段，碳排放权交易免费配额呈现降低趋势。

欧盟碳排放权交易体系是目前全球最成熟的碳交易市场，覆盖了约45%的欧盟碳排放，在中国正式启动全国碳排放市场前是全世界规模最大的碳交易市场，是一个强制加入、强制减排，以市场化手段实现碳治理的典范。欧盟碳排放权交易体系采用国际通用的总量控制和配额交易相结合的运作模式，纳入的行业主要为碳排放量较大、能耗较高的能源企业及部分工业企业（如电力工业、钢铁业、制造业等），目前已扩充到了航空业及硝酸制造业 N_2O 的排放。欧盟碳排放权交易体系具有以下几个特点：一是强化顶层设计，欧盟碳排放权交易系统以提出目标、颁布立法、出台方案3种方式强化碳交易的顶层设计，分阶段推进，逐步建立起了完善的碳交易市场，增强了碳市场的稳定性和可预期性。鉴于不同成员国之间经济发展水平、能源利用效率不同，为了兼顾不同成员国的利益，欧盟碳排放权交易体系采用分权化治理模式。在该模式内各个欧盟成员国在欧盟排放交易指令的标准之内，结合各国实际情况自主决定其温室气体排放总量，并按照一定的规则分配给各自国家的企业，在碳排放权交易过程中，各欧盟成员国对本国企业碳交易行为要肩负起监督和确认的责任。二是建立完善的信息披露、交易规则体系，为规范碳交易市场，欧盟出台了《建立欧盟温室气体排放配额交易体系指令》，通过官方网站对配额分配及交易信息进行披露，保障交易的公开透明。同时，每年公布碳市场交易运行报告。欧盟碳交易市场自成立以来，取得了巨大的减排成果。2017年，欧盟28国碳排放量较1990年减少22%，相当于减少13.4亿吨二氧化碳，提前3年完成到2020年减少20%的目标。2019年，欧盟碳排放权交易系统覆盖的排放量较上一年下降9.1%，是10年来最大降幅。三是引入金融监管规则，欧盟下设专门的气候行动部门，全面负责欧盟层面碳交易体系的执行、碳减排情况监测等，碳金融业务纳入欧盟金融监管。四是设立专门的资助机制，助力减排企业转型。通过成立创新基金和现代化基金，支持所有成员国在低碳技术和工艺方面进行创新。五是建立明确且严格的惩罚机制，对于不履约的减排企业，采取行政处罚、声誉处罚、刑事处罚、罚款等多种方式，同时公布超额排放的企业名单。鼓励各国出台其他有效的处罚措施。六是碳金融产品相对丰富。欧盟金融市场成熟，目前相关的金融衍生品包括远期、期货、掉期和期权等基础产品以及价差合约、指数产品等。

美国的碳排放权交易体系发展已较为成熟和完善，在促进碳减排方面已发挥出区域性优势。美国无国家级的碳排放权交易系统，现有碳交易体系分为RGGI（区域温室气体减排行动计划，覆盖东北部10个州）、WCI（西部气候倡议，覆盖美国加利福尼亚州、加拿大魁北克省和安大略省）、芝加哥气候交易所。其中RGGI是全球唯一一个完全有偿分配的碳市场，其碳配额完全通过拍卖分配；

WCI是全球少见的跨境、跨区域碳市场合作的成功案例；芝加哥气候交易所是全球第一个交易6种温室气体的碳交易市场体系，该体系为资源交易体系，但目前该平台名存实亡。在碳交易额初始分配上，美国加利福尼亚州区域的拍卖比例占比较高，在90%以上；美国碳排放权交易系统的碳金融衍生品相对较少且上市交易受限，美国RGGI相关的期货和远期交易目前也只在洲际交易所ICE上市交易，交易量逐年提升。

韩国于2015年1月开始实施温室气体排放权交易制度，是东亚地区第一个启动的全国性碳交易市场，当前覆盖了600多家企业和全国73.5%的碳排放量，是仅次于中国和欧盟的第三大碳市场。韩国政府致力于引导企业自发减排，还引入了第三方交易制度，增加金融企业和第三方机构参与。韩国碳交易市场最具特色的是政府主导的二级市场碳做市机制。韩国碳市场在建立初期不允许非履约企业参与，因此市场很快出现流动性短缺的问题。为此，韩国政府自2019年开始引入碳做市制度，并于2021年起允许20家金融机构进入二级市场进行碳配额交易。韩国碳交易市场做市由政府主导，做市商由政府指定，截至2021年底仅有5家银行被列为做市商；此外，做市商可以向政府借贷配额储备并可通过配额或资金形式偿还所借碳配额。

总结全球碳交易市场成功运行经验，分为以下几点。

一是构建完善且适用性强的法律体系。针对碳排放权交易，欧盟分阶段建立了由一系列指令、规章和决定组成的综合性法律体系，其中以2003/87/EC号指令作为核心法律规范，同时针对突发事件，欧盟能够及时补齐立法短板，如2008年金融危机导致碳价暴跌，欧盟及时建立了碳价维持机制；美国碳排放权交易立法的主要特点在于适用性和针对性。美国在联邦层面至今仍然没有进行统一的碳排放权交易立法，而是立足于美国国内燃煤火力发电导致发电行业碳排放占比高的国情，针对电力等重点行业开展碳排放权立法活动，以重点行业为突破，摒弃一味追求碳排放权交易的行业广泛程度；其次，美国碳排放权交易立法广泛存在于州与州之间，比如美国东北部11个州参与的《区域温室气体倡议》（RGGI）以及加利福尼亚州于2006年制定实施的《2006年全球变暖解决方案法》。且协议内各州依据实际情况各自制定适用的碳交易权交易法律，聚焦于碳排放权配额的市场化交易和拍卖制度。

二是合理分配碳权，大部分交易市场初始碳排放额分配以免费配额为主，随着交易体系的成熟，逐渐引进拍卖等有偿分配形式以提升减排效果。

三是建立有效减排机制，从目前各交易市场运行情况来看，强制性交易制度下的交易体系运行更好。目前的减排机制分为欧盟碳交易体系、澳大利亚新南威尔士州温室气体减排体系为主的强制性交易制度，运行较好且趋于成熟；以芝加哥气候交易所为代表的自愿减排交易制度，其市场运行受阻，交易价格低于其他交易市场，且个别月份出现过零交易现象，该交易所在市场调节碳减排作用中所起作用有限。

四是构建良好交易模式、制定公平交易规则。欧洲碳排放权交易市场采用基于配额的总量控制与交易模式，事先设定减排目标、排放总量，且不需要对配额进行核证，交易成本较低，更能有效提高碳交易体系的运行效率；芝加哥气候交易所与澳大利亚新南威尔士州温室气体减排体系采用设置基准线进而确定减排标准的交易模式，属于"基线信用"机制。

五是丰富碳金融产品，以运行最为成熟和稳定的欧洲碳排放权交易市场为例，欧洲碳排放权交易市场碳金融产品多样，推出了与碳排放配额挂钩的多元化期货产品，并吸引商业银行、私募股权、对冲基金等竞相加入投资行列，推动了气候减缓与碳金融市场的共同发展。

1.1.2.3 推进重点领域低碳技术研发

研发和应用绿色低碳技术是适应和减缓气候变化的有效手段，各国在科技创新支撑方面，围绕能源绿色低碳转型、低碳零碳技术攻关、前沿颠覆性低碳技术等方面加大研发攻关。

欧盟 2019 年在《欧洲绿色协议》中明确将围绕能源、工业、建筑、交通、消费等重点领域的减排技术需求，通过加大对国际前沿和竞争性科技难点项目投入等方式支持技术创新。为推动重点领域低碳技术研发，欧盟出台了《多年期财政框架（2021—2027 年）》《欧洲可持续投资计划》。2021—2027 年欧洲凝聚基金和欧洲区域发展基金将至少筹集 1080 亿欧元，加大对可再生能源和低碳燃料生产与消费综合示范、碳中和产业集群旗舰项目融资等前沿研究和创新的预算资金支持力度；《共同农业政策》和"地平线计划"分别计划将至少 40% 和 35% 的预算用于支持《欧洲绿色协议》的优先事项；2019 年，欧盟低碳能源研发支出（不含核能）为 15.8 亿欧元，能源研发在欧盟预算中的份额为 11%；制定了"对外投资计划"，利用欧盟预算的 41 亿欧元，吸引多达 440 亿欧元的额外投资，在该计划的 5 个投资窗口中，有 3 个将直接面向碳中和目标；与 2014—2020 年相比，"LIFE 计划"将增加 72% 的资金支出（达到 54 亿欧元），超过 60% 的新增资金将用于实现气候目标。

美国在推进社会低碳转型过程中始终重视重点领域低碳关键技术研发。2021年8月，美国参议院通过了《基础设施投资和就业法案》，为能源部新的"清洁能源示范办公室"拨款215亿美元，作为各种绿色能源初创公司的政府创业投资基金。此外，美国鼓励清洁能源创新，研发降低锂离子电池成本并广泛应用于电网储能，制造成本低于页岩气的氢气，发展先进的核能技术等。美国能源部2020年资助7400万美元支持先进建筑节能技术研发，包括弹性建筑技术、节能暖通和空调技术、节能固态照明技术、综合性建筑翻新改造技术、建筑技术的集成耦合等。2021年美国发布了《迈向2050年净零排放的长期战略》，将技术创新作为实现2050年碳中和的重要支柱，并宣布自2024年开始每个财年提供30亿美元。2022年，美国颁布《通胀削减法案》，提出在未来10年投入约3700亿美元用于气候和清洁能源领域，进一步以法律、行政命令、战略等政策方式推动实现降碳减排目标。国家能源部在2022年财政预算中提出重点支持依靠氢等可再生能源和燃料为工业过程提供动力方法，通过项目资助的方式拨款4230万美元用于支持发展下一代制造工艺、开发提高产品能效的新型材料，及改进能源储存、转换和使用的系统与流程，利用碳捕集技术，大幅提高工业部门脱碳。

日本每年投入巨资致力于发展低碳技术。根据日本内阁府2008年9月发布的数据，在科学技术相关预算中，仅单独立项的环境能源技术的开发费用就达近100亿日元，其中创新型太阳能发电技术的预算为35亿日元。2020年日本发布《2050年碳中和绿色增长战略》，试图通过技术创新和绿色投资的方式加速向低碳社会转型，实现2050年碳中和目标。日本有许多能源和环境技术走在世界前列，如综合利用太阳能和隔热材料、削减住宅耗能的环保住宅技术，以及利用发电时产生的废热为暖气和热水系统提供热能的热电联产系统技术、废水处理技术、塑料循环利用技术等。

英国成立由首相主持的内阁级国家科学技术委员会，设立由科学家领导、多个部委参与的科技战略办公室，净零排放战略与生命健康被列为国家四大关键科技领域之一。英国政府把科技创新作为实现碳中和目标的关键动力。"绿色工业革命十点计划"提出启动10亿英镑投资组合计划，为清洁技术研发提供财政支持，部署启动氢能、可再生能源、先进核能、数字化等大规模绿色低碳技术创新计划；《净零战略》针对工业、电力、供热、建筑、交通、农林等主要排放部门，细化了未来5—10年的关键技术创新路线图。2020年，英国发起涵盖新一代核能研发等10个技术领域的"绿色工业革命"计划，带动120亿英镑的政府投资和25万个新增就业岗位。2021年，英国发布《供热和建筑战略》，提供约40亿英镑用于公共部门及社会住房脱碳、家庭升级补助、锅炉升级及热网改造等；支持用更清洁的替代品更换燃气锅炉，燃气锅炉在 2035 年实现全面禁止；资助 1460 万英镑用于供暖和制冷脱碳技术研发，包括热能存储技术、地源采暖和制冷系统、矿山地热能和太阳能地热、可再生能源蓄热技术、变温热化学储能系统和热网等技术研发。2021 年 3 月，英国启动资助金额为 10 亿英镑的净零创新投资组合计划，用于开发关键的低碳技术，重点聚焦海上风电、先进模块化反应堆、储能与灵活性、氢能、生物质能、工业燃料转换、先进 CCUS、家庭住宅、直接空气捕集、温室气体去除和颠覆性技术等优先领域。

1.1.2.4 完善低碳发展政策法规体系

完善的政策法规体系是推动"双碳"目标实现的重要保障。欧盟、英国、德国等国家和地区率先推动气候立法，明确了碳中和目标的法律地位。其次，各国制定了相对完善的低碳发展法律法规体系，在能源、工业、建筑、交通等关键领域设计了相对完善的减排路线图，明确了短期、中期、长期减排目标，并对实施效果进行跟踪评估。

欧盟在全球率先提出碳中和目标，构建了顶层设计较为完善的碳中和政策体系，设置了阶段性减排目标。2018 年 11 月欧盟发布了《为所有人创造一个清洁地球——将欧洲建设成为繁荣、现代、具有竞争力和气候中性经济体的长期战略愿景》，首次提出了 2050 年实现碳中和的目标。在该顶层文件设计下，欧盟发布了一系列战略规划、行动计划等。重点领域战略规划包括《能源系统一体化战略》《欧洲氢能战略》《欧洲新工业战略》《2030 年生物多样性战略》《森林战略》，行动计划包括《综合能源系统 2020—2030 年研发路线图》《循环经济行动计划》等，通过减少排放、投资绿色技术和保护自然环境等路径实现温室气体净零排放。2019 年 12 月欧盟发布了《欧洲绿色协议》，提出欧洲要在 2050 年前建成全球首个"碳中和"的大洲，希望通过利用清洁能源、发展循环经济、抑制气候变化、恢复生物多样性、减少污染等措施提高资源利用效率，实现经济可持续发展，并提出包括 6 大行动计划和 4 大支撑保障措施在内的行动路线图。2020 年 3 月，欧盟委员会向欧洲议会及董事会提交《欧洲气候法》草案，拟从法律层面确保欧洲 2050 年实现碳中和。2021 年 4 月，欧洲议会与欧盟委员会就《欧洲气候法》达成了初步协议，"2030 年二氧化碳减排 55%以上，2050 年实现碳中和目标"将正式进入欧洲法律体系，《欧洲气候法》将欧盟各成员国的碳减排工作置于统一的评估与监督体制之下，是欧盟碳治理的一项重要突破。2021 年 7 月，欧盟通过了涵盖欧盟排放交易体系、市场稳定储备、海事、航空、建筑、道路运输、土地等方面的一揽子提案，提出到2030年可再生能源占终端能源消费的40%等目标。

英国是推动气候变化立法相对积极的国家之一。英国于2008年通过了《气候变化法案》，开启了利用法律约束力制定温室气体长期减排目标的先河。同时建立了具有法律效力的"碳预算"约束机制，设立了到2032年的5个"碳预算"。2019年6月，英国通过《气候变化法案》修订，继而成为世界上第一个以立法形式明确2050年实现"零碳"排放的发达国家。英国将碳中和目标写入法律文件，为未来30年内经济全领域的绿色工业革命赋予了最具约束的立法保障，以保持目标的长期稳健性。在碳中和战略顶层设计下，差异化制定了不同领域、不同地区的目标和举措，加强整体部署、明确重点任务、突出科技引领、注重多部门协同响应，做出了总体规划（《绿色工业革命十点计划》）、制定了总体战略（《2050年净零排放战略》《自然战略》），设定了分行业战略及规划（《电力脱碳计划》《氢能战略》《能源数字化战略》《工业脱碳战略》《交通脱碳计划》《供热和建筑战略》《净零研究创新框架》《国家基础设施战略》《绿色金融路线图》），辅以监测评估与战略咨询（《净零排放——英国对缓解全球气候变化的贡献》《碳中和12个重大科学技术问题》《能源白皮书：推动零碳未来》《净零战略审查报告——净零排放战略评估》《第六次碳预算：迈向净零路径》），基本形成了碳中和战略"1+1+N+X"的政策体系。

德国是较早开始推动能源转型的国家之一。2019年11月，德国通过《联邦气候保护法》，将能源转型作为脱碳的战略重点，首次以法律形式确定德国到2030年实现温室气体排放总量较1990年至少减少55%，2050年实现碳中和。在这一顶层设计下，德国制定了一系列战略、计划、法规、行动等。先后发布了"适应气候变化战略""可持续发展研究框架计划""能源规划纲要""德国适应气候变化战略适应行动计划"等。2020年7月，德国通过《退煤法案》，确定到2038年退出煤炭市场，并就煤电退出时间表给出详细规划，并有望在2035年提前退出煤电。2020年，德国颁布《可再生能源法（修正案）》，提出大力发展可再生能源发电，到2030年其在总电力消耗中的占比提升至65%。2022年为加快可再生能源的发展，德国通过了一揽子能源政策法案修订，包括《可再生能源法》《海上风电法》《陆上风电法》《联邦自然保护法》以及《能源经济法》。

日本政府打出政策组合拳，着力构建低碳发展政策法规体系。在气候立法方面，日本1997年出台《关于促进新能源利用措施法》、2002年出台《新能源利用的措施法实施令》、2008年5月出台《面向低碳社会的十二大行动》、2009年出台《绿色经济与社会变革》政策草案、2011年出台《全球气候变暖对策基本法》，为公共部门和国际合作提出了有章可循的行动方案和执行规则。2020年，日本将绿色转型上升为国家战略，制定了《2050年碳中和绿色增长战略》，通过监管、补贴、税收优惠等政策，对海上风电、核能产业、氢能等在内的14个产业项目做了重点部署，以此促进日本经济持续复苏；2021年，日本修订《全球变暖对策推进法》修正案，将2050年实现碳中和的目标以立法的形式具体化，同时，还修订了《能源基本计划》等，通过运用法律、金融、财政等多个手段，推动能源革命、产业转型、技术迭代。

1.1.3 碳中和目标和路径的国际共识

1.1.3.1 主要国家的碳中和目标共识

自20世纪60年代以来，气候变化就引起了科学界的重视，如何采取行动减缓并适应气候变化逐渐演变成全社会的共识，联合国政府间气候变化专门委员会（IPCC）应运而生。在减缓气候变化行动过程中，国际社会达成了一系列共识，制定了各种协议，见图1-2。协议制定过程也是各国达成减排共识、探讨如何减排和减缓气候变化、履约"共同但有区别的责任"减排目标的过程。

碳中和概念问世于20世纪90年代末期，碳中和目标的提出与全球气候治理的进度密切相关。其中，1992年签订的《联合国气候变化框架公约》是第一个为控制温室气体排放而制定的国际公约，该公约的制定促使气候治理成为全球性议题。1997年签订的《京都议定书》，首次明确了发达国家温室气体排放量与1990年相比至少减少5%，2005年成为具有约束力的国际法律，是人类首次以法规形式限制温室气体的排放，推动全球气候治理机制初步建成。2008年英国颁布《气候变化法》，成为世界上首个以法律形式明确中长期减排目标的国家。IPCC历次发布的报告显示，人类活动排放的温室气体是造成温室效应的罪魁祸首，减缓气候变化刻不容缓。2015年召开巴黎气候大会，签署《巴黎协定》，正式将1.5~2℃目标写入协议，以国际条约的形式确立了国际社会行动的共同目标。《巴黎协定》签订后，"争1.5保2"的温控目标成为各国际组织的工作要点和世界多数经济体的减排方向，越来越多的国家把碳中和作为扩大国际政治影响、提高经济竞争力、实现绿色复苏等的重要抓手。IPCC 1.5℃特别报告指出，要实现《巴黎协定》规定的2℃和1.5℃的温升控制目标，分别要求全球在2070年左右和2050年左右实现碳中和。

2017年12月，29个国家在"同一个地球"峰会上签署了《碳中和联盟声明》，作出了本世纪中叶实现净零碳排放的承诺。2019年9月，66个国家在联合国气候行动峰会上承诺碳中和目标并组成"气候雄心联盟"。

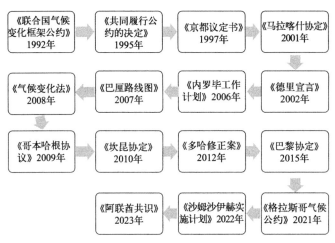

图1-2　气候变化领域国际相关政策文件汇总

截至2021年10月，不丹和苏里南是仅有的两个已经实现碳中和并且实际上是负碳的国家。根据博鳌亚洲论坛上发布的《可持续发展的亚洲与世界2022年度报告》，截至2021年12月底，全球已有136个国家、115个地区、235个主要城市和2000家顶尖企业中的682家制定了碳中和目标。碳中和目标已覆盖了全球88%的温室气体排放、90%的世界经济体量和85%的世界人口。从目标年份来看，以在2050年实现碳中和为主，这得益于碳中和联盟的推动。芬兰提出在2035年实现碳中和，奥地利、冰岛提出2040年碳中和目标，德国将碳中和时间设定为2045年。全球主要提出碳中和目标的国家和地区及承诺性质见表1-3。

表1-3　全球主要提出碳中和目标的国家和地区及承诺性质

国家和地区	承诺性质
瑞典、美国、法国、匈牙利、丹麦、新西兰、德国	法律规定
欧盟、西班牙、智利、斐济	立法草案或议案
冰岛、奥地利、加拿大、韩国、日本、南非、瑞士、挪威、葡萄牙、中国	政策宣示
乌拉圭、斯洛伐克、哥斯达黎加、马绍尔群岛、新加坡	提交联合国长期战略
芬兰、爱尔兰、美国	执政党协议或政府工作计划
美国加利福尼亚州	行政命令

注：数据来源：郑军，刘婷. 主要发达国家碳达峰碳中和的实践经验及对中国的启示[J]. 中国环境管理，2023，15（4）：18-25，43.

1.1.3.2 主要国家的碳中和路径共识

从路径共识来看，主要国家的碳中和路径包括：能源结构调整与优化，清洁能源开发利用，节能降碳技术研发与革新。

绝大多数国家将能源系统的绿色低碳转型作为长期减排战略重点，特别是推动能源消费终端部门电气化、电力行业脱碳化，以及在难以电气化的行业推广氢能等替代能源。在控制能源消费总量方面，主要通过限制高碳行业发展与控制产能、提升各行业能效、发展工业循环经济模式、能源需求侧管理等方式实现。例如，美国政府在拜登执政期间，明确2035年率先实现电力行业净零排放。从2005年到2019年，美国大幅提高天然气和可再生能源的开发利用（天然气消费占比由23%增长至31%，可再生能源消费由1%增长至5%），两类能源替代煤炭减排约8.5亿吨二氧化碳，约占其2005年以来碳减排总量的82%；日本则提出2050年终端电力消费增长30%；欧盟委员会将管控能源相关碳排放置于关键地位，提出到2030年一次能源消费和终端能源消费效率分别提升36%和39%的目标。

清洁能源开发利用是推动碳中和的重要途径，各国将充分发挥本国优势，大力发展风电、水电、太阳能发电，积极安全有序发展核电，全面推动氢能、生物质能等清洁能源开发利用。欧盟委员会提出到2030年可再生能源占终端能源消费比重提高至40%。为应对气候危机，美国提出到2030年将海上风电增加一倍，冻结联邦土地上的油气开发租赁，2035年实现无碳发电。日本在《2050年碳中和绿色增长战略》中，针对能源部门，提出了大力发展海上风电、提高氨燃料产量和氢能年供应量的发展方向并设定了具体的定量目标。英国在"绿色工业革命十点计划"中提出到2030年实现风力发电量翻两番，到2030年实现5GW的低碳氢能产能。

为推动节能降碳技术研发与革新，各国从顶层设计到具体实施，从目标设定到具体路径，从财政支持到制度保障，制定了详细的科研技术攻关方案。英国聚焦温室气体去除、CCUS、可再生能源、建筑和工业减排等重点技术领域部署了系列研究行动，启动资助金额为10亿英镑的净零创新投资组合计划，用于开发关键的低碳技术。美国先后发布《美国能源创新法案》《建设现代化的、可持续的基础设施与公平清洁能源未来计划》《清洁能源革命与环境正义计划》《储能大挑战路线图》《清洁未来法案》等有关清洁能源的政策，计划投入2万多亿美元，用于交通、建筑和清洁能源等重点领域的投资，以加速清洁能源技术创新，支持清洁能源经济转型。韩国发布的"绿色新政"计划将投资73.4万亿韩元，支持绿色基础设施、新能源及可再生能源、绿色交通、绿色产业和CCUS等绿色技术的发展。同时,《碳中和技术创新战略》确定了氢能、太阳能和风能、生物能源、CCUS、钢铁和水泥、石油化工、工业流程改进、运输能效、建筑能效和数字化10项实现碳中和的关键核心绿色技术。

1.2 我国推动碳达峰碳中和进展

1.2.1 碳达峰碳中和的目标体系建设

1.2.1.1 纳入生态文明建设整体布局

2007年,党的十七大提出了建设生态文明;2012年党的十八大将生态文明建设纳入"五位一体"总体布局中;2021年中央财经委员会第九次会议提出,要把碳达峰碳中和纳入生态文明建设整体布局,拿出抓铁有痕的劲头,如期实现2030年前碳达峰、2060年前碳中和目标。将碳达峰碳中和纳入生态文明建设整体布局,开启了生态文明建设的全局性变革,自此我国生态文明建设进入了以降碳为重点战略方向、推动减污降碳协同增效、促进经济社会发展全面绿色转型的关键时期。

在当前"百年未有之大变局"的时代背景下,将碳达峰、碳中和纳入生态文明建设整体布局,具有划时代的意义。

将碳达峰碳中和纳入生态文明建设整体布局,丰富了生态文明的内涵。碳达峰、碳中和的目标任务与生态文明秉持的"人与自然和谐共生"的理念高度契合,二者具有高度的相关性和一致性。生态文明作为人类发展史上新的文明发展阶段,核心内容是要构建和谐的人与自然关系。碳达峰碳中和是人类缓解和适应气候变化的主要行动举措,其本质是在人类社会发展和自然发展之间寻求一个动态平衡,寻找人与自然和谐发展的平衡点。

将碳达峰碳中和纳入生态文明建设整体布局,具有重要的战略导向作用。碳达峰、碳中和是建设生态文明的重要抓手,推动可持续发展迈向了全新的阶段。将碳达峰、碳中和纳入生态文明建设整体布局,提高了低碳发展的地位和重要性,增强了生态文明建设的系统性和协调性,显性化了人类应对气候变化的行动目标。

将碳达峰碳中和纳入生态文明建设整体布局,有助于推动经济绿色低碳转型。以往经济发展过程中存在"运动式环境治理"或经济发展与环境治理"两张皮"的情况,割裂经济发展与环境治理之间的关系,认为环境治理会阻碍经济发展速度。碳达峰碳中和的提出，有助于正确认识经济发展与环境治理二者之间的关系，经济绿色低碳转型与生态环境保护的战略导向更加清晰，寻求二者之间的平衡点、促进可持续发展成为未来的发展方向。

碳达峰碳中和目标和任务与生态文明建设具有高度的相关性和一致性，但同时也存在差异性。将碳达峰碳中和纳入生态文明建设整体布局，不是简单地将碳达峰碳中和相关内容点缀在生态文明建设的既有任务之中，而是要将碳达峰碳中和作为重要战略导向融入相关领域，处理好碳达峰碳中和与经济发展、生态安全、能源安全之间的关系，确保碳达峰碳中和与生态文明建设协同增效。

1.2.1.2 清洁低碳安全高效目标设计

为确保2030年前碳达峰、2060年前碳中和目标顺利实现，我国出台了《中共中央 国务院关于完整准确全面贯彻新发展理念做好碳达峰碳中和工作的意见》，制定了《2030年前碳达峰行动方案》，分阶段设定了"十四五""十五五"、2060年非化石能源、单位国内生产总值能源消耗以及单位国内生产总值二氧化碳排放等量化指标。

"十四五"期间目标：到2025年，绿色低碳循环发展的经济体系初步形成，重点行业能源利用效率大幅提升。非化石能源消费比重达到20%左右，单位国内生产总值能源消耗比2020年下降12.5%，单位国内生产总值二氧化碳排放比2020年下降18%。

"十五五"期间目标：到2030年，经济社会发展全面绿色转型取得显著成效，重点耗能行业能源利用效率达到国际先进水平。单位国内生产总值能耗大幅下降，单位国内生产总值二氧化碳排放比2005年下降65%左右，非化石能源消费比重达到25%左右，风电、太阳能发电总装机容量达到12亿千瓦以上，二氧化碳排放量达到峰值并实现稳中有降。

2060年目标：到2060年，绿色低碳循环发展的经济体系和清洁低碳安全高效的能源体系全面建立，能源利用效率达到国际先进水平，非化石能源消费比重达到80%以上，碳中和目标顺利实现。

若不设定上述各阶段目标且不采取相应减排措施的话，能否实现2030年前碳达峰、2060年前碳中和目标？根据我国重点研发计划项目研究成果，若保持当前碳减排政策、标准和投资力度以及国家自主贡献目标不变，依靠我国当前的低碳、脱碳技术在2030年左右可以实现碳达峰，但峰值较高，导致2060年碳中和目标无法实现。根据现有研究表明，碳中和目标的实现要求2030年前二氧化碳达峰的峰值不超130亿吨，电力和工业部门必须率先达峰。要确保2060年前碳中和目标的实现，应在2030年前实现能源活动二氧化碳达峰且峰值水平控制在105亿吨以内，并且电力部门和工业部门应在2025年前后率先达峰；非二氧化碳温室气体和工业过程排放应在2025年前后达峰，考虑碳汇后的峰值水平应控制在25亿吨以内。要实现2060年碳中和，中国需要在2035年实现深度脱碳，做好低碳/脱碳技术储备。

加快构建清洁低碳安全高效能源体系，从以下五个方面着手：强化能源消费强度和总量双控；大力提升能源利用效率，把节能贯穿于经济社会发展全过程和各领域；严格控制化石能源消费；积极发展非化石能源，逐步推进清洁能源替代工作；深化能源体制机制改革，全面推进电力市场化改革，扩大市场化交易规模。

1.2.1.3 减污降碳协同增效目标设计

碳达峰碳中和推进工作中，为促进减污降碳协同增效，2022年生态环境部等七部委联合印发了《减污降碳协同增效实施方案》，对减污降碳协同增效工作进行了系统谋划，提出了分阶段目标：到2025年，减污降碳协同推进的工作格局基本形成；重点区域、重点领域结构优化调整和绿色低碳发展取得明显成效；形成一批可复制、可推广的典型经验；减污降碳协同度有效提升。到2030年，减污降碳协同能力显著提升，助力实现碳达峰目标；大气污染防治重点区域碳达峰与空气质量改善协同推进取得显著成效；水、土壤、固体废物等污染防治领域协同治理水平显著提高。

当前我国生态文明建设同时面临实现生态环境根本好转和碳达峰碳中和两大战略任务，协同推进减污降碳已成为我国新发展阶段经济社会发展全面绿色转型的必然选择。减污降碳协同增效是生态文明建设整体布局的内在要求，也是我国生态环境质量改善实现从量变到质变飞跃的必由之路。要把实现减污降碳协同增效作为促进经济社会发展全面绿色转型的总抓手，坚持降碳、减污、扩绿、增长协同推进，实现减污与降碳一体谋划、一体部署、一体推进和一体考核。

减污降碳政策能够实现环境效益、经济效益和社会效益。

减污降碳政策的协同性和有效性主要通过优化能源消费结构、降低碳排放强度两条路径。我国经济发展呈现资源依赖型特点，经济的快速发展与高耗能、高排放的产业结构密切相关，导致了生态环境质量和空气质量的下降，碳达峰碳中和目标的提出必将促进产业结构、能源结构发生重大变革。鉴于环境污染物和碳排放具有同根同源同过程的特征，碳达峰碳中和能够有效减少环境污染物和温室气体排放，有利于推动总量减排、源头减排、结构减排，实现减污与降碳、改善环境质量与应对气候变化的协同效应。有研究表明，实施"双权"政策（碳排放权交易政策和排污权交易政策）可以对碳排放和 $PM_{2.5}$ 减排产生政策协同效应，提高地区绿色全要素生产率，促进区域间协同效应。

减污降碳协同的管理政策，通过兼顾减污及降碳效益，可规避因追求"降碳"而带来的"增污"风险及因"减污"带来的"增碳"风险，从而合理权衡减污、降碳的政策执行方向，提升政策效率。减污降碳的治理格局，能够在有限的资金投入中，优化制定减排措施，有效降低全社会减排成本，较经济地实现减污降碳的双重效益。

此外，减污降碳可减少空气污染产生的相关健康效应，抵消人口老龄化带来的负面影响，实现空气污染健康损失持续下降。

1.2.1.4 重视区域性差异的目标设计

当前中国碳减排形势依然严峻，绝大部分城市碳排放总量仍处于增长阶段，各地区城市资源禀赋不同，能源结构、产业发展、技术创新能力不一，碳中和发展基础差异较大，"双碳"目标难以同步实施。党中央、国务院正视区域性差异，从区域公平的角度出发，要求各省、自治区、直辖市人民政府按照国家总体部署，结合本地区资源环境禀赋、产业布局、发展阶段等，科学制定本地区碳达峰行动方案。同时国家鼓励各地区要发挥府际合作、东西部省市对口协作的优势，保障有条件的地方率先达峰。

2023年11月6日，国家发改委在全国范围内选择100个具有典型代表性的城市和园区开展碳达峰试点建设，聚焦破解绿色低碳发展面临的瓶颈制约，探索不同资源禀赋和发展基础的城市和园区碳达峰路径，为全国提供可操作、可复制、可推广的经验做法。这是国家层面通过顶层设计和目标分解，探索分批次、差异化的降碳路径，构建"梯度式"城市碳排放控制管理体系，真正实现城市降碳减排因地制宜、分类施策的有效举措。

各地区应树立"双碳"工作的全局观，立足于本地发展实际，提出符合实际、切实可行的碳达峰时间表、路线图、施工图，促进高质量发展与减碳工作协同增效，保证城市梯次有序实现碳达峰，要避免"一刀切"限电限产或运动式"减碳"，坚持全国一盘棋，统筹推进30、60目标实现。

1.2.2 碳达峰碳中和的政策体系建设

1.2.2.1 国家出台的碳达峰碳中和政策

与"双碳"目标有关的规划、纲要、意见及建议,反映了目前和未来一段时间内"双碳"工作的重点和努力方向,可以指导具体实施方案的制定。自2020年9月22日以来,习近平总书记多次就碳达峰碳中和作出重要论述;中共中央、国务院发布了多项相关规划、相关意见以及实施方案与管理办法等。这些政策涵盖了"双碳"目标需要落实的多层次和多领域的各项要求,可以体现"双碳"政策制定从宏观规划到具体实施方案的演变过程。国家层面出台多项与"双碳"目标有关的规划、建议及意见,明细见表1-4。

在全国首个生态日主场活动中,国家发展和改革委员会称自2020年碳达峰碳中和目标提出以来,我国已构建完成目标明确、分工合理、措施有力、衔接有序的"1+N"政策体系。该体系注重把系统观念贯穿"双碳"工作全过程,统筹协调发展和减排、整体和局部、长远目标和短期目标、政府和市场的关系,形成"双碳"目标落地的有效合力。

表1-4 我国碳达峰碳中和主要政策

政策名称	发布机构	发布时间
《新能源汽车产业发展规划(2021—2035年)》	国务院办公厅	2020年11月3日
《关于加快建立健全绿色低碳循环发展经济体系的指导意见》	国务院	2021年2月22日
《关于新时代推动中部地区高质量发展的意见》	中共中央、国务院	2021年7月22日
《关于推动城乡建设绿色发展的意见》	中共中央办公厅、国务院办公厅	2021年10月21日
《中共中央 国务院关于完整准确全面贯彻新发展理念做好碳达峰碳中和工作的意见》	中共中央、国务院	2021年10月24日
《2030年前碳达峰行动方案》	国务院	2021年10月26日
《中国应对气候变化的政策与行动》	国务院新闻办公室	2021年10月27日
《"十四五"冷链物流发展规划》	国务院办公厅	2021年11月26日
《计量发展规划》	国务院	2021年12月31日
《"十四五"现代综合交通运输体系发展规划》	国务院	2022年1月18日
《"十四五"节能减排综合工作方案》	国务院	2022年1月24日
《"十四五"推进农业农村现代化规划》	国务院	2022年2月11日
《关于推进社会信用体系建设高质量发展促进形成新发展格局的意见》	中共中央办公厅、国务院办公厅	2022年3月31日
《关于促进新时代新能源高质量发展实施方案的通知》	国务院办公厅	2022年5月30日

"1"是指 2021 年 10 月 24 日发布的《中共中央 国务院关于完整准确全面贯彻新发展理念做好碳达峰碳中和工作的意见》(以下称《意见》)及 2021 年 10 月 26 日国务院印发的《2030 年前碳达峰行动方案》(以下称《方案》)。实现碳达峰、碳中和是一场广泛而深刻的经济社会系统性变革,需要做好顶层设计和目标引领,推动形成各领域、各行业统筹协调推进的工作格局。"1"是管总管长远的,在碳达峰、碳中和"1+N"政策体系中发挥统领作用。《意见》坚持系统观念,以 2025 年、2030 年、2060 年为时间节点,设置了包括单位 GDP 能耗、碳排放、非化石能源消费比重、森林覆盖率与蓄积量等阶段性目标值,提出了十方面、31 项重点任务,明确了碳达峰碳中和工作的路线图、施工图。《方案》是碳达峰阶段的总体部署,确定了碳达峰十大行动,在目标、原则、方向等方面与《意见》保持有机衔接的同时,更加聚焦 2030 年前碳达峰目标,相关指标和任务更加细化、实化、具体化。"N"包括能源、工业、交通运输、城乡建设、农业农村等重点领域碳达峰实施方案,及钢铁、石化化工、有色金属、建材、电力、石油、天然气等重点行业碳达峰实施方案,以及科技支撑、能源保障、碳汇能力、财政支持、标准体系、督察考核等保障方案。

自 2020 年 9 月 22 日"双碳"目标提出以来,国家、各部委发布了多项"双碳"相关规划、纲要、相关意见、建议以及实施方案与管理办法,据不完全统计,截至 2023 年 12 月,各部委已发布的政策文件数高达 170 余份。围绕《2030 年前碳达峰行动方案》中提到的十大行动,政策文件涵盖了"双碳"目标需要落实的多层次和多领域的各项要求。各部委制定的政策按照对象不同可分为以下三大类。

一是推动重点领域低碳转型,推动经济社会全面绿色发展。①强化"双碳"目标引领。将"双碳"目标全面融入国民经济与社会发展"十四五"规划和 2035 年远景目标,统筹污染治理、生态保护、应对气候变化,加快产业结构调整,建立绿色低碳循环发展经济体系,实现减污降碳扩绿增长协同增效。②优化区域发展布局。强化区域发展重大战略绿色低碳导向,京津冀、长三角、粤港澳大湾区发挥高质量发展动力源和增长极作用,长江经济带、黄河流域和国家生态文明试验区严格落实生态优先战略导向,中西部和东北地区在优化能源结构的基础上承接高耗能行业转移。③"两侧"发力加快低碳转型。生产侧推动节能减排和清洁生产,消费侧扩大绿色产品认证标识和推广供给。到 2035 年,广泛形成绿色生产生活方式,碳排放达峰后稳中有降,生态环境根本好转,美丽中国建设目标基本实现。

二是推动重点行业绿色变革,构建清洁低碳安全高效能源体系。①加快建设新型电力系统。优先就近开发利用风能、太阳能,因地制宜开发水能,积极安全有序发展核电,合理利用生物质能,加快推进抽水蓄能和新型储能规模化应用,构建清洁低碳、安全充裕、经济高效、供需协同、灵活智能的新型电力系统。②推进煤炭尽早达峰。优化煤炭产能布局,严格控制新增煤电项目,推动煤电向基础保障性和系统调节性电源并重转型。煤炭消费"十四五"时期严控增量,"十五五"时期逐步减少。③合理调控油气。坚持常非并举、海陆并重,加大国内油气勘探开发力度。加强油气安全战略技术储备,推广先进生物液体燃料、可持续航空燃料。石油消费"十五五"时期进入峰值平台期。到2025年,非化石能源消费比重达到20%;到2030年,非化石能源消费比重达到25%,风电、太阳能发电总装机容量超过12亿千瓦;到2060年,非化石能源消费比重超过80%。

三是构建完善的支持保障政策体系,完善低碳科技攻关体系。①明确攻关方向。突破能源领域煤炭清洁高效利用、新能源并网消纳、可再生能源高效利用技术,工业领域原料燃料替代、短流程制造和低碳技术集成耦合优化技术,城乡建设领域低碳建材、光储直柔、建筑电气化、热电协同、智能建造技术,交通领域动力电池、驱动电机、车用操作系统技术,研究负碳及非二氧化碳温室气体减排技术。②优化研发体系。发挥新型举国体制优势,优化全国重点实验室、国家工程技术研究中心等创新平台基地布局,支持企业、科研机构、高校建立创新联合体。③推动成果转化。建设国家绿色技术交易平台,发布绿色技术推广目录。健全市场保障体系。首先是建设全国统一电力市场。推动电力资源在更大范围内共享互济和优化配置,提升电力系统稳定性和灵活调节能力。健全辅助服务和容量市场机制,保障电力系统容量长期充裕性。统筹新能源政策激励与市场竞争,推动新能源全面参与市场竞争。加强需求侧响应能力,引导用户主动参与系统互动调节。绿色电力证书交易全面覆盖可再生能源电力。其次是完善全国碳市场。逐步扩大市场覆盖范围和交易品种,将林业、可再生能源、甲烷利用等自愿减排项目纳入全国碳市场。再次是加强电-碳市场协同。碳市场核算机制与绿色电力交易、绿证交易有效衔接,健全绿电绿证抵扣碳排放量机制。

1.2.2.2 各省出台的碳达峰碳中和政策

目前省级层面已发布多项碳达峰、碳减排相关政策,政策内容多集中在碳达峰、碳中和工作方案、科技创新支持、重点行业或领域降碳、生态保护规划、应对气候变化规划、能效约束、节能减排等方面。

截至2023年12月，上海市发布的政策最多且涵盖范围最广，据不完全统计，上海市发布的"双碳"相关政策文件高达100余份，包括工业、交通、能源电力领域、新型基础设施领域等碳达峰实施方案，科技支撑、财政支持计划，以及上述领域细化的管理办法、指导意见等。上海市在"双碳"政策制定及实施方面走在全国前列，下辖16个区县已全部完成地方碳达峰实施方案的编制及发布工作，并颁布了无废城市建设方案、节能减排专项资金管理办法等。天津市发布了《天津市碳达峰碳中和促进条例》，这是全国首部以促进实现碳达峰、碳中和目标为立法主旨的省级地方性法规，该法规的颁布时间距离"双碳"目标提出不足一年，可见天津市推动"双碳"工作的决心。天津市16个区县已于2023年8月底全部完成区级碳达峰实施方案的发布工作。

地方政策的发布呈现出以下三大特点。

一是地方政策的发布与国家政策表现出很强的接续性，体现了对国家政策的坚决贯彻落实。继国务院2021年10月26日出台《2030年前碳达峰行动方案》之后，江西、上海、吉林、海南、天津、北京、江苏、内蒙古、安徽、青海、湖北、山东、四川、山西、广西、河南等先后出台省（区、市）碳达峰行动方案。部分省市所辖市县区均出台碳达峰行动方案，如截至2023年底，上海、天津所有市辖区均已制定碳达峰行动方案，值得一提的是，上海市真新街道办事处出台了《真新街道碳达峰实施方案》，可见上海市在贯彻碳达峰行动方案上的执行力度之大、速度之快。部分省市出台了重点领域碳达峰行动方案，主要包括工业领域、城乡建设领域、有色金属领域。针对国务院及各部委制定的《减污降碳协同增效实施方案》《加快建立健全绿色低碳循环发展经济体系的实施方案》等政策，各地方省市均结合地方特点制定了各地的实施方案。

二是各省市在响应国家政策引导的同时，立足本地区资源禀赋、产业特色和碳排放情况，因地制宜制定更具针对性和实用性的"双碳"政策。上海市金融业发展居于全国领先地位，上海市在双碳政策制定上充分发挥这一优势，着力打造绿色金融，助力碳达峰碳中和，先后制定了《上海加快打造国际绿色金融枢纽服务碳达峰碳中和目标的实施意见》《上海银行业保险业"十四五"期间推动绿色金融发展服务碳达峰碳中和战略的行动方案》等政策措施。山西省是我国的产煤大省，针对煤炭资源高碳排放的特点，制定了《山西省煤炭行业碳达峰实施方案》，以煤炭清洁高效利用为方向，提升全产业链碳减排水平，推动煤炭产业绿色低碳转型。江西省矿产资源丰富，是我国重要的有色、稀有、稀土和铀矿产基地之一，矿产资源配套程度相对较高。其中，有色金属行业是江西省重点培育的产业之一，是实施工业强省战略、推动工业高质量跨越式发展的重要支撑，也是工业领域碳排放的重点行业。为落实碳达峰实施方案，江西省在制定了《江西省工业领域碳达峰实施方案》的基础上，针对有色金属行业，专门制定了《江西省有色金属行业碳达峰实施方案》。

三是各省市出台的政策均着重强调科技在"双碳"目标推进过程中的重要作用，包括碳固技术研发，数字技术、5G技术、大数据等在产业转型中的应用等。科技部于2022年8月发布《科技支撑碳达峰碳中和实施方案（2022—2030年）》，上海、北京、天津、江苏、浙江、湖北等省份纷纷出台地方科技支撑碳达峰碳中和实施方案，有些省份地市级也出台了相应的政策，如浙江金华、宁波。

1.2.2.3 省级以下的碳达峰碳中和政策

依据省级碳达峰行动方案，省级以下城市碳达峰碳中和政策的制定呈现以下几个鲜明的特点。

一是与省级碳达峰行动方案一脉相承，保持高度衔接性。省级碳达峰行动方案成为各区县制定碳达峰行动方案的指南。截至2023年底，上海市、天津市所有市辖区均已制定区县碳达峰实施方案，上海市甚至街道一级（真新街道办事处）已制定了街道碳达峰实施方案。其他省市市辖区碳达峰实施方案均在研究制定中。

二是各区县因地制宜，制定符合本地资源禀赋、产业特点及经济发展状况的"双碳"政策。深圳市碳交易所是全国首个碳交易市场，是全球发展中国家第一个运营碳市场的交易平台。深圳市在碳交易与碳普惠、绿色金融与气候投融资、应对气候变化与国际合作等领域走在全国前列，在国内绿色低碳领域具有较大影响力。为充分发挥碳交易促进社会绿色低碳转型的市场机制作用，助力深圳实现碳达峰碳中和，深圳市发挥在碳交易方面的先行优势，出台了《深圳市碳交易支持碳达峰碳中和实施方案》。

1.2.3 有序推进碳排放权交易市场建设

1.2.3.1 开展碳交易市场配额研究

碳排放配额的分配是建立全国统一的碳排放权交易体系和完成减排目标的核心要素之一。目前，碳排放配额分配机制主要有三种：免费分配、有偿分配及混合分配。免费分配主要有溯源制和基准制，有偿分配方式有拍卖法和固定价格法，混合分配有拍卖法和固定价格法分别与免费分配搭配的两种混合机制。

碳排放配额的分配方式和分配方法是影响碳排放权交易成效的重要因素。免费分配方式为处于平衡经济发展与减排困境中的发展中国家提供了思路，考虑到参与企业的减排压力与减排成本，减轻碳排放权交易机制实施的政策阻力，进而调动企业减排的积极性，碳排放市场交易初期宜采用免费分配的方式。但免费分配方式存在抵消了企业利用碳排放权交易而减排的内生动力的弊端。交易初期过后，为进一步强化碳市场功能，碳配额的初始分配应当采取拍卖或政府定价等有偿分配方式。拍卖方式更能体现碳排放权交易机制的自由市场属性，碳排放权交易的拍卖价格实质是稀缺性生态系统服务的对价，是污染者付费原则的体现；有偿分配方式更加体现公平与效率原则，纳入碳排放权交易机制的企业会根据自身的真实需求作出是否购买以及购买数额的决定；碳配额拍卖方式将碳排放的外部成本内部化，有利于碳减排总量的减少，增加财政收入，加强碳排放权交易能力建设。

目前，我国碳交易市场的碳排放配额分配方式以免费分配为主，配额方法以历史排放法为主、基准线法为辅，为激发企业碳减排的积极性，我国积极探索优化碳排放配额分配方式。《碳排放权交易管理暂行办法》规定，排放配额分配在初期以免费分配为主，适时引入有偿分配，并逐步提高有偿分配的比例。同时还规定，国务院碳交易主管部门在排放配额总量中预留一定数量，用于有偿分配、市场调节、重大项目建设等。有偿分配所获得的收益，用于促进国家减碳以及相关的能力建设。随着碳交易市场的运行，我国逐步优化调整碳排放配额分配方案。较《2019—2020年全国碳排放权交易配额总量设定与分配实施方案（发电行业）》，《2021—2022年全国碳排放权交易配额总量设定与分配实施方案（发电行业）》根据实际情况作出调整优化，在配额管理的年度划分、平衡值、基准值、修正系数等方面作出了优化，日常管理更加精细、信息发布更加透明、政策导向更加明确、民生保障政策更加突出、惠企措施更加丰富。

目前，我国发电行业全国碳排放权交易配额采用"事后分配"方式，主要是受制于碳排放数据质量精度不够，随着全国碳市场数据质量制度不断完善，管理水平不断提高，数据获取的时效性和准确度提高，全国碳排放权交易配额将逐渐由"事后分配"过渡到"事中分配"或"事前分配"；当前，中国碳排放配额分配方式相对单一，考虑到分配方式的公平性与碳交易市场的持续运营，将结合基准法、强度法和总量法，不断优化碳配额初始分配方式，为不同发展阶段的区域设计差别化、包容式的协调发展分配方案。

1.2.3.2 碳金融和碳市场机制设计

碳金融是随着碳排放权交易市场的建立而诞生的，作为减污降碳的重要政策工具，碳金融是引导经济低碳转型、促进碳达峰碳中和目标实现的有效手段，已成为实现双碳目标的重要推力，通过金融体系的发展推动低碳转型已成为市场共识。

目前，我国国内碳交易市场发展态势良好，供给和需求逐步回升，碳排放权交易市场价格呈现较快的上涨态势，碳排放价格机制在调节市场需求、释放和传导价格信号、促进价格发现、引导企业转型升级方面的重要作用逐步显现。随着碳金融市场的稳定运行，我国已逐步建立了完善的碳交易市场机制。

（1）基于强度的减排目标设定方案。当前，减排目标分为碳排放总量与碳排放强度两种。在碳排放总量目标下，政府根据绝对减排目标设定配额总量，能够保障减排效果，但排放许可价格波动可能会降低排放效率，严格遵守排放限额可能导致紧急情况下的隐性经济损失；在碳排放强度目标下，政府根据相对减排目标设定配额总量，能够保证排放效率和一定的经济产出，这对于经济发展和能源结构转型具有十分重要的意义。中国碳排放权交易市场最突出的特点之一是以碳排放强度作为减排目标。中国是全球首个基于碳强度的一级市场，这是根据我国国情保障碳价合理的现实选择。

（2）多样化的市场调节保护机制。碳价对于投资和科技创新具有重要的引导作用。碳价的长期低迷和不稳定都会影响企业减排的积极性，因而有必要辅之以相应的调控机制。《碳排放权交易管理规则（试行）》中指出："生态环境部可以根据维护全国碳排放权交易市场健康发展的需要，建立市场调节保护机制。当交易价格出现异常波动触发调节保护机制时，生态环境部可以采取公开市场操作、调节国家核证自愿减排量使用方式等措施，进行必要的市场调节。"交易试点地区为了维护碳排放权交易市场价格总体稳定，采取了政府预留配额、配额拍卖或者固定价格出售、限制涨跌幅，限制最高价或最低价、拍卖底价等多项调控措施。

（3）多样化的市场交易方式。我国目前交易方式呈现多样化发展趋势，公开交易、挂牌交易、协议转让、挂牌点选、电子竞价、定价点选、大宗交易、拍卖交易、协议交易等多种方式并存，促进了整体碳市场价格平稳。

（4）较为丰富的碳市场交易工具。碳金融工具具有帮助市场主体规避碳市场风险、提供碳资产保值增值渠道等优势，有利于提高碳交易市场的流动性。我国各试点碳市场为活跃碳市场交易，开展了多种形式的碳金融实践与创新，形成了

"以碳远期、碳掉期、碳债券为代表的交易工具，以配额抵质押融资、配额回购、配额托管等为代表的融资工具，以及以碳指数、碳保险为代表的支持工具等多元化的碳金融产品"。

目前，我国碳排放权交易市场仍存在"不活跃、不灵敏、不畅通"问题，这些问题制约了国内碳排放权交易市场价格机制的形成和进一步发展。从碳排放权市场参与主体来看，各试点地区碳排放权交易市场参与主体仍然是以控排企业为主，市场化的机构投资者、金融机构、碳资产管理公司及个人参与碳排放权交易的渠道较少，相应的奖惩配套措施也存在一定的不足。碳排放权交易市场参与主体的单一化影响了碳排放权交易市场的活跃度和竞争性，不利于市场价格在更高效供需关系上的出清，也不利于政府政策引导和市场进一步发展。从碳排放权市场交易的参与产品品类看，目前我国碳排放权市场交易仍然是以碳排放权指标配额现货为主，市场供需难以实现有效匹配。特别是对碳排放权配额的商品化、金融化、数字化转型升级能力不足，围绕碳排放权交易配额的相关衍生产品特别是金融期货产品相对较少，难以满足市场交易主体对碳排放权交易的多样化需求。与发达国家或地区如欧盟、美国碳市场丰富、多样的交易产品相比，国内碳排放权交易产品还存在较大差距。

1.2.3.3 推动碳市场监管机制研究

碳排放权交易具有很强的政策主导性，市场参与主体对碳排放权利属性不清导致的不确定性存疑，加之碳排放权交易专业性较强、跨部门跨专业，需要政府对碳市场进行统一有效监管。

从监管制度体系来看，我国初步形成了国务院—部委—地方人大—地方政府及其部门—交易所这样一个相对完整的碳市场制度规则体系。

（1）监管主体。在我国碳排放权交易主要的监管机构经历了从发展和改革委员会到生态环境保护部的转变，地方层面主要为地方各级生态环境厅。政府在碳排放权交易中负责主导协调作用；碳排放权交易机构也负责对交易过程进行监督约束，监督内容包括交易秩序和交易安全的保障；交易机构是"前线监管者"，负责与交易相关的监管职能，保障碳排放权交易中碳排放权交易的透明度；第三方核查机构作为辅助监管的重要机构，对碳排放权交易中排放信息数据准确性起极为关键的作用。

（2）监管对象。包括市场参与主体及市场行为。市场参与主体主要就是指重点排放企业、交易机构及其工作人员、第三方核查机构及其工作人员。市场行为指的是各主体在碳交易市场进行的各项市场活动。

（3）监管方式。监管方式可分为信息披露与奖惩机制两种。信息披露是碳交易监管系统中一种主要的监管手段，交易主管部门、交易机构、控排单位承担不同的信息披露职责；奖惩机制作为健全事后环节行政监管的主要手段，对碳排放权交易起着不可或缺的作用。惩罚机制主要通过责任追究的形式进行表现。激励措施主要形式为资金支持、金融支持、政策支持。资金支持通常是设立碳排放专项资金。金融支持是鼓励金融机构搭建投融资平台，探索碳排放权抵押、质押等新式融资方式。政策支持指的是出台政策优先支持申报国家、省节能减排相关项目的碳减排企业。

（4）监管规则。我国碳排放监管体系中，监管规则主要包括总量控制规则、覆盖范围规则、碳排放配额管理规则、碳排放配额交易规则、监测报告与核证规则、履约规则。我国采用强度目标，设定每年的碳排放总量，并分配给各省、自治区、直辖市以及重点行业和企业，企业通过节能减排等各种措施达到国家规定的碳排放目标；覆盖范围包括行业覆盖、地域覆盖、企业覆盖、气体覆盖等；我国目前碳排放配额以免费分配为主，分配方法以历史强度法、历史总量法、基准线法交叉结合为主；交易机制可分为分配登记制度、交易规则以及结算与清算规则；针对碳排放权交易监测报告与核证规则、履约规则，均制定了相应的指南、管理办法进行规定。

从监管过程来看，我国碳市场实行一级市场监管、二级市场监管、履约清缴监管三个环节，如图1-3所示。

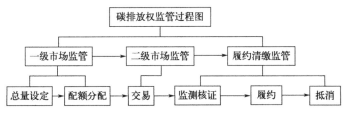

图1-3　碳排放权监管过程图

（图片来源：陈虹铮. 我国碳排放权交易监管制度研究[D]. 福州：福建农林大学，2023.）

一级市场监管包括总量设定与配额分配两个过程。总量设定制度上，由国务院碳排放权交易主管部门依据国家温室气体排放目标，结合经济发展状况、环境质量要求与排放数据，科学合理设定我国碳排放总量。在配额分配上，初期发展阶段，从平衡地区和行业利益，以减排起到激励作用为出发点，我国目前碳排放配额的分配以无偿分配为主。随着碳交易市场机制的逐渐成熟，为进一步激发市场的流动性与企业减排意识，分配方式向有偿分配为主的分配方式过渡，目前浙江、北京、宁夏、江苏四个省（自治区、直辖市）提出过探索碳配额有偿分配。

二级市场监管包括交易环节的监管。我国的碳排放权市场交易方式包含现货交易和衍生品交易，结算方式采用当日清缴模式，并通过账户变动和登记系统来进行交易，实现碳排放权资产的权利变动。

履约清缴监管包括监测核证、履约、抵消三个环节。我国已开展碳排放数据的 MRV（监测、报告、核查）体系建设，监测核证是重要环节之一，目前主要是采用第三方机构进行核证监管，负责对企业碳排放数据进行核查，其核查结果将直接影响着市场的正常运行和监管效力。但由于碳排放精准监测的技术难度大，监测部门碳排放核查能力有待提高，保障第三方核查机构严格核查监督的机制仍需进一步完善。

1.2.4 推动绿色低碳技术的研发创新

1.2.4.1 低碳科技的研发投入快速增长

科学技术的进步是促进社会低碳转型、推动经济高质量发展的重要手段。我国不断加大科学技术研发投入，近十年我国科技研发投入整体呈上升趋势，平均年增长率约为 8.63%，如图 1-4 所示。

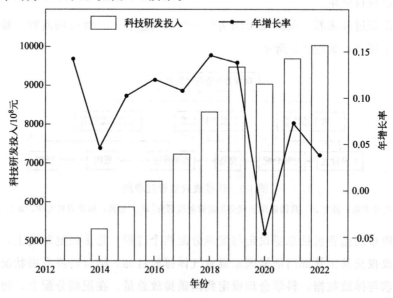

图 1-4　近十年我国科学技术研发投入情况

（数据来源：中国统计年鉴）

我国优化低碳科技研发投入结构，构建基础研究多元化投入机制。

一是设立中央预算内投资专项和地方专项资金或中央与地方联合设立基金形式鼓励碳达峰碳中和科技创新。中央预算内投资专项如中国科学技术研究部设立工程与材料科学部"双碳"专项项目用于双碳目标下制氢储氢基础研究、工程与材料领域低碳科学基础研究，项目额度3000多万；针对重型车用氨氢融合燃料及其高效近零排放的核心科学问题，开展多学科交叉研究，设立"重型车辆氨氢融合零碳动力系统基础研究"专项项目，项目额度1500万元；设立2000万元专项用于冻土土壤碳循环及其驱动机制研究；设立1000万～1500万元双碳计划与人群健康专项用于研究新产业、新材料、新工艺对重点职业人群和重点区域普通人群健康的影响规律，开发人群健康预警、预测及医学干预策略和方法。地方专项如2022年马鞍山市设立325万元节能与生态建设专项资金，用于5项重点排放单位技术改造升级；2022年安徽阜阳市设立570万元节能与生态建设专项资金，支持节能降碳、生态文明建设和绿色发展等重点工作等。中央与地方联合设立基金形式，如国家自然科学基金委员会与山西省人民政府签署协议，双方共同出资2.5亿元设立煤基低碳联合基金，促进山西乃至全国的煤基低碳科技创新工作开展；四川省、湖南省、安徽省、吉林省四省加入国家自然科学基金委员会区域创新发展联合基金，合计17亿元，用于区域有特色创新研究发展。

二是发行绿色主权债券、设立低碳领域专项贷款，支持政府为低碳转型融资、促进国内低碳金融市场建设。据统计，截至2023年一季度末，我国本外币绿色贷款余额超过25万亿元人民币，绿色债券余额1.5万元人民币，均居全球前列。绿色债券支持环境改善的效果显著，据初步测算，每年绿色债券募集资金投向的项目可节约标准煤5000万吨左右，相当于减排二氧化碳1亿吨以上。2021年6月，国家开发银行制定《支持能源领域实现"碳达峰、碳中和"战略目标工作方案》，并提出"十四五"期间设立总规模为5000亿元（等值人民币，含外汇）的能源领域"碳达峰、碳中和"专项贷款，其中2021年安排发放1000亿元，助力构建清洁低碳安全高效的能源体系。

三是引导社会资金投入，增加低碳技术研发项目支持力度。中国电子科技集团有限公司、中国海洋石油集团有限公司、中国石油化工股份有限公司三家企业加入国家自然科学基金委员会企业创新发展联合基金，基金额度约6.875亿元，聚焦关键技术领域中的核心科学问题开展前瞻性基础研究，服务于产业可持续发展的需求。

四是设立企业节能降碳新技术应用补贴等方式，提高新技术落地率和产出率。我国曾多次出台对于风电、光伏等新能源的相关财税激励政策，包括上网电价、财政补贴、特高压建设等。

1.2.4.2 可再生能源电力消纳机制建设

2012年以来，我国风电、光伏发电产业迅速发展，可再生能源发电量占比逐步上升。在加快可再生能源开发利用的同时，水电、风电、光伏发电的送出和消纳问题开始显现，为解决可再生能源电力消纳问题，2018年国家发展改革委、国家能源局发布了《清洁能源消纳行动计划（2018—2020年）》，解决可再生能源电力消纳问题的重要长效机制就是实行可再生能源电力消纳保障机制。2019年5月10日，国家发展改革委、国家能源局进一步发布了《关于建立健全可再生能源电力消纳保障机制的通知》（以下简称《通知》）。根据《通知》，将按照省级行政区域设定可再生能源电力消纳责任权重，即可再生能源电力消费应达到其电力消费设定的比重。

目前我国8个电力现货市场进行可再生能源消纳的主要方式包括优先消纳，建立省间市场、跨区域省间富裕可再生能源电力现货市场，建立中长期市场、调频辅助服务市场等。可再生能源消纳挑战反映了我国现行电力规划、运行和体制机制模式越来越不适应其发展的多重问题，深层次的原因是中国尚未形成适应风电、太阳能发电等新能源特点的灵活电力系统和市场机制。市场机制的不健全是制约可再生能源消纳的重要因素，电力现货市场发展的路径设计以及现货市场环境下促进可再生能源消纳的机制是我国电力现货市场建设中的关键问题。

现货市场的核心是价格，如何设计合理的现货市场组织模式和价格机制是促进可再生能源消纳的关键因素。在我国现货市场建设初期，经验尚不成熟的前提下，采用部分电量竞争可作为过渡性措施，当虚拟电厂、储能等调峰调频灵活性资源技术成熟，可转为全电量竞争，通过灵活性资源降低可再生能源不确定性，从而抑制价格波动；分区电价机制是一个较好的电价过渡机制。随着可再生能源大力发展，我国部分特高压电网建设同步进行，电网阻塞能够得到明显缓解，降低价格波动风险。同时，随着其他市场，如金融市场的成熟发展，物理输电权和金融输电权的设计能够有效规避价格风险，此时可从分区电价转为节点电价。现货市场并不能完全解决可再生能源消纳问题，在现货市场中设计一些特殊机制来引导和促进可再生能源消纳是有必要的。但这些机制并非单一现货市场能够完全解决的，而是需要多级市场协调配合，如辅助服务市场、容量市场、金融衍生品市场等。

1.2.4.3 低碳科技创新的管理体系建设

我国是全球绿色低碳技术创新的重要贡献者。2016—2022年，全球绿色低碳技术发明专利授权量累计达55.8万件，其中中国专利权人获得授权18.8万件，占比达31.9%，年均增速达13.5%。从创新主体看，我国共有13家企业或单位进入全球绿色低碳技术发明专利授权量排名前50名，仅次于日本的15家。从近年来创新活跃的储能技术来看，我国在电化学储能领域的发明专利授权量由2016年的0.43万件增长到2022年的1.3万件，占全球总量的比重由35.5%增长到44.9%。

我国构建了完整的碳达峰碳中和政策体系，对低碳科技创新做出了重要战略部署。顶层设计文件《中共中央 国务院关于完整准确全面贯彻新发展理念做好碳达峰碳中和工作的意见》将"加强绿色低碳重大科技攻关和推广应用"作为"十项内容"之一，《2030年前碳达峰行动方案》将绿色低碳科技创新行动列为"碳达峰十大行动"。出台《科技支撑碳达峰碳中和行动方案》，提出2025年实现重点行业和领域低碳关键核心技术的重大突破，单位国内生产总值（GDP）二氧化碳排放比2020年下降18%，单位GDP能源消耗比2020年下降13.5%；到2030年，进一步研究突破一批碳中和前沿和颠覆性技术，形成一批具有显著影响力的低碳技术解决方案和综合示范工程，建立更加完善的绿色低碳科技创新体系，有力支撑单位GDP二氧化碳排放比2005年下降65%以上，单位GDP能源消耗持续大幅下降。

为促进低碳科技创新，我国建立了完善的低碳科技创新管理体系。我国低碳科技创新管理工作由政府构建和主导，形成了战略制定-科技项目规划与制定-技术研发与攻关-技术推广与应用的多层级、分工明确的管理体系，如图1-5所示。

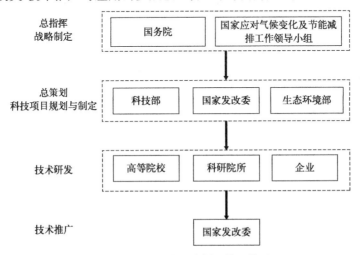

图1-5 我国低碳科技创新管理体系

国务院发挥"指挥棒"的作用,负责顶层重大发展战略制定,发挥部门间协调作用。

国家应对气候变化及节能减排工作领导小组负责研究制定应对气候变化的低碳科技创新重大战略、方针和对策,统一部署应对气候变化工作,协调解决应对气候变化工作中的重大问题;组织贯彻落实国务院有关节能减排低碳科技创新工作的方针政策,统一部署节能减排科技创新工作,研究审议重大政策建议,协调解决工作中的重大问题。

科技部是主管部门,承担低碳科技创新机制的制定,低碳科研发展体系的构建,拟订国家低碳基础研究规划、政策和标准并组织实施,组织协调国家低碳重大基础研究和应用基础研究,编制国家低碳重大科技项目规划并监督实施,统筹关键共性技术、前沿引领技术、现代工程技术、颠覆性技术研发和创新,牵头组织重大低碳技术攻关和成果应用示范,负责低碳科技监督评价体系建设和相关科技评估管理;科技部下设的国家自然科学基金委员会负责管理由政府拨款的科学基础研究与技术开发资金。

国家发改委负责低碳科技创新的协调工作,组织协调重大节能低碳、节水示范工程和新产品、新技术、新设备的推广应用,下设的国家绿色技术交易中心负责低碳技术的交易及推广。

生态环境部门负责应对气候变化工作。组织拟订应对气候变化及温室气体减排重大战略、规划和政策,协助科技部推动低碳科技创新规划,参与重点领域关键技术研发项目编制等。

各高校、科研院所、部分企业负责具体重点领域关键技术研发与技术攻关工作。

1.3 昌黎县碳达峰碳中和研究思路

1.3.1 研究背景和意义

工业化发展给人类带来巨大经济利益的同时,造成的生态环境破坏问题也逐渐显现,尤其是20世纪十大污染公害事件的爆发、极端天气的出现、暴雨洪灾等,让人触目惊心。20世纪60年代环境问题开始引起人们的关注,随着研究的不断深入,证实了人类排放的温室气体(主要是化石燃料的燃烧)是造成近百年来全球温度上升的主要原因。《IPCC全球升温1.5℃特别报告》指出本世纪末将全球温升目标控制在不超过工业革命之前1.5~2℃的重要性和必要性,《巴黎协定》正式将这一目标写入文件中,成为各国减缓气候变化的行为约束。应对全球气候变化的主要措施之一就是加速能源转型、调整能源结构,减少化石燃料的燃烧、开发利用可再生能源,这也是应对全球能源危机的内在要求。能源安全已经上升为我国重要战略之一,我国能源消费量大,且石油、天然气等化石能源对外依存度高,中国如何以合理成本保障能源的安全供给、以合理节奏实现能源的平稳转型最终实现能源自主、以合理进程推动碳达峰与碳中和目标实现是摆在面前的重要任务。能源危机成为绿色低碳转型的重要契机,如何在能源危机、全球气候目标的双重压力下探索人类可持续发展的道路,推动城市低碳转型是当前重要研究内容。

当前温室气体排放加剧全球气候变化、选择低碳发展模式已成为各国的共识,城市作为人类生产生活的主要空间载体,能源消耗占据全球总能耗的2/3,碳排放占据全球总排放的70%。城市低碳建设和治理,不仅能缓解资源能源压力,还能减少人为温室气体排放,是应对全球气候变化、实现可持续发展的有效手段。

1.3.2 研究目标和内容

1.3.2.1 研究目标

本研究的目标是梳理低碳城市发展及研究现状,总结低碳城市发展趋势;针对典型城市——昌黎县,分析碳排放特征,编制碳排放清单并进行碳达峰预测;揭示昌黎县碳达峰碳中和路径,并提出对策建议,为昌黎县实现碳达峰碳中和提供科学依据。

1.3.2.2 研究内容

① 梳理国内外低碳城市研究现状与发展趋势。

② 总结城市碳排放核算方法、碳排放驱动因素分析方法、碳排放预测分析方法。

③ 昌黎县碳排放清单编制。

④ 昌黎县碳排放特征分析。

⑤ 昌黎县碳排放驱动因素分析。

⑥ 昌黎县碳达峰预测分析。

⑦ 昌黎县低碳路径分析。

⑧ 昌黎县碳中和对策建议。

1.3.3 技术路线和方法

技术路线如图 1-6 所示。

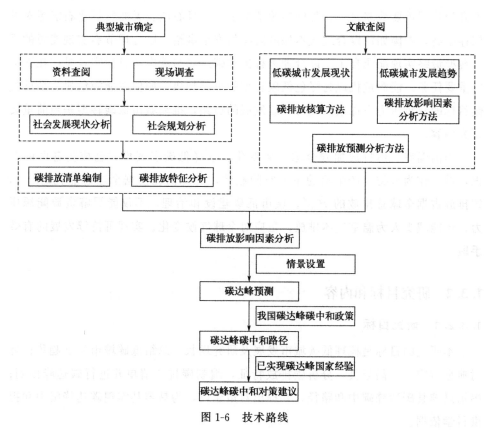

图 1-6 技术路线

第 2 章
昌黎县资源环境和社会经济发展现状

2.1 自然生态现状调查

2.1.1 地理地质现状

昌黎县位于河北省东北部,秦皇岛市西南部,在北纬 39°22′~39°48′,东经 118°45′~119°20′。昌黎县东与北戴河新区毗邻,西与滦河县隔河相望,北与抚宁县、卢龙县相邻,南以滦河为界与唐山市乐亭县相邻。昌黎县东北距秦皇岛市中心 45km,西北距北京市 234km,西距唐山市 90km,西南距天津市 180km,距石家庄市 438km,县域东西长 50.5km,南北宽 47.5km,昌黎县陆域面积 1212.4km²,海岸线长 64.9km,陆域界线长 162.6km。昌黎县处于京唐秦发展轴秦唐交汇处,是联系华北与东北的咽喉要塞。境内拥有全面的陆空立体交通发展优势。G0111(秦滨高速)、G205、G228 和 S261(青乐公路)穿县而过,通达北京、天津、秦皇岛等城市,陆路交通便捷;秦皇岛北戴河国际机场年旅客吞吐量超 50 万人次、货邮吞吐量超 500t,开通国内航线 16 条(至上海、深圳、石家庄、广州、杭州等),初步形成了通达东北、华东、西南、中南等各地区的航线网络布局。

2.1.2 地形地貌现状

昌黎县位于燕山褶断带东南边缘,经历了长期多次构造演变,特别是经过燕山运动,基本奠定了本区复杂的构造格架,区内构造以断裂为主,褶皱次之,主要有纬向构造体系、经向构造体系、新华夏构造体系、华夏构造体系以及北西向构造体系。其中纬向构造体系属经历多次构造运动的复合归并产物,断裂生成时间早、切割深、规模大，多表现为压性，属壳级基底断裂；新华夏构造体系规模大、展布广泛，大部分具新生性质，改期继承活动明显。

昌黎县地貌类型为山丘区和平原区，平原区地面高程一般为2～30m，是西北至东南向倾斜，坡度在2‰～3‰，构成了广阔的山麓平原和滨海平原。山丘区仅分布在京山铁路及205国道以北一带，共有较大山峰6座，海拔多在50～500m，面积63km²，占总面积的5.1%。县城北部的娘娘顶为县内的最高峰，海拔695.10m，山势陡峻，雄伟壮观。

2.1.3 水文土壤现状

昌黎地区地下水类型主要是，北部山区为基岩裂隙水，中南部平原为松散层孔隙水。水量由西北向东南，由滦河冲积扇向饮马河冲洪积带逐渐减少，沿海因受海水侵入影响有二三层咸水存在。地下水底板埋深在40～160m，由西向东、由北向南递增，局部因受降雨垂直淡化作用，有浅层淡水分布。

2.1.3.1 水文地质区

昌黎县地下水分为潜水和承压水两种。潜水遍及昌黎县，水位埋深为2～6.6m，山前一带在10m左右。全区共分五个水文地质区，即滦河冲积扇水文地质区、饮马河冲积扇水文地质区、河间水文地质区、山前坡洪积水文地质区、基岩山区水文地质区。昌黎县水文地质情况见表2-1。

表2-1 昌黎县水文地质情况

水文地质分区	亚区分类	揭露深度/m	含水层/层	厚度/m	单位涌水量/(m³/h)	单井出水量/(m³/d)
滦河冲积扇水文地质区	顶部	110	2	80～90	20～30	7000～10000
	中部	50～80	2～5	30～60	16～26	1000～3000
	马坨店等一带	40～80	3～7	30～50	16～26	1000～2000
	东北庄等一带	50～270	3～10	50	无	700～1600
饮马河冲积扇水文地质区	龙家店等一带	40～80	2～6	20～40	9～14	700～1500
	裴家堡一带	30～50	2～5	10～20	6～10	600～1200
河间水文地质区	—	30～60	2～5	20～40	8～14	700～1400
山前坡洪积水文地质区	山前坡积、洪积区	30～40	1～5	5～15	2～5	100～500
	山前坡、冲积亚区	—	—	10～30	4～8	300～600
	山前坡积亚区	—	30～69	2～5	10～20	34～10	300～700
基岩山区水文地质区					小于0.02	

(1) 滦河冲积扇水文地质区。本区由滦河冲积扇组成，根据沉积规律和特征，分为以下三个亚区。一是冲积扇顶部亚区，分布于朱各庄、指挥、靖安以西，为滦河近代冲积。本区最大揭露深度110m，见两层含水层，累计厚度80～90m，岩性以卵砾石为主，粗砂次之，呈层状微向东倾斜，卵砾石粒径4～25cm，上细下粗，顶板埋深3.5～8m，底板埋深70～108m。富水性强，水量丰富，单位涌水量20～30m^3/h，单井出水量达7000～10000m^3/d。二是冲积扇中部亚区，位于党各庄、陈各庄、大周庄、阎庄、崖上一带，揭露深度50～80m，见2～5层含水层，总厚30～60m。岩性以砾石、粗砂为主，粒径较冲积扇顶部亚区小。阎庄到崖上，以卵石为主。均呈北西-南东向条带状分布。本区水量较丰富，单位涌水量16～26m^3/h，单井出量可达1000～3000m^3/d。三是冲积扇前缘亚区。根据含水层岩性、富水状况、地下水水质等情况，可分两个小区。一个小区分布在马坨店、施各庄、新金铺、泥井、荒佃庄、皇后寨等地区。揭露深度40～80m，可见含水层3～7层，总厚度30～50m，个别地段可超过50m，发育不稳定，岩性为中粗砂，中细砂次之，偶见砾石，岩性垂直变化不明显。富水性较好，单位涌水量12～22m^3/h，单井出水量可达1000～2000m^3/d。另一个小区位于东北庄、石河北、刘台庄、石各庄以东沿海地区。揭露深度50～270m，可见淡水层3～10层，累积厚度大于50m。岩性以中细砂为主，偶夹中粗砂，降深5m时，单井出水量700～1600m^3/d。在钩弯、团林、侯里、小滩一线东南，中上部有咸水分布，底板埋深40～160m，咸水层上部由于河流及降水入渗的淡化作用，局部有淡水存在，埋深20～30m不等，单位涌水量8～16m^3/h，单井出水量400m^3/d。

(2) 饮马河冲积扇水文地质区。为饮马河冲洪积而成，沿水流方向分为上下段两个亚区。一是上段亚区，在龙家店、后封台、型弯河、虹桥、钱庄子一带，揭露深度为40～80m，可见含水层3～6层，含水层累计厚度20～40m。岩性以粗砂为主，细砂次之，局部夹有小砾石。单位涌水量9～14m^3/h，单井出水量可达700～1500m^3/d。上段亚区在裴家堡一带揭露深度在30～50m以上，可见含水层2～5层，含水层累计厚度10～20m。岩性以中粗砂为主，细砂次之。单位涌水量6～10m^3/h，单井出水量可达600～1200m^3/d。二是下段亚区，在王官营、草厂庄、小营以东的地区，属东沙河、饮马河冲洪积带前缘。区内揭露深度30～60m，局部大于60m。岩性以中细砂为主，粗砂次之。单位涌水量10～16m^3/h，单井出水量700～1400m^3/d。该区承压水埋深在140m以下，并有咸水两层，底板埋深 20~150m。

(3) 河间水文地质区。该区从大田庄到晒甲坨一带呈北西南东带状分布，南北狭长，在马铁庄以东尖灭，为滦河与饮马河冲积的交接地带。含水层岩性以中细砂为主，局部有粗砂和砾石，含水层厚度不稳定，多呈透镜体。在揭露深度 30~60m 以内，见 2~5 层含水层，累计厚度 20~40m。单位涌水量 8~14m^3/h，单井出水量 700~1400m^3/d。

(4) 山前坡洪积水文地质区。根据成因及富水性等不同，可分为三个亚区。一是山前坡积、洪积区，分布在指挥、朱各庄、安山北部丘陵区。由坡积及小部分洪积而成，上部为黏性土，下部夹碎石、砂层。揭露深度 30~40m 以上，可见 1~3 层含水层，厚度 5~15m。岩性以中细砂为主，局部夹碎石及中粗砂，分选性差，多呈透镜体，单井出水量 100~500m^3/d，潜水位埋深 4~15m，单位涌水量 2~5m^3/h。二是山前坡、冲积亚区，分布在十里铺、龙家店北部。由两山场沟坡洪积和饮马河冲积而成，累计厚度 10~30m，层次薄而多，不稳定，多呈透镜体。单井出水量 300~600m^3/d，潜水位埋深 18m，变化较大，单位涌水量 4~8m^3/h。三是山前坡积亚区，主要分布在梁各庄、两山乡范围内。由东沙河、碣石山坡、洪积作用而成，松散层厚度 30~69m。松散层随基底地形起伏，有 2~5 层，厚度 10~20m。以中细砂为主，近山为粗砂，分选性差，呈带状及透镜体状分布，厚度小，单井出水量 300~700m^3/d。潜水位埋深 3~18m，变化较大，单位涌水量 4~10m^3/h。

(5) 基岩山区水文地质区。分布在城关以北，主要岩性为花岗岩，具有风化裂隙、构造裂隙和成岩裂隙。风化裂隙深度 5~10m，含裂隙水。在沟谷和构造发育处，有泉水出露，流量 0.1~0.5L/s，而裂隙不发育地段则干涸无水，由于坡度陡，雨季时大量洪水和裂隙水补给山前孔隙水，水位埋深随地形和裂隙发育程度差异而变化，单位涌水量小于 0.02m^3/h。

2.1.3.2 水系

昌黎县河流分属三大水系，西南部西沙河、崖上东、西沟分别于靖安、信庄、三八家子村南入滦河，为滦河水系；北部贾河、东沙河、沿沟先后汇入饮马河，经大蒲河口入渤海，为饮马河水系；中部赵家港沟、泥井沟、刘坨沟、刘台沟、稻子沟 5 条河向东流入七里海，为七里海水系。昌黎县河流水系见表 2-2。

表 2-2　昌黎县河流水系情况

水系名称	流程/km	流域面积/km²	境内流程/km	境内流域面积/km²
滦河水系	888	4490	77	200
饮马河水系	44	534	22	143
七里海水系	排水河道		境内流程/km	境内流域面积/km²
	赵家港沟		31	98
	泥井沟		26	72
	刘坨沟		31	172
	刘台沟		14	31
	稻子沟		27	114

(1) 滦河水系。滦河为河北省第二大河，源于承德地区的丰宁县西北图古尔山麓，流经内古高原、燕山山地、华北平原东北部注入渤海，全长888km，流域面积4.49万km²。滦河自小樊各庄北武山西麓流入昌黎县境内，南过京山铁路桥进入平原，再东南流经靖安、王家楼至渤河寨转东流，经赤崖、大滩至王家铺村南入渤海。流经昌黎县5个乡镇，境内流程77km，流域面积约200km²。滦河水系支流含西沙河、崖上东沟、崖上西沟，其中西沙河发源于卢龙县的营山，南流经石门，穿京山铁路至洼里村北入昌黎县境，曲折南流，经指挥、崔庄、坎上、靖安镇唐庄子、胡家庄、于庄子、马芳营至靖安镇西庄入滦河。西沙河位于昌黎县西部，每值雨季，携带泥沙，河水浑浊，故名西沙河。境内河长14km，河床宽20m，流域面积42.5km²，属季节性河流，源短流急，雨季河水暴涨暴落，旱季干涸断流。崖上东沟位于县西南部，滦河左侧，因流经崖上村而得名。崖上东沟北起西和睦营村北，南向偏东流，经棋子庄、东荒草佃、新集尖角、槐李庄、皇后寨、欧坨至信庄村西入滦河，全长15km，流域面积51km²。崖上西沟北起于庄子、达子营，南流经靖安、间庄、太平庄、崖上至三八家子以南注入滦河，全长13km，流域面积60km²。河槽宽27m，深度2~3m。

(2) 饮马河水系。饮马河为流经昌黎县境内一条较大河流，发源于卢龙县境内杨山北侧的张家沟，南流至刘古泊村北入境，于大蒲河村东注入渤海。全长44km，流域面积534km²，昌黎境内长22km，流域面积约143km²。饮马河水系支沟有贾河、沿沟。贾河位于昌黎县境西北部，为饮马河主要支流。贾河发源于卢龙县落船山，由贾庄北流入境内，于刘李庄西北汇入饮马河，全长约31.5km，流域面积193km²，境内长18km，流域面积108km²。沿沟位于县境东北，东沙河右侧，发源于县境北域西五峰山，于大蒲河村东注入饮马河，全长20km，流域面积 51.6km²。东沙河位于县境东北部，河道多泥沙，故称东沙河。发源于县境内两山乡长峪山，北流入抚宁县境又折转南流，于大蒲河口注入渤海。全长 27.5km，流域面积 129km²，境内长 20km，流域面积 70km²。

（3）七里海水系。七里海位于昌黎县城东南 16.5km，与渤海相连。水域长约 5.5km，宽 2.6km，面积 15km²。横贯昌黎县境内的赵家港沟、泥井沟、刘坨沟、刘台沟、稻子沟 5 条排水河道，均汇入七里海，称七里海水系。5 条排水河道总长 118.7km，流域面积 486.6km²。设计行洪能力 475m³/s，最大泄量 538m³/s。其支沟赵家港沟位于昌黎县城南 7.5km，属季节性排水河道。发源于榆林村东，于聂庄东南注入七里海，全长 31km，流域面积 98km²。泥井沟位于赵家港沟以南，是与之并行的季节性排水河道，因流经泥井村南而得名，源于后孟营村西，在团林中村东南注入七里海，全长 26km，流域面积 72km²。刘坨沟位于昌黎县城南 15km，是泥井沟南侧与之平行的一条季节性排水河道。源于靖安村，于侯里村东注入七里海，全长 31km，流域面积 172km²。刘台沟位于刘台庄北，昌黎县城南 18km，为季节性河流。西起上各庄村南，于东新立庄汇入稻子沟入七里海，长 14km，流域面积 31km²。稻子沟位于昌黎县城南 23.5km，属季节性河流，为引滦河水种水稻而开挖，故得名。稻子沟西起欧坨村西，东至东新立庄东与刘台沟汇合注入七里海，全长 27km，流域面积 114km²。

昌黎县境内的土壤呈多样性。北部山区的低山、丘陵地带为褐土，粗砂含量大，夹有石砾，疏松，没有明显层次，含钾多。山前平原及铁路沿线为褐土，土层深厚，轻壤质，通透性好。中南部沙地为潮土，土质瘠薄。东部滨海区轻壤质，中性或轻度盐碱。

昌黎县土壤由于受降水、河水、地下水、海水等自然因素和地形因素的影响，有其特定的规律性。土质以潮土、褐土、盐土、风沙土为主，土壤类型从碣石山至滨海平原由北向南随地貌和地形的变化呈有规律地分布。北部低山丘陵，发育着棕壤、褐土；中部由于河流冲击发育着潮土；东南部沿海、沿河发育着盐土和风沙土；冲积平原和滨海平原局部洼地分布有沼泽土。具有适宜多种农作物生长优质耕地 91 万亩。

昌黎县属于落叶阔叶林带，或为温带夏绿林地域。有栽培植被和野生植被两种，野生植被有 600 余种，其中可作牧草的 170 多种，药用的 300 多种，还有大面积可食用的盐蓿菜、小蓟（曲菜）等。

在不同地形条件下植被类型各有不同。在低山、丘陵岗坡地区，植被覆盖率较低，野生植被有酸枣、荆条、野草木栖、铁杆蒿等，栽培树种有杨树、椿树、油松、侧柏、栗树、枣树等。在山麓坡地及冲沟沟头，有零星酸枣、胡枝子等野生耐旱植物，栽培植被有白薯、谷子、高粱、玉米、小麦以及干鲜果树等。在冲积平原区，野生植被有苍耳、狼尾草、车前子、益母草、小蓟，还有一些喜湿性的禾本科和莎草科植被，常年积水的洼地长有菖蒲、芦苇、三棱草、稗草等，栽培植被有杨树、柳树、榆树、槐树、椿树、小麦、玉米、水稻、高粱、花生、豆类、甘薯等。在滨海平原区，野生植被有芦苇、碱蓬、盐蓬、柽柳、青蒿等。

水源地周边主要为基本农田，几乎全部采用地膜和大棚技术替代裸地种植，种植作物以甜玉米、马铃薯、甘蓝为主，种植模式分别为"一粮一菜""两菜一粮"，区域内无大面积自然植被覆盖。

2.1.4 气候气象现状

昌黎县属中国东部季风区、暖温带、半湿润大陆性气候。根据统计局资料，昌黎县年平均气温11.8℃，最高平均气温25.1℃，最低平均气温−5.2℃，年降水量527.0mm。年日照2719.5h，年日照百分率61%，较常年偏少。无霜期210天，最大冻土深度53cm，结冰117天。四季分明，日照充足，年均日照时数达2800h。

2.2 社会发展现状调查

2.2.1 社会发展状况

昌黎县下辖11个镇、5个乡：昌黎镇、靖安镇、安山镇、龙家店镇、泥井镇、大蒲河镇、新集镇、刘台庄镇、茹荷镇、朱各庄镇、荒佃庄镇、团林乡、葛条港乡、马坨店乡、两山乡、十里铺乡。共446个村（其中28个村由北戴河新区托管）和23个社区，县政府驻昌黎镇。

根据统计局提供资料，2022年末昌黎县常住人口497399人，其中城镇常住人口244372人，城镇化率为49.13%。年末昌黎县户籍人口513884人，出生人口2201人，死亡人口4216人，人口自然增长率为−3.90‰。从人口数量看，2018—2022年，昌黎县人口数量增长速度放缓，人口自然增长率出现负增长（表2-3）。国家统计局分析全国人口减少的主要原因是出生人口减少和人口老龄化增加。

表 2-3　昌黎县 2018—2022 年人口情况

项目	2022 年	2021 年	2020 年	2019 年	2018 年
年末总人数/人	513884	516865	519305	522911	560229
全年平均人口/人	515375	518085	521108	523456	560588
出生人口/人	2201	2743	3642	3637	4572
死亡人口/人	4213	3806	5543	3382	4260
人口自然增长率/‰	−3.9	−2.05	−3.65	0.49	0.56

2.2.2　产业结构调查

河北昌黎经济园区主要包括昌黎工业园、皮毛产业园、空港产业园、循环经济产业园、碣石山片区、黄金海岸文旅园。园区范围：北至韩愈大街及七里海大街、西至凤凰山路及西外环路、南至滦河大街、东至机场路及饮马河。它是以智能制造装备、能源装备、汽车组装及零部件生产、绿色环保设备为主，以集成电路、智能终端、航空航天装备、前沿材料、新能源开发、信息技术、现代服务业、智能纺织业、农副产品加工及 IT 技术为辅的高端制造业工业园区。

昌黎县目前已经形成了五大特色产业集群。一是集酿酒葡萄种植、葡萄酒酿造、橡木桶生产、彩印包装、酒瓶制造、塞帽生产、交通运输、物流集散、旅游观光、休闲康养为一体的葡萄酒产业集群。二是冶金铸造、新型建材、机械制造等上下游配套的金属材料产业集群。三是以养殖和展销环节为主的皮毛产业集群。四是以粉条生产销售为代表，集农产品基地、冷链物流、品牌培育、现代营销各环节于一体的农产品加工产业集群。五是以生命健康产业创新示范区为平台，集医、药、养、健、游于一体的生命健康产业集群。

2.2.3　经济发展指标

昌黎县坚持以科学发展观为统领，积极壮大工业经济、园区经济和集群经济，着力推进社会主义新农村建设和城市化进程，下大力解决好民生问题，积极推进沿海经济社会发展强县建设。

根据昌黎县 2022 年统计公报，2022 年 47 家规模以上工业企业实现产值 777.7 亿元，比上年增长 3%，增加值 150.5 亿元，增长 8.2%，其中，轻工业增加值 4.6 亿元，下降 9.5%，重工业增加值 145.9 亿元，增长 8.7%。农副食品加工业下降 5.9%，干红葡萄酒制造业下降 26.1%，非金属矿物制品业下降

20.7%，黑色金属冶炼和压延加工业实现增加值133.1亿元，占规模以上工业总量的88.5%，增长8.3%。规模以上工业实现主营业务收入606.1亿元，比上年下降18.9%，实现利润总额11.4亿元，下降89.1%。产品产销率为88.6%，比上年下降6.8个百分点。

2022年全社会建筑业增加值7.5亿元，下降0.8%。22家资质等级以上的建筑业企业，共完成建筑业总产值16.4亿元，房屋施工面积55.5万平方米。

2022年昌黎县城镇居民人均可支配收入为40476元，比上年增长4.4%，农村居民人均可支配收入22206元，比上年增长5.8%。

2.2.4 社会发展指标

2022年昌黎县实现地区生产总值351.0亿元，比上年增长3.6%。分产业看，第一产业增加值77.4亿元，增长3.6%，第二产业增加值151.1亿元，增长7.7%，其中工业增加值143.7亿元，增长8.1%，第三产业增加值122.6亿元，下降1.0%。第一产业增加值占GDP的比重为22.1%，第二产业增加值占GDP的比重为43.0%，第三产业增加值占GDP的比重为34.9%。与上年相比，第一产业比重提升0.2个百分点，第二产业比重保持不变，第三产业比重下降0.2个百分点。根据昌黎地区2017—2021年经济公报推测出，第二产业排首位，占昌黎县产业生产总值的40%以上，第三产业排第二，占全市产业生产总值的30%以上，第一产业排第三，占全市产业生产总值的20%以上。第三产业生产总值逐年增加（图2-1），人均GDP也随之增加。

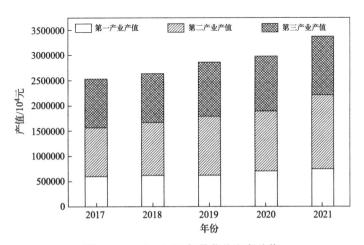

图2-1 2017—2021年昌黎县生产总值

昌黎县工业产业结构偏重于第二产业传统制造业，当前面临环保压力，建材、钢铁亟待转型升级。第三产业以批发和零售业为主，延伸拓展不够。新兴产业发展势头良好，但依然处于起步阶段，支撑能力不足。

2022年全县普通中学23所，在校生30493人，专任教师2481人，完全小学101所，在校生28658人，专任教师2035人，中等职业学校4所，在校生5645人，专任教师333人，特殊教育学校1所，在校生136人，专任教师32人。

2022年末全县共有医疗卫生机构608个，其中医院28个。在医院中县及县以上医院4个，乡镇卫生院17个，民办医院7个。疾病预防控制中心1个，妇幼保健院1个。卫生机构拥有床位数3038张，卫生技术人员3272人，其中执业（助理）医师1368人，注册护士1308人。

昌黎县自然资源丰富及区域条件优越，但未实现从资源禀赋向产业优势的转换，相关产业之间衔接不够，相邻产业空间联动不足，向海发展实施力度不强，与北戴河新区组团发展未能有机融合。昌黎县始终坚持经济和社会协调发展，政府不断加大政策支持力度，保障全县提质扩面，使全县科教文卫等社会事业全面进步，社会保障更趋完善。

2.3 环境质量现状调查

2.3.1 地表水环境指标及污染现状

昌黎县地形复杂，有山区丘陵、平原、滨海，水资源的地区差异性较大，根据具体情况，尽可能保持河流、水系以及行政区划的完整，兼顾水文地质、水文气象等自然地理对水资源形成的影响，将全县划分为四个区。北部山丘区包括山区和丘陵区，山区包括昌黎镇、两山乡和十里铺乡北部50m等高线以上区域，其余部分为丘陵区。西部滦河区包括朱各庄、靖安、新集、荒佃庄（皇后寨）等乡镇；东部滨海区包括大蒲河、团林、刘台庄、茹荷等乡镇。中部平原区包括龙家店、南区管理处、荒佃庄、泥井、马坨店、安山、葛条港等乡镇。

依据《秦皇岛市水资源评价报告》，昌黎县地表水资源量为0.97亿立方米，地下水资源量为1.93亿立方米，扣除地表水和地下水资源的重复计算量0.17亿立方米，全县多年平均水资源总量为2.73亿立方米。昌黎县地下水类型主要是北部山区基岩裂隙水，平原区为孔隙水，水量由西北向东南，由滦河冲积扇向饮马河冲洪积带逐渐减少，沿海因受海水侵入影响，有二三层咸水存在。其底板埋深在40～160m，由西向东、由北向南递增，局部因受降雨垂直淡化作用，有浅层淡水分布。县内地下水的流向基本上与地形及河的流向一致，其总趋势是由西北流向东南。平原西部，党各庄、陈各庄、新集镇一带地下水流向由北向南，裴家堡区域则流向东。

根据《秦皇岛市生态环境状况公报》（2020年），19条入海河流共设置了47个常规监测断面，其中1个断面常年断流，其余46个断面中，饮马河7个，戴河5个，洋河5个，滦河（含青龙河）5个，石河3个，汤河3个，新开河3个，人造河2个，七里海2个，小汤河2个，沙河、排洪河、新河、东沙河、潮河、小潮河、前道西河、归提寨河、小黄河各1个（表2-4）。

表2-4 秦皇岛2020年河流断面情况

断面名称	常规检测断面	饮马河	戴河	洋河	滦河（含青龙河）
数量/个	47	7	5	5	5
断面名称	石河	汤河	新开河	人造河	七里海
数量/个	3	3	3	2	2
断面名称	小汤河	沙河	排洪河	新河	潮河
数量/个	2	1	1	1	1
断面名称	小潮河	前道西河	归提寨河	小黄河	
数量/个	1	1	1	1	

2020年，秦皇岛市46个河流断面的水质类别比例情况：Ⅰ类水质断面占比14.3%，较前一年同期升高2.1个百分点；Ⅱ类水质断面占比15.2%，较前一年同期降低4.4个百分点；Ⅲ类水质断面占比41.3%，较前一年同期升高10.9个百分点；Ⅳ类水质断面占比30.4%，较前一年同期升高4.3个百分点；Ⅴ类水质断面占比8.7%，与前一年持平；劣Ⅴ类水质断面占比0，较前一年同期降低13.0个百分点。位于昌黎县境内的水质断面为饮马河歇马台桥断面、沿沟高速桥断面、饮马河故道赤洋口一号桥断面以及东沙河机场路桥断面。水环境质量进一步巩固提升。2022年1—11月滦河各断面水质月均值全部达到地表水Ⅰ类水质标准，饮马河、东沙河、沿沟、饮马河故道考核断面水质月均值全部达到Ⅳ类水或以上标准，见表2-5。

表2-5 秦皇岛市2020年断面水质情况

水质分类	Ⅰ类	Ⅱ类	Ⅲ类	Ⅳ类	Ⅴ类	劣Ⅴ类
占比/%	14.30	15.20	41.30	30.40	8.70	0
较前一年同期情况/%	↑2.1	↓4.4	↑10.9	↑4.3	持平	↓13.0

2.3.2 空气环境指标及污染现状

根据《秦皇岛市环境状况公报》(2020年),昌黎县空气质量综合指数为4.49,较前一年同期下降了13.65%,SO_2浓度为$16\mu g/m^3$,较前一年同期下降了15.79%,NO_2浓度为$25\mu g/m^3$,较前一年同期下降了16.67%,PM_{10}浓度为$71\mu g/m^3$,较前一年同期下降了14.46%,CO浓度为$2.2mg/m^3$,较前一年同期下降了4.35%,O_3浓度为$152\mu g/m^3$,较前一年同期下降了9.52%,$PM_{2.5}$浓度为$38\mu g/m^3$,较前一年同期下降了17.39%。昌黎县2020年空气质量情况见表2-6。2020年昌黎县环境空气质量不达标区,区域内超标因子为$PM_{2.5}$、PM_{10},超标倍数分别为1.09和1.01,其超标原因可能与不利气象条件有关。

表2-6 昌黎县2020年空气质量情况

空气指标	综合指数	SO_2	NO_2	PM_{10}	CO	O_3	$PM_{2.5}$
浓度	$4.49\mu g/m^3$	$16\mu g/m^3$	$25\mu g/m^3$	$71\mu g/m^3$	$2.2mg/m^3$	$152\mu g/m^3$	$38\mu g/m^3$
与2019年同期相比/%	↓13.65	↓15.79	↓16.67	↓14.46	↓4.35	↓9.52	↓17.39

根据《秦皇岛市生态环境局昌黎县分局2022年工作总结及2023年工作谋划》,昌黎县2022年空气质量全面达到二级标准。截至12月31日,昌黎县综合指数为3.94,$PM_{2.5}$平均浓度为$32\mu g/m^3$,PM_{10}平均浓度为$58\mu g/m^3$,优良天数为303天,空气环境质量良好。

2.4 能源资源现状调查

2.4.1 各类能源生产和消费现状

能源是人类生产和生活的物质基础,为人类创造不可替代的财富,能源资源问题不仅是一国的经济社会发展的问题,更是全球可持续发展问题。在人类进步的同时,也推动了能源消费技术、装备和产品的革命与发展,推动了人类生产与消费技术的变革和观念的改变,使得浪费型能源需求及其实现的奢侈型消费成为可能,推动了消费能源的几何增长。

要实现能源的充足,一是开源,二是节流。昌黎县为了促进能源可持续发展,近几年引入了风力和生物质能发电项目,昌黎县风电项目总安装容量为

第2章 昌黎县资源环境和社会经济发展现状

199.5MW，年发电量为455538.3MW·h。按照火电煤耗每千瓦时耗标准煤301.5g计算，投运后每年可节约标准煤约137344.8t，每年可减少二氧化碳排放量约377185.71t、二氧化硫排放量约45.55t、氮氧化物排放量约68.33t。

昌黎县2018—2022年全社会能源消费比重在减少，能源消费均值为722.17万吨标准煤，规模以上工业能源消费均值634.41万吨标准煤，规模以上工业能源消费占全社会能源消费的85%以上（图2-2）。昌黎县2022年规模以上工业生产消费原煤量348.07万吨，烟煤507.5万吨。原煤消费量比2021年减少20万吨，烟煤消费量减少40万吨（表2-7）。

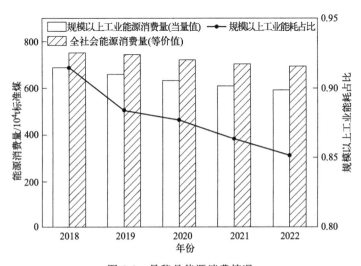

图 2-2 昌黎县能源消费情况

表 2-7 2021—2022年规模以上工业企业能源消费

能源名称	计量单位	2022年工业生产能源消费量	2021年工业生产能源消费量	2021年与2022年能源消费增长量
原煤	t	3480695.95	3634929.44	−154233.00
无烟煤	t	0.00	0.00	0.00
炼焦烟煤	t	2428848.68	2615920.15	−187071.00
一般烟煤	t	1051847.27	1019009.29	32837.98
其他洗煤	t	1034753.47	1080636.88	−45883.40
焦炭	t	3623494.06	3758418.26	−134924.00
焦炉煤气	$10^4 m^3$	75976.70	73998.30	1978.40
高炉煤气	$10^4 m^3$	1450795.86	1439781.48	11014.38
转炉煤气	$10^4 m^3$	117105.47	113315.83	3789.64

续表

能源名称	计量单位	2022年工业生产能源消费量	2021年工业生产能源消费量	2021年与2022年能源消费增长量
天然气	$10^4 m^3$	17981.02	21614.79	−3633.77
汽油	t	141.05	111.69	29.36
柴油	t	3119.22	3541.75	−422.53
热力	$10^6 kJ$	1367810.46	1551155.21	−183345.00
电力	$10^4 kW \cdot h$	489809.61	501593.04	−11783.40
生物燃料	t标准煤	126379.64	110329.46	16050.18
余热余压	$10^6 kJ$	2878462.87	3137441.49	−258979.00
能源合计	t标准煤	11036027.44	11372684.24	−336657.00

2.4.2 各类资源储量和利用现状

2.4.2.1 矿产资源调查

昌黎县矿产资源分布相对集中，矿产资源以铁、建筑石材类矿产为主，铁矿主要分布在相公营一带，建筑石料用灰岩矿主要分布在樊各庄一带。行政区内以铁矿为优势矿产，矿产资源禀赋特点为优势矿产和资源储量分布相对集中，便于开发利用。截至2020年底，昌黎县共发现各类矿产17种，列入《2020年河北省矿产资源储量表》的有2种矿产、7处矿产地（铁矿产6处、玻璃用砂矿1处），其中中型矿床4处、小型矿床3处。主要矿种保有资源储量为：铁矿12328.8万吨、玻璃用砂矿5293万吨。全县共有采矿权12个，大型矿山2个，中型矿山3个，小型规模矿山7个，其中地热3个、铁矿5个、建筑石料用灰岩矿4个。2020年度昌黎县矿山均处于停产状态。全县共有探矿权4个，均为铁矿，勘查水平均已达到详查。

2.4.2.2 土地资源调查

昌黎县实际耕地面积为83.4万亩，永久基本农田保护面积为74.83万亩。建成集中连片、设施配套、高产稳产、抗灾能力的高标准农田61万亩。农业人口约占全县总人口的73%，农民人均耕地面积1.83亩。2022年昌黎县农作物总播面积114.7万亩，复种指数132.2%。昌黎县绿色认证面积3.36万亩，绿色农产品21个，有机农产品2个（海参、扇贝）。昌黎县累计流转土地面积29.84万亩，土地流转率35.7%。2022年，昌黎县农林牧渔业总产值达到146亿元。

2022年昌黎县农业产业化经营率达到63.96%。2022年,昌黎县设施农业面积13.3万亩,其中,设施大棚蔬菜种植面积12.1万亩,果树种植面积1.2万亩。

2.4.2.3 森林资源调查

昌黎县森林资源的总面积为34.5万亩。森林资源的种类按照森林类别分类,分为公益林和商品林,昌黎县公益林包括国家级公益林19218亩(其中十里铺乡12275亩、两山乡6944亩),天然林6250亩(其中两山乡2126.29亩、昌黎镇4123.66亩),其余均为商品林。

昌黎县森林资源丰富,属于黄金海岸省级森林公园。黄金海岸森林公园以森林景观为主体,兼具地文、水文、天象等自然景观,景观类型多样,是集生态旅游、森林度假、森林疗养、滨海休闲和科普教育为一体的森林景观型森林公园。

2.4.2.4 水资源调查

昌黎县境内水系由滦河、饮马河、东沙河、刘坨沟等组成。滦河在昌黎境内流域面积为353.4km^2。大型湖泊有碣阳湖,储量440万立方米。地下水储量达2.7亿立方米(其中矿泉水级水资源存量1500万立方米)。昌黎县多年平均水资源总量为37375万立方米,人均占有668.4m^3、亩均占有386.5m^3。

2.4.2.5 海洋资源调查

昌黎县海岸线长64.9km,占全省的10.7%。有滦河口、塔子口两个入海口。有6万亩沿海滩涂和67万亩浅海水域(等深线20m以内的海域面积805.5km^2,潮间带面积19.3km^2)。海域内表层水(0.5m深以内)盐度最大34.2‰,最小10.26‰,平均温度12.5℃,最高31.1℃,最低-2.3℃,具有发展蓝色经济的极好条件。已经利用的海水养殖面积65万亩,相当于陆地总面积的一半以上。昌黎沿海滩缓潮平,很适合浅海及滩涂的水产养殖,盛产对虾、蛤、扇贝、海参,以及多种鱼类。水产品年产量在10万吨以上,是河北省第二水产大县。被誉为"活化石"的文昌鱼是本区底栖动物的优势种,在浅海10~12m等深线附近的栖息密度达到1035尾/m^2,是目前中国文昌鱼分布密度最高的地区之一。海岸沙地茂密的林草为鸟类提供了良好的栖息生境。已查明的栖息鸟类有168种(候鸟占95%,其中属于国家重点保护的鸟类有68种),是"世界珍禽"黑嘴鸥的主要栖息繁殖地之一。

河北昌黎黄金海岸属于国家级自然保护区。河北昌黎黄金海岸国家级自然保护区以保护海洋海岸自然生态系统为主，是集海洋海岸自然生态系统保护管理、科研监测、公众教育等于一体的国家级自然保护区。

2.4.3 地下水环境指标及污染现状

昌黎县后孟营地下水水源地已获得省厅批复。后孟营水源地属于滦河冲积扇顶上部东段，为滦河冲积扇类富水区，含水层岩性为中粗砂与卵砾石，垂直上有两个主要含水组，组间多存在连续性较好、厚薄不等的黏性土隔水层。含水层厚度 30～100m，底板埋深 30～120m，地下水位埋深 2～8m，由西北向东南倾斜。由于含水组连续性较好，层位稳定，利于地下水径流与补给，为强富水区。

《河北省昌黎县后孟营水源地供水水文地质勘查报告》中评估水源地允许开采量为 4 万 t/d。水厂设计日供水量为 3 万 t/d，取水许可证明取水量为 615 万 m^3/a，现状实际供水量约 1.7 万 t/d。供水范围为昌黎县中心城区，是目前昌黎县城区唯一的集中式供水水源地，主要用于居民生活用水。供水服务人口 12 万，属于中小型水源地。评价范围平水期地下水资源可开采量为 3508 万立方米，枯水期地下水资源可开采量为 2999 万立方米，特枯年地下水资源可开采量为 2536 万立方米。根据水源地抽水试验结果，水位降深 5m 时，$1^\#$～$10^\#$ 井单井出水量为 120～140m^3/h，$11^\#$～$13^\#$ 井单井出水量为 150m^3/h，经计算，水源地地下水可供水量为 40800m^3/d，年可供水量为 1489 万立方米。

2020 年地下水监测数据显示，水质监测指标均达到《地下水质量标准》（GB/T 14848—2017）中Ⅰ类水质标准，水质达标率 100%。昌黎县地下水环境禀赋良好，全县地下水水质总体以环境质量Ⅰ类为主，近三年来后孟营地下水水源地未发生水污染事故。

昌黎县供水以地下水为主，地表水资源开发利用程度低。每万元国内生产总值水耗 56.63m^3，距省内先进水平仍有一定差距，部分农田仍采用大水漫灌方式，用水效率有待提高。局部地区存在地下水超采问题，东南部沿海地区存在 56.3km^2 的深层地下水一般超采区。

2.4.4 土壤环境指标及污染现状

昌黎县"十三五"期间，持续开展了工业企业用地污染调查。完成了重点监控企业、重点排污单位 35 家的环评、审批信息调查工作。加大了农业面源污染防治力度，科学划分农田面源污染敏感区和化肥污染重点控制区。昌黎县土壤环境质量总体保持稳定，土壤污染加重趋势得到初步遏制，农用地和建设用地土壤环境安全得到基本保障，土壤环境风险得到基本管控。

根据《秦皇岛市生态环境局昌黎县分局2022年工作总结及2023年工作谋划》，昌黎县土壤污染防治工作不断夯实。2022年农村生活污水治理任务有29个，农村生活污水无害化治理任务有263个，于7月提前完成。

第 3 章
昌黎县发展规划分析

3.1 能源规划分析

3.1.1 能源消费总量分析

为深入贯彻落实党中央、国务院关于推进节能减排和碳达峰碳中和决策部署，全面完成"十四五"节能减排目标任务，加快推进全省经济社会绿色低碳发展，河北省人民政府于 2022 年 3 月 26 日发布的《河北省"十四五"节能减排综合实施方案》中提出，到 2025 年，全省重点地区和行业能源利用效率显著提高，单位地区生产总值能耗、煤炭消费量比 2020 年分别下降 14.5% 和 10%。单位地区生产总值二氧化碳排放确保完成国家下达指标，化学需氧量、氨氮、氮氧化物、挥发性有机物重点工程减排量分别完成国家下达的 16.64 万吨、0.57 万吨、14.05 万吨和 5.64 万吨目标。节能减排政策制度日趋完善，绿色、低碳、循环发展的经济体系基本建立，绿色生产生活方式广泛形成，经济和社会发展绿色转型取得显著成效。

《秦皇岛市国民经济和社会发展第十四个五年规划和二〇三五年远景目标纲要》指出，在"十四五"规划期间，秦皇岛全市单位地区生产总值能源消耗应降低 5.90%，能源综合生产能力（万吨标准煤）为 38.14%。2019—2022 年，昌黎县全社会能源消耗量呈下降趋势，具体如图 2-2 所示，昌黎县能源消费量从 2019 年的 742.79 万吨标准煤减少到 2022 年的 692.95 万吨标准煤。为保障能源供应，降低能源消耗，根据《昌黎县国民经济和社会发展第十四个五年规划和二〇三五年远景目标纲要》，昌黎县在"十四五"期间的能源工作规划为调整能源供给结构，构建综合能源体系。

3.1.2 能源结构构成分析

昌黎县应用能源主要为原煤,购自省外的原煤占一半左右。为减少原煤使用,降低碳排放,《河北省"十四五"节能减排综合实施方案》中提出,要严控煤炭消费,推动煤炭清洁高效利用。依法依规严格涉煤项目审批,新上用煤项目煤炭消费实行减(等)量替代。持续推进大气污染防治重点区域以及建材等主要耗煤行业煤炭减量。深入开展煤电机组超低排放改造,推进煤电机组节煤降耗改造、供热改造、灵活性改造"三改联动"。合理控制煤电建设规模,新上项目实行等容量替代(背压机组项目除外),鼓励已有燃煤自备电厂转为公用电厂。加快淘汰落后煤电产能,持续关停落后小火电机组以及服役期满且不符合延寿条件的 30 万千瓦及以下机组。到 2025 年,煤电总规模稳定在 5100 万千瓦左右,非化石能源占能源消费总量比重达到 13%以上。全面推进城镇绿色规划、绿色建设、绿色运行管理,大力推进 2000 年底前建成的城镇老旧小区升级改造。在各设区的市开展"无废城市"建设。提高建筑节能标准,实施近零能耗建筑推广工程,鼓励发展零碳建筑。因地制宜应用太阳能、浅层地热能、生物质能等可再生能源解决建筑采暖用能需求。加强用能基础设施与互联网、5G 等信息基础设施的融合与升级改造,服务智能工厂、智能小区、智能楼宇、智能家居创建。强化提升制冷系统能效,更新升级制冷技术设备,优化负荷供需匹配。建立城市建筑用水、用电、用气、用热等数据共享机制,提升建筑能耗监测能力。实施公共供水管网漏损治理工程。城镇新建建筑全面执行绿色建筑标准。到 2025 年,新建装配式建筑占当年新建建筑比例达 30%以上,城镇民用建筑全面推行超低能耗建筑标准,城镇基本实现清洁取暖。《秦皇岛市国民经济和社会发展第十四个五年规划和二〇三五年远景目标纲要》指出,要构建综合能源体系和坚强可靠基础设施体系。《昌黎县国民经济和社会发展第十四个五年规划和二〇三五年远景目标纲要》中指出要规划调整能源结构,推广应用清洁高效煤电技术,推进燃煤机组超低排放与节能改造,加快发展热电联产。有序发展风力发电,加快建设风电场项目等。重点发展光伏发电,大力发展小型分布式光电,推进光伏电站等项目,支持发展农光互补、光伏渔业等新模式。积极推进生物质能综合开发利用。支持发展氢能源,合理布局加氢站。构建绿色安全能源生产供应体系,加快清洁能源设施建设,积极推进抚宁抽水蓄能电站、氢能产业园建设,实施光伏、风电等可再生能源重大工程,推进城市热电联产和支撑电源项目改造升级,科学布局建设天然气调峰电站,加强余热余压及工业副产品、生活垃圾等能源资源回收综合利用，因地制宜推进生物质热电联产，推动新能源汽车充换电网络、天然气加气站、加氢站等基础设施建设。发展智慧用能源新模式，推动能源与信息基础设施深度融合。

3.1.3 城市能源损耗分析

昌黎县能源损耗包括输电线路、油气管网和电厂余热未充分利用等，为降低能源损耗，昌黎县在《昌黎县国民经济和社会发展第十四个五年规划和二〇三五年远景目标纲要》中进行了如下规划。

构建坚强可靠基础设施体系，完善输电主网架，高标准推进城乡配电网改造升级，加强电网运行管理数字化、智能化建设，提高安全运行水平和风险应对能力。积极发展风电、光伏、光热、生物质能等可再生能源。利用先进技术改造升级传统电网，配置配电自动化装置。以智能电表为载体，着力构建适应新能源电力接入的智能电网。

完善油气管网，加快中俄天然气管线秦皇岛段、秦丰沿海天然气管线等输气主管网建设，完善县区支线和输配管网建设，全面提升"县县通气"覆盖率。加快完善石油和天然气储备体系，推进建设中俄天然气管道中线及唐山至秦皇岛的燃气管线，建设一批油气储运项目，扩大油气储备规模。加快完善油气主干管网和配套支线管道，推动油气输送网络向城乡基层延伸，建设接驳抚宁昆仑燃气次高压管道，解决城区外用户燃气供应需求。完善油气储备制度，鼓励企业参与油气储备建设。切实强化油气增储扩能安全生产保障，加大增储扩能安全执法检查力度，防范化解重大安全风险。

推动集中供热工程，积极推进电厂余热和其他热源利用，对县城区热源厂进行扩容改造。推进燃煤锅炉清洁化改造。加快完善县城区、周边城镇的供热管网。实施农村煤改气、地源热泵、集中供热、"光热+"等供热改造。确保"十四五"末实现全县清洁取暖全覆盖。

3.2 工业发展规划分析

昌黎县的工业产业为立县之基，强县之本，对金属材料、装备制造、特色种养与食品加工等传统产业改造提升，对生命健康、新能源、新材料、节能环保等新兴产业培育壮大，对文体旅游、创意设计、商贸物流等现代服务业培优做强。构建具有昌黎特色的现代产业体系，推动经济体系优化升级。

3.2.1 工业能源消耗总量分析

2018—2022年,昌黎县规模以上工业企业能源消费量从1233.2万吨标准煤减少到1103.6万吨标准煤,总计减少129.6万吨标准煤,整体呈下降趋势。2018—2022年规模以上工业企业能源消费情况见图2-2。

为降低能源消耗,《河北省"十四五"节能减排综合实施方案》中提出,需实施重点行业绿色化改造工程。加快实施钢铁、煤电、焦化、水泥、建材、石化化工、平板玻璃、陶瓷、有色金属等重点行业的节能改造升级和污染物深度治理,严格执行能耗、环保、水耗、质量、安全、技术等方面有关法律法规、产业政策和强制性标准。钢铁行业加快推动$1000m^3$以下高炉、100t以下转炉升级改造,推广高效精馏系统、高温高压干熄焦、富氧强化熔炼等节能技术,有序发展电弧炉短流程炼钢。推进余热余压利用技术与工艺节能相结合,在钢铁、石化、电力等行业推广高效烟气除尘和余热回收一体化技术。统筹数据中心余热资源与周边区域热力需求,实现余热综合高效利用。支持采用合同能源管理、环境污染第三方治理模式,推动工业窑炉、油机、压缩机等重点用能设备进行系统节能改造。巩固重点行业和燃煤锅炉超低排放改造成效,加强工业炉窑综合治理。加快钢铁、火电、水泥、焦化等碳排放重点行业工艺流程革新和清洁生产改造。重点在水泥、有色金属、石化、焦化、制药、家具、钢结构、人造板等行业推动产业集群整合升级。推进绿色数据中心、5G通信基站等新型基础设施绿色升级,加快提升新建项目可再生能源消费比重,新建大型和超大型数据中心电能利用效率(PUE)不超过1.3。深入开展能效、水效"领跑者"行动,推动重点单位持续赶超引领。到2025年,规模以上工业企业单位工业增加值能耗比2020年下降16.5%以上,重点耗能行业能效达到标杆水平的比例超过30%。

3.2.2 工业能源消耗结构分析

2018—2022年,昌黎县工业原煤、焦炭等一次能源的使用量减少,增加了以天然气、生物燃料和余热余压为代表的绿色能源的利用。主要能源品种消耗量见表3-1。

为调整工业企业能源结构,《河北省"十四五"节能减排综合实施方案》中提出,应进行产业园区节能环保提升工程。科学编制产业园区开发建设规划,推动园区能源系统整体优化和污染综合整治,加快可再生能源推广应用,全面提高能源资源产出率和循环化水平。支持园区建设电、热、冷、气等多能源协同的综合能源项目。推动重点用能单位能源管控中心和能源在线监测系统建设,提高能源管理智慧化水平。鼓励优先利用可再生能源,推行热电联产、分布式能源及光伏储能一体化应用,利用"互联网+"、云计算、大数据等手段促进节能提效。

表 3-1 主要能源品种消耗量

年度工业生产消费量	2018 年	2019 年	2020 年	2021 年	2022 年
原煤/10^4 t	413	386	378	364	348
焦炭/10^4 t	422	408	370	376	362
电力/(10^4 kW·h)	513700	483796	483345	501593	489810
热力/10^6 kJ	—	1256406	1293963	1551155	1367810
天然气/10^4 m^3	2402	3725	6966	21615	17981
液化天然气/t	57	—	—	383	
生物燃料/t 标准煤	—	122	68431	110329	1263780
余热余压/10^6 kJ	1832488	2580215	2461504	3137441	2878463

3.2.3 工业碳排放的变化趋势

制造业振兴是做大经济总量的关键性举措,需要推动传统制造业高端化、智能化、绿色化变革,《秦皇岛市国民经济和社会发展第十四个五年规划和二〇三五年远景目标纲要》指出,要利用"短流程"铸造优势,加快昌黎铸造产业园建设,打造耐热、耐磨、高合金高端铸钢铸铁件品牌基地。昌黎县金属材料与装备制造产业创新冶炼工艺,适度推进电炉短流程生产,以废钢为主要原料、以电为主要能源进行冶炼,适时、适度提高电炉钢比例,积极尝试富氢低碳冶炼新工艺技术工业化应用。推进低碳循环,积极创建冶金行业节能减排循环经济示范工厂,推动钢铁工业迈入低碳绿色制造新时代。依靠技术和管理"两个创新",拓展产品制造、能源转换、废弃物消纳处理、绿化美化"四大功能",实现"用矿不见矿、用煤不见煤、运料不见料、出铁不见铁",打造绿色田园式工厂。

特色种养与食品加工产业要充分发挥加工转化对特色种养产业发展的引擎作用,依托葡萄种植与葡萄酒加工产业、毛皮动物养殖与皮毛加工产业、渔业养殖与海产品精深加工产业、农特产品种植与果蔬深加工产业等,推进产业链条横向加粗、纵向拉伸,推动全产业链融合发展,努力提升区域品牌和影响力。葡萄酒产业应优化酿酒葡萄产业结构,引导企业实施基地标准化、精细化管理,高质量发展酿酒葡萄基地。皮毛产业规模化、生态化养殖,人性化、规范化取皮,资源化、无害化处置，清洁化、循环化加工，加快推进养殖环境综合整治工作和养殖废弃物资源化循环利用，实现生态养殖良性发展。食品加工产业以满足人民群众日益增长和不断升级的安全优质营养健康食品需求为目标，把增加绿色优质食品供给放在突出位置，以提高食品加工业供给质量效益和保障食品安全为中心，充分发挥加工转化对特色种养产业发展的引擎作用和食品供求的调节作用，着力打造"安全营养、绿色生态、链条完整、效益良好"的食品加工产业。

新能源新材料和节能环保产业发展认真落实国家扶持的各项政策措施，科学编制产业发展规划，积极引导节能环保企业、新能源新材料企业、资金、技术、人才等向循环经济产业园、空港产业园等优势区域集聚，推动节能环保和新能源新材料等新兴产业健康有序发展，培育新的经济增长点。支持国能生物质发电、宇钛航轮自行车等企业做大做强，引领产业发展方向，培育形成新动能主体力量。

3.3 交通规划分析

3.3.1 交通运输变化特征分析

根据《昌黎县交通运输业发展"十四五"规划研究报告》，到2025年，昌黎县全面适应经济社会发展的要求，对外交通实现同城化，城乡交通实现一体化，基本公共运输服务实现均等化，运输服务和管理实现信息化，形成快速高效、便捷顺畅、集约环保、安全可靠的"十四五"现代综合交通运输体系。全面形成以高速公路为依托，普通国省干线公路为支撑，农村公路为基础，贯通市县、辐射乡镇、沟通村组的现代综合公路交通运输网络。交通运输信息化水平全面提高，信息技术在交通运输领域得到广泛应用，基本实现交通智能化。绿色交通理念基本形成社会共识，成为交通运输创新发展的契机与动力。交通运输服务的公平性显著提升，实现交通基本公共服务均等化。

为了更好地优化昌黎县路网结构，完善对外骨干交通路网，推动京津冀协同发展交通一体化进程，通过昌黎县交通运输局与省市交通部门沟通，昌黎县谋划北戴河机场公路西延新建工程、刘台庄连接线南延新建项目、省道S318黄金海岸-迁西公路昌黎绕城段改建工程、北戴河机场公路东延新建工程、海防路、昌黎县汽车站及公交首末站项目6项重点交通基础设施建设项目纳入省市"十四五"交通专项规划，并对农村公路建设发展进行了规划，建制村通双车道公路，改建或大修现有农村公路通行不便的道路360km，增加错车道300处，改造农村危桥 30 座。

3.3.2 交通运输变化趋势分析

《河北省"十四五"节能减排综合实施方案》中提出，应实行交通物流节能减排工程。推动绿色铁路、绿色公路、绿色港口建设，加快完善充换电、加氢、港口岸电等基础设施。推广低碳交通工具，淘汰老旧燃油运输车辆，加快新能源和清洁能源汽车在城市公交、出租汽车、物流、环卫清扫、港口等领域推广应用，推广氢燃料电池重卡等交通运输设施。加快推进多式联运发展，持续深化国家多式联运示范工程建设。优化铁路运输组织模式，推动铁路专用线进港口、物流园区及大型工矿企业，大幅提升铁路运输能力。推动公路货运转型升级，加快煤炭、矿石等大宗货物和中长途货物运输"公转铁""公转水"。深入推进营运车辆污染治理，基本淘汰国三及以下排放标准汽车。实施汽车排放检验与维护制度，加强机动车排放召回管理。严格落实船舶大气污染物排放控制区各项要求，深入开展港区污水、粉尘综合治理工作。促进岸电设施常态化使用，加快现有码头岸电设施改造。大力发展智能交通，探索运用大数据优化运输组织模式。开展绿色出行城市创建行动。持续完善城市配送物流基础设施，推进秦皇岛市开展国家级"绿色货运配送示范城市"创建工作。到 2025 年，铁路货运量比重提升 3 个百分点，火电、钢铁、建材等行业大宗货物清洁运输比例力争达到 80%。

交通运输行业应加强生态环境保护，牢固树立生态优先理念，积极构建绿色交通发展模式。严格遵守"三区三线"要求，推进生态选线选址，强化生态环保设计。强化施工管理，严格落实大气治理、水土保持、生态修复、地质环境治理恢复与土地复垦措施。全面推行绿色交通建设，实施建设绿色公路、绿色港口、绿色机场工程，创建"五星级绿色港区"。倡导"绿色出行"等，推动形成绿色交通生活方式。

发展集约低碳运输。积极推动新能源和清洁能源运输车辆在城市公交、出租汽车、城市物流配送等领域的应用。加快在高速公路服务区、港区、机场、客运枢纽、物流中心、公交场站等区域布局规划和建设充电桩。推动交通用能多元化，推广低碳燃料在船舶中的应用，推进船舶靠港使用岸电，提升码头岸电覆盖率和使用率。推进交通运输领域碳达峰、碳中和工作，大力发展城市公共交通、共享交通和慢行系统，构建绿色、低碳、循环的交通生态体系。

3.3.3 交通运输系统能源结构分析

2023年，我国原油进口为56399万吨，包括轿车与重型卡车在内的道路交通载运装备占整个交通载运装备能耗的77%，进口石油绝大多数被用于满足道路交通载运装备的能源需求，因此，未来道路交通系统，特别是载运装备的能源利用模式也会由燃油供给向电动化、氢能化等绿色二次能源利用方式转变，最终实现交通载运装备动力能源系统的低碳化或净零排放，达成道路交通系统的碳中和目标。

昌黎县在"十四五"期间规划大力推广新能源汽车，加强柴油车治理监管，强化非道路移动机械管控。根据《河北省公路发展"十四五"规划》，推进节能减排。落实碳达峰碳中和战略，加强公路设施节能设计，推广太阳能、风能、地热能、天然气等清洁能源应用，推进有条件的服务区开展地热能、生物质能供热制冷。助力碳排放控制，支持高速公路服务区等服务设施充电桩、充电站、换电站、液化天然气加注站、加氢站建设，鼓励公路沿线合理布局光伏、风力发电储电设施，推广智能控制新技术与新设备，加快淘汰高能耗、高排放的老旧机械设备。推进运输结构调整，持续加强公路货运车辆超限超载治理，强化货运源头管控，推动大宗物资和中长途运输"公转铁"。根据《河北省"十四五"节能减排综合实施方案》，到2025年，清洁能源及新能源公交车、出租车比例分别达到90%以上、80%以上。根据《美丽河北建设行动方案（2023—2027年）》，河北省到2027年新能源汽车新车销售量达到汽车新车销售量的20%左右。根据《秦皇岛市综合交通运输发展"十四五"规划》，到2025年，清洁能源及新能源公交车占比达到95%。

3.3.4 交通运输系统能源效率分析

交通运输系统能源效率的发展水平可以反映能源综合使用效率的发展状况，是统筹规划交通运输业能源利用效率协调优化发展的政策依据。河北省的交通运输效率在全国范围内处于较高水平，交通运输部门整体运行效率良好稳定。

影响交通运输业能源效率的影响因素包括人口因素、经济发展水平、城市化水平、产业结构、行业劳动效率、碳排放水平和运输结构等。人口密度越高，能源消耗增多，但是人均交通能耗较低；经济发展水平越高，交通运输业越发达，能源效率一般较高，但也可能因为能源结构不合理而导致能源效率下降；城镇化对能耗强度具有正向促进作用；产业结构对能源效率具有显著而复杂的影响，交通运输本身属于第三产业，但交通运输业的提高表明第二产业降低，可能会导致能源使用的规模效益下降；交通运输业需要投入大量劳动力，劳动效率低表明能源使用存在浪费，降低能源使用效率；碳排放强度反映交通运输业的技术水平和能源消费结构的合理性；运输结构中铁路和水运占比重大，能源效率越高，公路运输份额较低也会导致交通运输业综合能源使用结构降低。

根据《昌黎县交通运输业发展"十四五"规划研究报告》，昌黎县"十四五"期间规划新建公路27.2km，建制村通双车道公路56km，改建农村现有通行不便的道路360km。根据《昌黎县国民经济和社会发展第十四个五年规划和二〇三五年远景目标纲要》，昌黎县预计2025年地区生产总值达到430亿元，常住人口城镇化率突破60%，单位GDP能耗降低至2.16t标准煤/10^4元。通过以上规划措施，提高交通运输业能源效率。

3.4 土地利用规划分析

3.4.1 不同用地类型变化特征分析

昌黎县作为秦皇岛市副中心城市，结合地域特色和比较优势，统筹发展和安全，制定的国土空间规划目标如下：到2025年，国土空间格局更加合理，国土空间利用效率不断提高；耕地和永久基本农田全面保护，粮食安全根基进一步夯实，生态系统稳定性显著增强，产业结构和布局进一步优化，基本建成完善、均等的城乡服务体系，为实现"沿海强县、魅力昌黎"的目标奠定坚实的发展基础。以国土空间规划为基础、统一用途管制为手段的空间治理体系基本形成，空间治理能力现代化水平显著提升。

到2035年，绿色、安全、高效的国土空间格局基本形成，粮食安全格局更加稳固，生态文明建设迈出重大步伐，生态环境更加美好，人居环境品质全面提升，广泛形成绿色生产生活方式，国土空间魅力充分展现，国土空间治理体系和治理能力现代化基本实现，实现"沿海强县，魅力昌黎"的目标。

展望2050年，全面形成生产空间集约高效、生活空间宜居适度、生态空间山清水秀，绿色、安全、高效的国土空间格局，全面建设成为富强、民主、文明、和谐、美丽的现代化城市。

根据《昌黎县国土空间总体规划（2021—2035年）》，具体的规划指标见表3-2。

表 3-2　昌黎县国土空间规划指标体系

序号	指标项目	基期年	2025年目标	2035年目标	指标属性	指标层级
1	耕地保有量/10^4亩	86.35	≥86.35	≥86.35	约束性	县域
		82.18	≥82.18	≥82.18	约束性	昌黎
		4.17	≥4.17	≥4.17	约束性	北戴河新区
2	永久基本农田保护面积/10^4亩	76.54	≥76.54	≥76.54	约束性	县域
		75.21	≥75.21	≥75.21	约束性	昌黎
		1.33	≥1.33	≥1.33	约束性	北戴河新区
3	生态保护红线面积/km^2	陆域:33.86 海域:410.54①	陆域:≥33.86 海域:≥410.54①	陆域:≥33.86 海域:≥410.54①	约束性	县域
4	城镇开发边界扩展倍数	—	≤1.39	≤1.39	约束性	县域
5	用水总量/$10^8 m^3$	1.98	≤2.64	≤2.75	约束性	县域
6	森林覆盖率/%	28.45	≥12.70	≥12.27	预期性	县域
		29.81	≥11.00	≥10.94	预期性	昌黎
		27.5	≥26.01	≥23.02	预期性	北戴河新区
7	湿地保护率/%	29.73	≥29.73	≥29.73	预期性	县域
		6.47	≥6.47	≥6.47	预期性	昌黎
		60.57	≥60.57	≥60.57	预期性	北戴河新区
8	大陆自然岸线保有率/%	47.70	依据上级下达任务确定	依据上级下达任务确定	约束性	县域
9	自然保护地陆域面积占陆域国土面积比例/%	0.71	≥0.71	≥0.71	预期性	县域
		0.23	≥0.23	≥0.23	预期性	昌黎
		3.95	≥3.95	≥3.95	预期性	北戴河新区
10	水域空间保有量/km^2	63.74	≥63.74	≥63.74	预期性	县域
		35.37	≥35.37	≥35.37	预期性	昌黎
		28.37	≥28.37	≥28.37	预期性	北戴河新区

① 包含国管海域生态保护红线面积 $56.83 km^2$。

3.4.2　不同用地类型变化趋势分析

昌黎县全县耕地保护目标不低于 $575.66 km^2$（86.35万亩），划定永久基本农田 $510.25 km^2$（76.54万亩）。主要分布在马坨店乡、新集镇、安山镇、龙家店镇、泥井镇、靖安镇、刘台庄镇、荒佃庄镇等乡镇。全县划定生态保护红线面积 444.40km², 其中陆域生态保护红线面积为 33.86km², 主要分布在河北黄金海岸省级森林自然公园、碣石山、樵夫山等区域; 海洋生态保护红线面积为 410.54km², 主要分布在渤海近岸海域、河北昌黎黄金海岸国家级自然保护区。全县划定城镇开发边界 106.18km² (扩展倍数为 1.39)。永久基本农田、生态保护红线、城镇开发边界三条红线互不重叠、互不影响, 三者相互协调, 共同促进对昌黎县国土空间的有效管控。

强化工业发展空间保障, 划定工业用地控制线, 控制线内工业用地占比≥60%。优化昌黎县产业空间布局, 充分发挥国家生命健康产业创新示范区和河北昌黎经济开发区的核心带动作用, 联动昌黎工业园、循环经济产业园、昌黎皮毛园、昌黎空港产业园、昌黎葡萄酒产业园、昌黎粉丝园, 构建"两区、多园"的县域产业园区布局, 促进各园区要素集聚、分工协作、配套互补。

加强建设用地节约集约利用, 合理安排城乡建设用地增量空间。2035 年, 全县城镇开发边界外新增城镇建设用地控制在 1572.32 亩以内, 用于安排有特殊选址要求或邻避效应、确需布局在城镇开发边界外的城镇基础设施和公共服务设施建设用地, 以及受资源条件约束的矿山等产业用地。允许村庄建设用地"先增后减、总量不增", 严控全县村庄建设用地总量不增加。规划期内, 根据乡村建设和产业发展实际需求, 按照村庄建设用地"先增后减、总量不增"的要求, 安排不超过城镇开发边界外 2020 年现状村庄建设用地的 10% 的新增村庄建设空间, 统筹安排用地布局。落实复垦减量要求, 通过空心村治理、村庄建设用地综合整治等方式, 到 2035 年城镇开发边界外村庄建设用地总量原则上与 2020 年现状规模相比不增加。乡镇规划中, 可预留不超过新增村庄建设用地总量 10% 的用地指标, 用于保障确需在村庄建设边界外安排的农产品初加工、休闲观光旅游配套设施等乡村产业用地, 以及村庄公共服务和基础设施建设用地等。

合理规划城镇居住用地。新增居住用地重点向生态中心及新城中心等组团倾斜。到 2035 年, 昌黎县城组团居住用地面积为 12.06km²。

提高公共管理与公共服务用地保障。按照各级生活圈优化, 按照构建"县级、组团级"两级生活圈层级配置, 建立幼有所育、学有所教、劳有所得、病有所医、老有所养、住有所居、弱有所扶的基本公共服务体系, 形成多层次、全覆盖、人性化的基本公共服务网络。到 2035 年, 公共管理与公共服务用地面积达 2.14km², 占昌黎县城组团城镇建设用地的 8.07%。

构建分层分类的城市商业布局。着力增加优质商品和服务用地供给, 引导商业企业回归商业本质, 培育新型城市商业主体, 从而提高城市商业运行效率, 以绿色流通促进可持续发展，推动城市商业高质量发展。到 2035 年，商业服务业用地面积达 2.44km²，占昌黎县城组团城镇建设用地的 9.16%。

促进生产空间集约高效，推动传统产业转型升级。开展工业、仓储用地效率评估，提升建设用地集约高效；建立高新区企业准入清单，推动传统产业转型升级，推动污染较大、耗能耗水较高的企业转型。到 2035 年，工矿用地面积达 2.03km²，占昌黎县城组团城镇建设用地的 7.62%；仓储用地面积达 0.32km²，占昌黎县城组团城镇建设用地的 1.20%。

持续推进城市道路交通建设，不断完善基础设施。畅通对外连接通道，提高县城与周边大中城市互联互通水平，扩大高速公路、国省干线公路等覆盖面。努力完善城区公共服务设施配置，建立健全长效管理机制，确保市政设施安全运行，着力打造宜居宜业宜游的高品质生活环境，不断提升市政公用设施管理服务能力。到 2035 年，交通运输用地面积达 4.60km²，占昌黎县城组团城镇建设用地的 17.26%；公用设施用地面积达 0.25km²，占昌黎县城组团城镇建设用地的 0.94%。

持续扩大绿地与开敞空间用地，提升城市环境品质。大力提高城市绿化水平，推进绿道绿廊、滨水绿地建设，持续扩大城市绿色空间。以昌黎县城组团增绿建园为重点，结合老旧小区改造、棚户区改造、城中村改造及拆违拆迁等，充分利用城市零碎空间，完善公园绿地服务功能，提高绿地建设品质。配置绿地与开敞空间用地。到 2035 年，绿地与开敞空间用地面积达 2.80km²，占昌黎县城组团城镇建设用地的 10.51%。

3.4.3 不同用地类型变化减碳分析

2018 年昌黎县土地总面积 120999.50hm²，其中：农用地 89969.33hm²，占全县土地总面积的 74.36%；建设用地 21215.76hm²，占全县土地总面积的 17.53%；其他土地 9814.41hm²，占全县土地总面积的 8.11%。根据《昌黎县土地利用总体规划（2010—2020 年）修改方案》，昌黎县土地利用总体规划调整见表 3-3，昌黎县新增建设用地 4497.9060hm²，新增建设占用农用地控制指标为 4497.9060hm²，新增建设占用耕地控制指标为 3543.4651hm²。规划期内，昌黎县土地整治补充耕地任务量为 2569.3657hm²。耕地转变为建设用地，由于化石燃料的使用，导致碳排放增加。建设用地作为碳源的主要来源之一，为减少碳排放，必须要促进建设用地合理布局和使用。优化主城区建设用地布局、结构、规模,淘汰高耗能、重污染的落后工业,减少生产过程对化石能源的消耗;其次减缓建设用地的增长速度,盘活闲置的存量建设用地,推动城市转向内涵式、紧凑型、绿色型发展模式。

表 3-3　昌黎县土地利用总体规划主要控制指标调整

指标项目	修改后规划指标(2020 年)
耕地保有量/hm^2	58469.60
基本农田面积/hm^2	50387.00
园地面积/hm^2	6032.35
林地面积/hm^2	13536.37
建设用地总规模/hm^2	23112.53
城乡建设用地规模/hm^2	19670.22
城镇工矿用地规模/hm^2	6835.84
新增建设用地总量/hm^2	4940.60
新增建设占用农用地规模/hm^2	4497.91
新增建设占用耕地规模/hm^2	3543.47
整治补充耕地任务量/hm^2	2569.37
人均城镇工矿用地/m^2	96.00

第4章
昌黎县碳排放清单分析

4.1 钢铁行业碳排放清单分析

根据国家统计局和世界钢铁协会的最新统计数据,2022年我国粗钢产量为10.18亿吨,同比下降1.64%,但全球占比仍高达54.0%,排名第一。2022年我国钢铁产业的碳排放量约为18.23亿吨,占全国碳排放总量的15%以上,是制造业31个门类中碳排放量最大的行业,也是温室气体减排重点关注方向。特别是在2020年中国提出"双碳"目标后,钢铁行业首当其冲,其自身的减排对实现碳达峰碳中和目标至关重要。此外,钢铁还是基础设施建设、汽车制造、装备制造、建筑等领域的主要原材料,从产品生命周期的角度来看,钢铁行业实现低碳转型,对于带动制造业、建筑业等为主的全社会减碳行动具有重要意义。

4.1.1 钢铁企业碳排放核算方法

钢铁行业的碳排放量在制造业中居首位,是实现"碳达峰"目标和"碳中和"愿景的关键环节。对钢铁企业进行碳排放量的核算不仅可以帮助企业和组织深入了解自己的碳排放情况,找出重点的碳排放节点,也为明确制定减排目标和措施提供了依据,还可以帮助企业和组织提高低碳竞争力,增加社会认可度和品牌价值。我国钢铁工业以高炉-转炉长流程工艺为主,长流程钢铁企业的工艺流程长且复杂,每个企业的工艺工序、技术装备、产品结构等方面差异也较大,目前钢铁行业碳核算统计方法是主要依据《中国钢铁生产企业温室气体排放核算方法与报告指南(试行)》(以下简称《指南》)和《温室气体排放核算与报告要求 第5部分:钢铁生产企业》(GB/T 32151.5—2015)提出的以钢铁企业法人单位为边界的碳排放核算方法。钢铁生产企业温室气体排放及核算边界如图 4-1 所示。

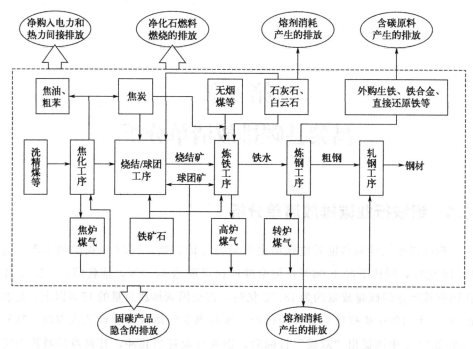

图 4-1 钢铁生产企业温室气体排放及核算边界示意图
[数据来源：中国钢铁生产企业温室气体排放核算方法与报告指南（试行）]

长流程钢铁企业的温室气体排放主体一般包括焦化、烧结、球团、高炉、炼钢、轧钢、石灰焙烧、富余煤气发电等工序，具有工序类型全、能源转换与计算过程复杂的特点，因此《指南》将钢铁生产企业碳排放源归纳为燃料燃烧排放、工业生产过程排放、净购入使用的电力和热力生产排放（间接排放）以及固碳产品隐含的排放，并分别对上述过程进行核算和报告。

钢铁生产企业的二氧化碳排放总量等于企业边界内所有的化石燃料燃烧排放量、工业生产过程排放量及企业净购入电力和净购入热力隐含产生的二氧化碳排放量之和，再扣除固碳产品隐含的排放量，计算公式如式(4-1) 所示：

$$E = E_{燃烧} + E_{过程} + E_{电和热} - E_{固碳} \qquad (4-1)$$

式中 E——二氧化碳排放总量，tCO_2；

$E_{燃烧}$——化石燃料燃烧产生的碳排放量，tCO_2；

$E_{过程}$——工艺生产过程的碳排放量，tCO_2；

$E_{电和热}$——购入的电力和热力消费对应的碳排放量，tCO_2；

$E_{固碳}$——企业固碳产品隐含的碳排放量，tCO_2。

各部分碳排放的具体计算方法如下。

(1) 燃料燃烧产生的排放。燃料燃烧产生的二氧化碳排放量是企业于核算期内消耗的各种类燃料燃烧产生的二氧化碳排放量之和，如式(4-2)所示：

$$E_{燃烧} = \sum_{i=1}^{n}(AD_i \times EF_i) \tag{4-2}$$

式中 AD_i——核算和报告期内第 i 种燃料的活动数据，GJ；

EF_i——第 i 种化石燃料的二氧化碳排放因子，tCO_2/GJ；

i——消耗燃料的类型。

活动数据由核算和报告期内各种燃料的消耗量和平均低位发热值决定，计算公式如式(4-3)所示：

$$AD_i = NCV_i \times FC_i \tag{4-3}$$

式中 NCV_i——核算和报告期内第 i 种化石燃料的平均低位发热量，固体/液体燃料单位为 GJ/t，气体燃料单位为 $GJ/10^4 m^3$；

FC_i——核算和报告期内第 i 种化石燃料的消耗量，固体/液体燃料单位为 t，气体燃料单位为 $10^4 m^3$。

化石燃料的消耗量计算公式如式(4-4)所示：

$$消耗量 = 购入量 + (期初库存量 - 期末库存量) - 钢铁生产之外的其他消耗量 - 外销量 \tag{4-4}$$

其中，购入量、外销量按照采购单、销售凭证确定，库存数量变化按照计量工具读数或者其他符合要求的方法确定，钢铁生产之外的其他消耗量按照企业能源平衡表确定。

化石燃料的低位发热量可采用实测值或者推荐值。实测值需委托有资质的专业检测机构进行，推荐值可借鉴《温室气体排放核算与报告要求 第 5 部分：钢铁生产企业》附录 B 表 B.1。

二氧化碳排放因子计算公式如式(4-5)所示：

$$EF_i = CC_i \times OF_i \times \frac{44}{12} \tag{4-5}$$

式中 CC_i——第 i 种燃料的单位热值含碳量，tG/GJ；

OF_i——第 i 种燃料的碳氧化率，%。

(2) 工业生产过程排放。工艺生产过程的碳排放可分为熔剂消耗产生的碳排

放、电极消耗产生的碳排放、原料消耗产生的碳排放三部分,计算公式如式(4-6)所示:

$$E_{过程}=E_{熔剂}+E_{电极}+E_{原料} \quad (4-6)$$

式中 $E_{熔剂}$——熔剂消耗产生的碳排放量,tCO_2;

$E_{电极}$——电极消耗产生的碳排放量,tCO_2;

$E_{原料}$——原料消耗产生的碳排放量,tCO_2。

熔剂消耗产生的二氧化碳排放量计算公式如式(4-7)所示:

$$E_{熔剂}=\sum_{i=1}^{n}(P_i \times DX_i \times EF_i) \quad (4-7)$$

式中 P_i——核算和报告期内第 i 种熔剂的消耗量,t;

DX_i——核算和报告年度内,第 i 种熔剂的平均纯度,%;

EF_i——第 i 种熔剂的二氧化碳排放因子,tCO_2/t;

i——消耗熔剂的种类(如白云石、石灰石等)。

电极消耗产生的二氧化碳排放量计算公式如式(4-8)所示:

$$E_{电极}=P_{电极} \times EF_{电极} \quad (4-8)$$

式中 $P_{电极}$——核算和报告期内电炉炼钢及精炼炉等消耗的电极量,t;

$EF_{电极}$——电炉炼钢及精炼炉等所消耗电极的二氧化碳排放因子,tCO_2/t。

外购生铁等含碳原料消耗产生的二氧化碳排放计算公式如式(4-9)所示:

$$E_{原料}=\sum_{i=1}^{n}(M_i \times EF_i) \quad (4-9)$$

式中 M_i——核算和报告期内第 i 种含碳原料的购入量,t;

EF_i——第 i 种购入含碳原料的二氧化碳排放因子,tCO_2/t;

i——外购含碳原料类型,如生铁、铁合金、直接还原铁等。

含碳原料的二氧化碳排放因子可采用实测法或者推荐值。实测法需委托有专业资质的检测机构,推荐值可借鉴《温室气体排放核算与报告要求 第 5 部分:钢铁生产企业》附录 B 表 B.2。

(3) 净购入使用的电力、热力产生的排放。净购入的生产用电力、热力(如蒸汽)隐含产生的二氧化碳排放量计算公式如式(4-10)所示:

$$E_{电和热}=AD_{电力} \times EF_{电力}+AD_{热力} \times EF_{热力} \quad (4-10)$$

式中 $E_{电和热}$——净购入生产用电力、热力隐含产生的二氧化碳排放量,tCO_2;

$AD_{电力}$——核算和报告期内净购入电量,$MW \cdot h$;

$EF_{电力}$——区域电网年平均供电排放因子,$tCO_2/(MW \cdot h)$;

AD$_{热力}$——核算和报告年度内的外购热力，GJ；

EF$_{热力}$——年平均供热排放因子，tCO$_2$/GJ。

（4）固碳产品隐含的排放。粗钢、煤气、甲醇等固碳产品，其固化的二氧化碳未在企业边界以内排放，而是隐含在产品中在后续过程中排放，这部分碳对应的排放量应扣除。固碳产品所隐含的二氧化碳排放量计算公式如式（4-11）所示：

$$E_{固碳} = \sum_{i=1}^{n}(AD_{固碳} \times EF_{固碳}) \tag{4-11}$$

式中 $E_{固碳}$——固碳产品所隐含的二氧化碳排放量，tCO$_2$；

AD$_{固碳}$——第 i 种固碳产品的产量，t；

EF$_{固碳}$——第 i 种固碳产品的二氧化碳排放因子，tCO$_2$/t；

i——固碳产品的种类（生铁、粗钢等）。

以上计算公式中的活动水平数据是指企业各工序中各种化石燃料、含碳原辅料的消耗量，工序输出的含碳产品实物量，电力和热力的回收及消耗量，数据主要根据钢铁生产企业存档的购售结算凭证以及企业能源平衡表确定。排放因子可选取企业实测值或参考《指南》附录中的缺省值。其中，化石燃料的平均低位发热量优先采用企业实测值，其次采用缺省值；电力排放因子采用生态环境部最新公布的中国区域电网平均二氧化碳排放因子；供热排放因子暂按0.11tCO$_2$/GJ计，待政府主管部门发布官方数据后应采用官方发布数据并保持更新。

依据上述核算方法，并选取《中国能源统计年鉴》中黑色金属冶炼及压延加工业的终端能源消费量（实物量）数据，初步测算结果显示：由于粗钢产量的迅速增长，中国钢铁行业二氧化碳排放总量从1991年的2.78亿吨增加到2022年的18.23亿吨，但二氧化碳排放总量的增幅（5倍）远低于钢产量的增幅（14倍），中国钢铁行业吨钢二氧化碳排放量从1991年的3.91t降低到2022年的1.54t。其中，钢铁的生产有"高炉-转炉"长流程和"电炉"短流程两种生产流程，而我国钢铁行业以长流程生产工艺为主（约占总体的90%），与短流程相比，长流程工艺能源结构明显高碳化，煤、焦炭占能源投入近90%，排放节点更多。经初步测算，长流程炼钢吨钢二氧化碳排放量为1.7~2.5t，短流程炼钢吨钢二氧化碳排放量为0.4~0.5t，可知长流程工艺二氧化碳排放量约为短流程的4倍。

近些年，有研究者及相关机构开始对钢铁企业法人单位为边界的碳排放情况进行了具体核算和分析，例如李银银等选取了一家典型的长流程钢铁联合企业，用上述方法计算出了企业边界内的全厂碳排放量。结果显示该企业的化石燃料燃烧是碳排放主要源头，占比约83.86%，主要是焦炉、烧结机、高炉等铁前工序炉窑燃烧所产生的二氧化碳排放；其次为生产过程排放，占比约12.06%，主要是烧结、炼钢、炼铁工序中需要消耗白云石、石灰石、废铁、废钢及增碳剂等含碳原料，以及生产熔剂过程在石灰窑中白云石、石灰石分解和氧化产生的碳排放；净购入电力、热力所引起的间接碳排放量占比约4.99%，并核算出该企业二氧化碳排放强度1.689 tCO_2/t 钢，碳排放强度在国内处于领先水平。由该核算结果可知在钢铁企业的主要生产工序中，炼铁工序的吨钢碳排放量占比最高，其次是烧结工序，由此即可确定减碳的重点关注工序。

4.1.2 昌黎县钢铁行业现状及碳排放核算

通过调查走访得知，昌黎县境内拥有高炉的中、长流程钢铁企业为河北安丰钢铁集团有限公司（以下简称安丰钢铁）、秦皇岛宏兴钢铁有限公司（以下简称宏兴钢铁）和昌黎县兴国精密机件有限公司（以下简称兴国精密）三家钢铁生产企业。其中安丰钢铁是昌黎县的龙头企业，以362.76亿元营业收入位列《2023中国民营企业500强榜单》的336位，2022年该企业粗钢和钢材产量分别为574.40万吨和860.28万吨，占昌黎县整个产量的61.5%和50.6%；宏兴钢铁2022年完成粗钢产量358.97万吨，钢材产量513.38万吨，占昌黎县整个产量的38.5%和21.1%；而兴国精密仅有一座铸造高炉，主要产品为生铁铸件制品，拥有52万吨的生铁产能。此外，昌黎县还拥有依靠以上钢铁生产企业的金属压延加工行业，主要包含有秦皇岛顺先钢铁有限公司、昌黎县润丰金属加工有限公司和昌黎吉泰板业有限公司等，产品主要以冷轧钢板为主。昌黎县规模以上工业企业主要产品产量以及增长率见表4-1和图4-2。

表4-1 昌黎县规模以上工业企业主要产品产量以及增长率

年度	生铁		粗钢		钢材	
	产量/10^4t	增长率/%	产量/10^4t	增长率/%	产量/10^4t	增长率/%
2018	1158.7	4.1	1170.3	9.1	1019.5	122.3
2019	1031.3	−11.0	1053.1	−10.0	1296.2	27.1
2020	969.7	−6.0	1014.9	−3.6	1538.0	18.7
2021	843.8	−13.0	933.5	−8.0	1387.5	−9.8
2022	855.2	1.4	933.4	0.0	1700.8	22.6

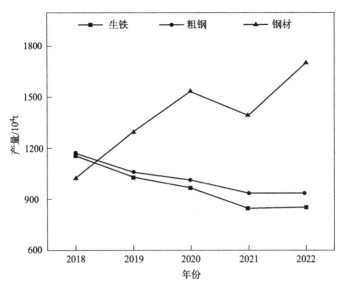

图 4-2　昌黎县规模以上工业企业钢铁产量

(数据来源：《昌黎县统计年鉴》)

4.1.2.1　安丰钢铁碳排放核算

河北安丰钢铁集团有限公司始建于1999年，位于河北省秦皇岛市昌黎县靖安镇达子营村北，现有总资产146亿元，现有员工9000余人，是一家集炼焦、烧结、球团、炼铁、炼钢、轧钢为一体的大型钢铁联合企业。安丰钢铁涉及碳排放的主要工序和设施包括：

(1) 焦化厂。焦化厂现有6座65孔Hxdk55-09F2型捣固焦炉，焦化厂生产的焦炭主要供企业生产需要。焦化厂主要碳排放源来自焦煤（洗精煤）、焦炉煤气等化石能源燃烧产生的二氧化碳排放及电力产生的二氧化碳排放。

(2) 球团厂。球团厂现有1条设计产能240万t/a链箅机-回转窑生产线和1条设计产能200万t/a链箅机-回转窑生产线，产生的球团矿主要供炼铁厂使用。球团厂主要碳排放源来自高炉煤气等化石能源燃烧产生的二氧化碳排放及电力产生的二氧化碳排放。

(3) 烧结厂。烧结厂现有烧结机5台，其中$180m^2$烧结机4台，$360m^2$烧结机1台，产生的烧结矿主要供炼铁厂使用。烧结厂主要碳排放源来自煤、焦炭、煤气等化石能源燃烧产生的二氧化碳排放及电力产生的二氧化碳排放。

(4) 炼铁厂。炼铁厂现有高炉5座，其中$1260m^3$高炉4座，$1206m^3$高炉1座，炼铁厂产生的铁水主要供炼钢工序使用。炼铁厂主要碳排放源来自煤、焦炭、高炉煤气等化石能源燃烧产生的二氧化碳排放及电力产生的二氧化碳排放。

（5）炼钢厂。炼钢厂现有转炉5座，其中150t转炉3座，100t转炉2座，该工序主要产生粗钢，供钢加工工序或者外售。炼钢分厂主要碳排放源来自高炉煤气等化石能源燃烧产生的二氧化碳排放及外购电力产生的二氧化碳排放。

（6）轧钢厂。轧钢厂现有50万吨高速线材轧机生产线3条，650mm热轧带钢生产线2条，1780mm热连轧带钢生产线1条，1450mm冷轧薄板生产线1条，1450mm热轧带钢生产线1条，该工序产生的成品材外售。轧钢分厂主要碳排放源来自高炉煤气等化石能源燃烧产生的二氧化碳排放及外购电力产生的二氧化碳排放。

安丰钢铁2022年工序生产碳排放核算表见表4-2。

表4-2　安丰钢铁2022年工序生产碳排放核算表

工序	碳排放量/t	工序	碳排放量/t
焦化	714503	精炼	281805
烧结	1043748	连铸	156865
球团	212152	钢压延	1917045
高炉炼铁	3038219	石灰	422499
转炉炼钢	−962299	合计	6824537

注：转炉炼钢的粗钢含有一定的碳含量，为固碳产品，需扣除相应碳排放量。

按照核算边界内碳排放核算，安丰钢铁2022年度核算边界内碳排放总量为1205.71万吨，吨钢碳排放强度为2.10 tCO_2/t钢。其中，化石燃料燃烧排放量972.37万吨，占比80.6%；工业生产过程排放量92.36万吨，占比7.7%；净购入使用的电力、热力对应的排放量149.82万吨，占比12.4%；固碳产品隐含的排放量8.85万吨，占比0.7%，见表4-3。

表4-3　安丰钢铁2022年核算边界内碳排放量核算表

1. 化石燃料燃烧的碳排放					
种类	化石燃料活动水平		化石燃料排放因子		排放量/t
	消耗量/t	低位发热值/(GJ/t)	单位热值含碳量/(tC/GJ)	碳氧化率/%	
烟煤	1166837.18	23.736	0.02610	98	2597501.50
洗精煤	3207789.97	26.344	0.02541	98	7715957.28
焦油	−71237.44	33.453	0.022	98	−188392.48
粗苯	−23466.75	41.816	0.0227	98	−80042.17
液化天然气	−100937.40	51.498	0.0172	98	−321268.71

续表

2. 工业生产过程的碳排放

种类	消耗量 /t	含碳原料的二氧化碳排放因子 /(tCO$_2$/t)	排放量 /t
石灰石	1367054.82	0.440	601504.13
白云石	594156.44	0.471	279847.68
废钢	1713247.29	0.0154	26384.02
硅锰合金	28218.44	0.0917	2587.63
增碳剂	3962.25	3.3480	13265.62

3. 净购入电力、热力的间接碳排放

种类	净购入电力 /(MW·h)	净购入电力、热力排放因子 /[tCO$_2$/(W·h)]	排放量 /t
净购入电力	2627125.60	0.5703	1498249.73

4. 固碳产品隐含的碳排放

种类	固碳产品产量 /t	固碳产品排放因子 /(tCO$_2$/t)	排放量 /t
粗钢	5744016.75	0.0154	88457.85

注：焦油、粗苯以及液化天然气为煤焦化后的含碳产品，需扣除相应碳排放量。

4.1.2.2 宏兴钢铁碳排放核算

宏兴钢铁成立于2002年1月，位于昌黎县经济开发区循环经济产业园内，注册资本金52.65亿元，占地3300余亩，在册职工4053人，位列2022中国制造业民营企业500强榜单第392位。现有主体装备180m^{2}烧结机1座，222m^{2}带式烧结机2座；200万t/a链算机-回转窑1座（在建）；1200m^{3}炼铁高炉2座，1260m^{3}炼铁高炉1座；100t炼钢转炉3座；4500m^3/h制氧机组1套，15000m^3/h制氧机组2套，16000m^3/h制氧机组2套，20000m^3/h制氧机组1套；高速线材生产线2条，650mm热轧带钢生产线1条，1580mm热轧带钢生产线1条及其他相关配套附属设施。宏兴钢铁的生产工艺中除了没有炼焦工序，其他工序与安丰钢铁基本相同。

宏兴钢铁2022年工序生产碳排放核算表见表4-4。

按照核算边界内碳排放核算，宏兴钢铁2022年度碳排放总量为668.70万吨，吨钢碳排放量为1.86tCO$_2$/t钢。其中，化石燃料燃烧排放量580.40万吨，占比86.8%；工业生产过程排放量42.90万吨，占比6.4%；净购入使用的电力、热力对应的排放量50.92万吨，占比7.6%；固碳产品隐含的排放量5.53万吨，占比0.8%，见表4-5。

表 4-4 宏兴钢铁 2022 年工序生产碳排放核算表

工序	碳排放/t	工序	碳排放/t
烧结	685791	连铸	58411
球团	273663	钢压延	1111851
高炉炼铁	1972554	石灰	436529
转炉炼钢	−687778	合计	3851021

注：转炉炼钢的粗钢含有一定的碳含量为固碳产品，需扣除相应碳排放量。

表 4-5 宏兴钢铁 2022 年核算边界内碳排放量核算表

1. 化石燃料燃烧的碳排放					
种类	化石燃料活动水平		化石燃料排放因子		排放量/t
	消耗量/t	低位发热值/(GJ/t)	单位热值含碳量/(tCO_2/t)	碳氧化率/%	
焦炭	1388647.17	28.435	0.0295	98	4185666.94
柴油	2380.55	42.652	0.0202	98	7369.97
洗精煤	669751.15	26.344	0.02541	98	1611006.73
2. 工业生产过程的碳排放					
种类	消耗量/t		含碳原料的二氧化碳排放因子/(tCO_2/t)		排放量/t
石灰石	887756.16		0.440		390612.71
白云石	61513.01		0.471		28972.63
废钢	555170.22		0.0154		8549.62
硅锰合金	13273.01		0.066		876.01
3. 净购入电力、热力的间接碳排放					
种类	净购入电力/(MW·h)		净购入电力、热力排放因子/[tCO_2/(MW·h)]		排放量/t
净购入电力	892938.82		0.5703		509243.01
4. 固碳产品隐含的碳排放					
种类	固碳产品产量/t		固碳产品排放因子/(tCO_2/t)		排放量/t
粗钢	3589689.71		0.0154		55281.21

4.1.2.3 兴国精密碳排放核算

昌黎县兴国精密机件有限公司成立于 2008 年 6 月，位于秦皇岛市昌黎县安山镇员外庄村西，占地面积 600 多亩，注册资本 1.2 亿元，主要经营范围是年产

240万吨烧结矿、52万吨铸造生铁、1.2万吨铸件。主要排放设备90m² 和112m² 烧结机各1台，450m³ 铸造高炉1座，铸造消失模生产线1条以及25MW煤气发电机组2套。

按照核算边界内碳排放核算，兴国精密2022年核算边界内碳排放总量为88.20万吨。其中，化石燃料燃烧排放量88.51万吨，工业生产过程排放量2.90万吨，净购入使用的电力、热力对应的排放量5.23万吨，固碳产品隐含的排放量8.44万吨，见表4-6。

表4-6 兴国精密2022年核算边界内碳排放量核算表

1. 化石燃料燃烧的碳排放					
种类	化石燃料活动水平		化石燃料排放因子		排放量 /t
	消耗量 /t	低位发热值 /(GJ/t)	单位热值含碳量 /(tC/GJ)	碳氧化率 /%	
无烟煤	52783.49	20.304	0.02749	94	101543.86
焦炭	273421.44	28.447	0.02950	93	782429.89
柴油	360.78	42.652	0.02020	98	1116.94
2. 工业生产过程的碳排放					
种类	消耗量 /t		含碳原料的二氧化碳排放因子 /(tCO_2/t)		排放量 /t
石灰石	31462.91		0.4400		13843.68
白云石	32279.87		0.4710		15203.82
3. 净购入电力、热力的间接碳排放					
种类	净购入量 /(MW·h)		净购入电力、热力排放因子 /[tCO_2/(MW·h)]		排放量 /t
净购入电力	59172.20		0.8843		52325.98
4. 固碳产品隐含的碳排放					
种类	产量 /t		固碳产品排放因子 /(tCO_2/t)		排放量 /t
生铁	490865.50		0.1720		84428.87

4.1.2.4 顺先钢铁碳排放核算

秦皇岛顺先钢铁有限公司（以下简称顺先钢铁）位于河北省秦皇岛市昌黎县朱各庄镇前白石院村西南，最早成立于2003年，由于执行淘汰过剩产能政策，截至2018年，原有烧结、炼铁、炼钢等工序全部停产。2019年10月"年产150万吨金属压延及深加工项目"投产运营，设计年产180万吨金属清洗、120万吨冷压延卷、90万吨热镀锌带、90万吨纵剪。主要生产线为：酸洗机组6条、冷压延机组5条、热镀锌机组6条。工艺流程简要说明如下：热轧带钢先通过剥壳去掉表面的氧化皮，然后进行酸洗，酸洗后的带钢通过冷轧机组轧制成所需要的厚度，然后通过镀锌生产线进行镀锌，生产出镀锌带钢成品后进行打包，镀锌带钢经裁剪焊接等工序加工制作为产品。

经初步核算，顺先钢铁2022年核算边界内碳排放总量为7.48万吨，其中，化石燃料燃烧排放量4.08万吨，净购入使用的电力、热力对应的排放量3.40万吨。由于顺先钢铁仅涉及钢带压延工序，几乎不涉及生产过程碳排放，主要碳排放来源为天然气和净购入电力的间接排放。除掉场内车辆消耗的柴油产生的碳排放，顺先钢铁压延工序的碳排放为74172t，本年度产品产量为744089t，得到工序排放强度为0.099t 二氧化碳（表4-7）。由于没有炼铁工序，顺先钢铁的碳排放强度远低于安丰和宏兴钢铁。

表4-7 顺先钢铁2022年核算边界内碳排放量核算表

1. 化石燃料燃烧的碳排放					
种类	化石燃料活动水平		化石燃料排放因子		排放量 /t
	消耗量 /t	低位发热值 /(GJ/t)	单位热值含碳量 /(tC/GJ)	碳氧化率 /%	
天然气	1857.01	389.31	0.0153	99	40151.58
柴油	214	42.652	0.0202	98	662.52
2. 工业生产过程的碳排放					
无					
3. 净购入电力、热力的间接碳排放					
种类	净购入量 /(MW·h)		净购入电力、热力排放因子 /[tCO_2/(MW·h)]		排放量 /t
净购入电力	59649.05		0.5703		34017.85
4. 固碳产品隐含的碳排放					
种类	产量 /t		固碳产品排放因子 /(tCO_2/t)		排放量 /t
无					

除了顺先钢铁，昌黎县还有几家规模稍小的涉及钢带压延的企业，例如，昌黎县润丰金属加工有限公司是一家以生产冷轧带钢和镀锌板带为主的企业，年生产能力35万吨镀锌带钢项目，现拥有550mm酸洗生产线3条，550mm四辊连轧设备4套，连续式镀锌生产线4条，裁剪机组2套，酸再生设备1套；昌黎吉

泰板业有限公司也是一家以冷轧板材加工为主的企业，扩产年产量可达 10 万吨。由于这两家企业规模和产能较小，根据产量参考顺先钢铁的碳排放情况暂估算其碳排放量为 5 万吨。

初步统计可知，昌黎县 2022 年度钢铁行业碳排放量为 1975.1 万吨，其中安丰钢铁和宏兴钢铁两家企业的碳排放量占据整个昌黎钢铁行业碳排放的 94.8%，是该行业的绝对的碳排放重点企业；且化石燃烧贡献了 80% 以上的碳排放量，从各工序的碳排放角度分析可知，主要的碳排放都集中在炼铁之前工序中。

4.2 建材行业碳排放清单分析

4.2.1 昌黎县建材行业分析

建筑建材行业是国民经济和社会发展的重要基础产业，也是工业领域能源消耗和碳排放的重点行业。建材行业主要分为水泥工业、石灰石膏工业、墙体材料工业、卫生陶瓷工业、建筑玻璃工业，昌黎县主要涉及水泥工业。如今在国际上使用最广泛，最能得到行业内部认可的水泥生产方法是新型干法水泥生产。2020 年全球水泥产量为 41 亿吨，中国水泥产量为 23 亿吨，占比达到 53%。水泥行业属于能源密集型产业，2020 年中国水泥行业消耗煤炭 1.75 亿吨，占全国煤炭消费总量的 4%。2022 年秦皇岛水泥产量 485.5 万吨，昌黎县水泥产量 101.93 万吨，占秦皇岛水泥产量的 20.99%。秦皇岛、昌黎县 2018—2022 年水泥产量和占比如图 4-3 所示。

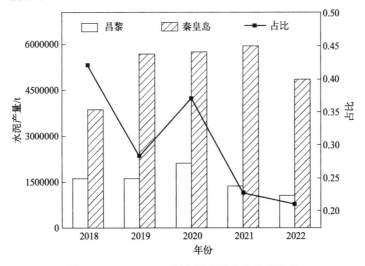

图 4-3　2018—2022 年水泥产量及在全市占比

昌黎冀东水泥有限公司（以下简称冀东水泥）成立于 2013 年 4 月 23 日，属于昌黎县规模以上企业，昌黎县水泥年产 101.9 万吨，其中冀东水泥年产 62.33 万吨，占昌黎县水泥总产量的 61.17%。冀东水泥现有两条新型干法水泥熟料生产线、一条水泥粉磨线、一条矿渣粉磨线和一条污泥处置生产线（表 4-8）。

表 4-8 2022 年冀东水泥工程产品方案

产品方案	单位	数量
第一条新型干法水泥熟料	t/a	2000
第二条新型干法水泥熟料	10^4t/a	60
水泥粉磨	10^4t/a	60
矿渣粉磨	10^4t/a	180
处置污泥	10^4t/a	2

水泥生产过程中窑尾产生的废气经 SNCR 脱硝＋袋式除尘＋90m 高空排气筒排放，废气排放需达到国家排放标准。矿渣粉磨生产线产生的废气经布袋除尘器过滤后达到国家排放标准高空排放。全厂生产废水和生活废水经自建污水处理站处理后回用不外排。厂区除尘器收集的粉尘全部用于水泥生产线。

昌黎冀东水泥有限公司采用国际上广泛使用的新型干法水泥工艺，生产工艺流程大致可分为生料制备、熟料煅烧和水泥粉磨三部分（图 4-4）。

（1）生料制备。来自原料调配站的配合料经皮带输送机喂入生料辊式磨内，物料在磨内经粉磨、烘干和选粉，成品生料随出磨气体经旋风分离器后入窑尾袋收尘器，旋风分离器、袋收尘器收集下来的生料，经空气输送斜槽和斗式提升机送入生料均化库。

（2）熟料煅烧。采用回转窑，窑尾带双系列五级旋风预热器和 TDF 型分解炉，分解炉用三次风从窑头罩上抽取，并采用多通道燃烧器，以保证煤的正常稳定煅烧。

（3）水泥粉磨。将熟料和外购石膏等按比例送到磨机内磨成细度满足检验标准的水泥成品，经空气斜槽、斗提机输送到水泥库。

本工艺主要产品为水泥和熟料。2022 年冀东水泥厂熟料产量 453644.54t，水泥产量 623222.22t。全年消耗原煤 66291.27t，消耗柴油 22.6t，消耗电力 4313.9 万千瓦时。

4.2.2　建材行业碳排放核算

水泥行业温室气体核算是以水泥生产为主营业务的独立法人企业或视同法人

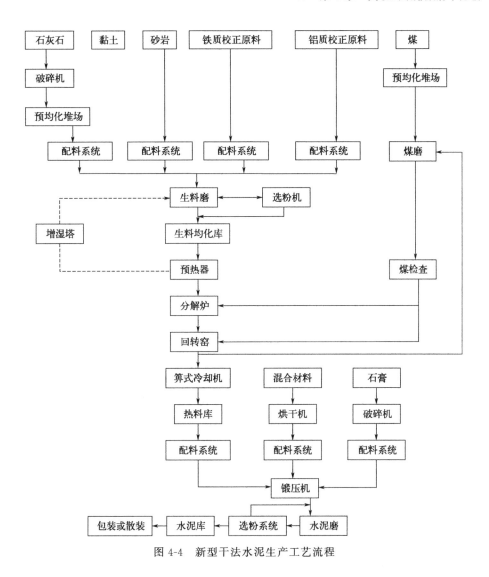

图 4-4　新型干法水泥生产工艺流程

单位为边界，核算边界如图 4-5 所示。报告主体应以企业为边界，核算和报告边界内所有生产设施产生的温室气体排放。生产设施范围包括直接生产系统、辅助生产系统，以及直接为生产服务的附属生产系统，其中辅助生产系统包括动力、供电、供水、检验、机修、库房、运输等，附属生产系统包括生产指挥系统厂部和厂区内为生产服务的部门和单位（如职工食堂、车间浴室、保健站等）。如果水泥生产企业还生产其他产品，且生产活动存在温室气体排放，则应按照相关行业的企业温室气体排放核算和报告指南，一并核算和报告。如果没有相关的核算方法，就只核算这些产品生产活动中化石燃料燃烧引起的排放。

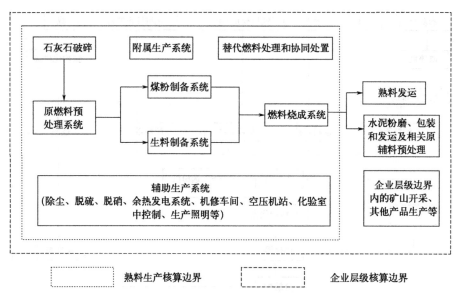

图 4-5 水泥熟料生产企业二氧化碳排放核算边界示意图
(来源:《中国水泥生产企业温室气体排放核算方法与报告指南(试行)》解析)

具体而言,水泥生产企业核算边界内的关键排放源包括:

(1) 化石燃料的燃烧。水泥窑中使用的实物煤、热处理和运输等设备使用的燃油等产生的排放。

(2) 替代燃料和协同处置的废弃物中非生物质碳的燃烧。废轮胎、废油和废塑料等替代燃料、污水污泥等废弃物里所含有的非生物质碳的燃烧产生的排放。

(3) 原材料碳酸盐分解。水泥生产过程中,原材料碳酸盐分解产生的二氧化碳排放,包括熟料对应的碳酸盐分解排放、窑炉排气筒(窑头)粉尘对应的排放和旁路放风粉尘对应的排放。

(4) 原材料中非燃料碳煅烧。生料中采用的配料,如钢渣、煤矸石、高碳粉煤灰等,含有可燃的非燃料碳,这些碳在生料高温煅烧过程中都转化为二氧化碳。

(5) 购入使用的电力和热力。水泥企业净购入使用的电力和热力(如蒸汽)对应的电力和热力生产活动的 CO_2 排放。

(6) 其他产品生产的排放。如果水泥生产企业还生产其他产品,且生产活动存在温室气体排放,则这些产品的生产活动应纳入企业温室气体排放核算。

水泥生产过程可分为原材料准备、熟料烧成和水泥粉磨生产三个主要阶段,在此过程中的能源消耗主要包括电能和热能。在以上三个生产环节中均需利用电能,熟料烧成阶段还要消耗大量的热能。水泥生产企业 90% 的 CO_2 排放来自熟料生产（燃料燃烧和原材料之间的化学反应），其余的10%来自原材料制备和水泥产品生产阶段。水泥生产过程中碳排放的来源主要包括以下几个环节：水泥生料中碳酸钙分解产生的二氧化碳；熟料生产过程中煤、油等燃料燃烧产生的二氧化碳；生料中钢渣、煤矸石、粉煤灰等含有的非燃料碳在高温煅烧过程中转化的二氧化碳；协同处置废弃物过程中，替代燃料以及废弃物中非生物质碳燃烧产生的二氧化碳；水泥厂净购入的电力、热力对应的二氧化碳。水泥生产中二氧化碳排放总量等于以上五个方面的排放量之和，即企业边界内所有的燃料燃烧排放量、工业生产过程排放量、企业净购入电力和热力对应的排放之和。

该水泥企业各工段具体碳排放量及碳排放总量计算公式如式(4-12)所示：

$$E_{CO_2} = E_{燃烧} + E_{过程} + E_{电和热} \quad (4-12)$$

式中　$E_{燃烧}$——燃料燃烧过程排放；

　　　$E_{过程}$——工业生产过程排放；

　　　$E_{电和热}$——企业净购入电力、热力对应的排放。

原料中碳酸盐分解释放的CO_2：主要包括熟料煅烧产生的CO_2、窑尾排气筒收集的粉尘释放的CO_2及窑炉旁路收集的粉尘释放的CO_2。原料中碳酸盐分解释放的CO_2排放量计算公式如式(4-13)所示：

$$E_{过1} = (Q_1 + Q_2 + Q_3) \times \left[(F_1 - F_2) \times \frac{44}{56} + (F_3 + F_4) \times \frac{44}{40}\right] \quad (4-13)$$

式中　Q_1，Q_2，Q_3——水泥熟料总产量、窑尾排气筒粉尘总量及窑炉旁路放风粉尘总量，分别为453644.54t、0t和0t；

　　　F_1，F_3——熟料中CaO、MgO含量，分别为65.74%和1.79%；

　　　F_2，F_4——熟料中非碳酸盐形式的CaO、MgO含量，分别为1.27%和0.24%。

通过式(4-13)计算可得该水泥企业原料中碳酸盐分解释放的CO_2排放量为237528.28t二氧化碳。

化石燃料燃烧释放的CO_2：主要包括煤炭燃烧、点窑及运输过程中的柴油消耗产生的CO_2。化石燃料燃烧释放的CO_2排放量计算公式如式(4-14)所示：

$$E_{烧} = \sum_{i=1}^{n} \left(N_{cvi} \times F_{ci} \times CC_i \times OF_i \times \frac{44}{12}\right) \quad (4-14)$$

式中　N_{cvi}——化石燃料消耗总量，分别为煤耗量66291.27t、柴油耗量22.6t；

　　　F_{ci}——化石燃料低位发热量，分别为煤的低位发热量20.908GJ/t、柴油的低位发热量42.652GJ/t；

CC_i——化石燃料单位热值含碳量,分别为煤的单位热值含碳量 0.02637tC/GJ、柴油的单位热值含碳量 0.0202tC/GJ;

OF_i——化石燃料碳氧化率,分别为煤的碳氧化率 98%、柴油的碳氧化率 99%。

通过上述公式计算可得该水泥企业化石燃料燃烧释放的 CO_2 排放量为 131353.07t 二氧化碳。

净购入电力(不含环保工段)产生的 CO_2:该水泥企业位于华北地区,电力 CO_2 排放因子取 $0.5703tCO_2/(MW \cdot h)$。净购入电力产生的 CO_2 排放量计算公式如式(4-15)所示:

$$E_{购} = AD_{电} \times EF_{电} \tag{4-15}$$

式中 $AD_{电}$——净购入电量,为 43139.04MW·h;

$EF_{电}$——电力 CO_2 排放因子,为 $0.5703tCO_2/(MW \cdot h)$。

通过式(4-15)计算可得该水泥企业净购入电力产生的 CO_2 排放量为 24602.19t 二氧化碳。

生料中非燃料碳煅烧产生的 CO_2:钢渣、高碳粉煤灰、煤矸石中可燃的非燃料碳产生的 CO_2。生料中非燃料碳煅烧产生的 CO_2 排放量计算公式如式(4-16)所示:

$$E_{过2} = Q \times FR_0 \times \frac{44}{12} \tag{4-16}$$

式中 Q——水泥生料总产量,根据年产 180 万吨矿渣粉磨工程,为 1800000t;

FR_0——生料中非燃烧碳含量,为 0.1%。

通过式(4-16)计算可得该水泥企业生料中非燃料碳煅烧产生的 CO_2 排放量为 6600t 二氧化碳(表 4-9)。

表 4-9 2022 年冀东水泥碳排放量估算

种类	消耗量	排放量/tCO_2
净购入电力	43139.04MW·h	24602.19
化石燃料燃烧	煤:66291.27t	131353.07
	柴油:22.60t	
过程排放	水泥熟料总产量:453644.54t	244128.28
	水泥生料:1800000t	
总排放量		400083.54

该生产线年二氧化碳排放量为 400083.54t 二氧化碳,根据冀东水泥占昌黎

县水泥生产的 61.17%，推算昌黎县水泥行业年二氧化碳排放量为 654051.89t。以上几个排放来源中，生料煅烧过程中的碳酸钙和碳酸镁分解产生的二氧化碳是主要来源，约占总排放量的 61.1%，其次是燃料燃烧产生的碳排放，占比为 32.8%。电力、热力的消耗间接产生的碳排放则占比较低。

4.3 热电行业碳排放清单分析

我国电力绿色清洁低碳转型取得新成效，根据《中国能源发展报告 2023》数据显示，2022 年我国非化石能源发电量占比达到 36.2%，截至 2022 年底，我国非化石能源装机约 12.7 亿千瓦，同比增长 13.8%，占比提升至 49.6%，其中，风电、光伏装机占总装机的 29.6%。全国非化石能源消费占比达到 17.5%，较上年提高了 0.8 个百分点。而石油和天然气这两种传统的化石能源消费，近 20 年来也首次出现了双降，分别下降了 0.7 个百分点和 0.4 个百分点，每千瓦时火力发电标准煤耗下降 0.2%。同年，我国单位 GDP 能耗强度下降 0.1%，碳排放强度下降 0.8%。《中国应对气候变化的政策与行动 2023 年度报告》显示，2022 年我国单位国内生产总值（GDP）二氧化碳排放比 2002 年下降超过 51%。全年水电、核电、风电、太阳能发电等清洁能源发电量 29599 亿千瓦时，比上年增长 8.5%，其中水电装机容量 41350 万千瓦，增长 5.8%；核电装机容量 5553 万千瓦，增长 4.3%；并网风电装机容量 36544 万千瓦，增长 11.2%；并网太阳能发电装机容量 39261 万千瓦，增长 28.1%。

实现碳达峰碳中和目标，电力行业既迎来转型发展的重大机遇，也面临艰巨挑战。欧盟等发达经济体二氧化碳排放已经达峰，从"碳达峰"到"碳中和"有 50～70 年过渡期。我国二氧化碳排放体量大，从碳达峰到碳中和仅有 30 年时间，任务更为艰巨。能源电力减排是我国的主战场，能源燃烧占全部二氧化碳排放的 88% 左右，电力行业排放占约 41%。电力行业不仅要加快清洁能源开发利用，推动行业自身的碳减排，还要助力全社会能源消费方式升级，支撑钢铁、化工、建材等重点行业提高能源利用效率，满足全社会实现更高水平电气化要求。

根据实地考察情况可知昌黎县域内现有三家负责主要供热和发电的企业，包括昌黎县热力供应公司、昌黎县永建热力有限公司、国能昌黎生物发电有限公司。

4.3.1 热电企业碳排放核算方法

核算范围：昌黎县域内所有热电企业，包括昌黎县热力供应公司、昌黎县永建热力有限公司、国能昌黎生物发电有限公司的全部排放,其中包括化石燃料燃烧的二氧化碳排放、燃煤发电企业脱硫过程的二氧化碳排放以及企业净购入使用电力产生的二氧化碳排放。

采用清单分析法对该县能源领域碳排放进行计算。

能源领域碳排放量计算采用IPCC清单法,计算公式如式(4-17)所示:

$$碳排放量 = 能源消耗量 \times 排放因子 = AD \times EF \qquad (4\text{-}17)$$

式中　AD——有关人类活动发生程度的信息(活动数据),即能源燃料消费量,kg标准煤;

　　　EF——每单位被消耗燃料排放的二氧化碳的质量,即排放因子。

针对基础统计数据不确实的年份,或统计数据前后差异较大时,计算公式如式(4-18)所示:

$$CE_{ti} = CE_{t0} \times (1 + agr)^{t_1 - t_0} \qquad (4\text{-}18)$$

式中　CE_{ti}——修正年份的碳排放量,t二氧化碳当量;

　　　CE_{t0}——参考年份的碳排放量,t二氧化碳当量;

　　　agr——碳排放量的年均增长率,%。

核算边界:发电设施,主要包括燃烧装置、汽水装置、电气装置、控制装置和脱硫脱硝等装置的集合(图4-6)。

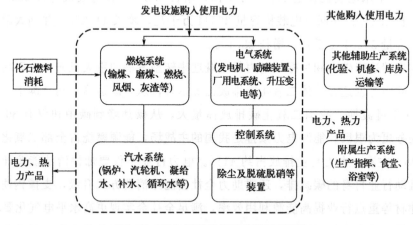

图4-6　热电领域碳排放核算边界图

(图片来源:企业温室气体排放核算方法与报告指南)

4.3.2　昌黎县热电行业现状及碳排放核算

2023年4月昌黎县启动"西热东输"供热工程,预计新建热力管道40.3km,

建设中继泵站 1 座、换热首站 2 座，该工程将安丰钢铁、宏兴钢铁的工业余热，引入县城用于居民冬季取暖。随之昌黎县热力供应公司所属 1 号热源厂将作为补充备用热源应急使用，这将进一步降低县城冬季供暖期的烟尘、二氧化碳、二氧化硫和氮氧化物的排放量。西热东输换热首站是利用河北安丰钢铁集团有限公司高炉冲渣水余热及厂区饱和蒸汽余热向昌黎县城区供热。一期工程设计热负荷为 121.5MW，通过每台取热量为 22MW 的高炉，对城区供水系统进行热交换，供热能力可以达到 270 万平方米。2024 年 1 月，昌黎县西热东输供热工程热力管网全线贯通，城区首批 16 个换热站开始对城区 70 万平方米建筑进行供热。

昌黎县域内现有供热企业按照国家及地方有关的环保政策文件，考虑达到 NO_x、SO_2、烟尘排放浓度分别不高于 $80ng/m^3$、$35ng/m^3$、$10ng/m^3$（标准态，干基，$9\%O_2$）的超低排放限值，排放的硫氧化物浓度低于 $18\sim19mg/m^3$，氮氧化物浓度低于 $40mg/m^3$。

4.3.2.1 昌黎县热力供应公司

2022 年昌黎县热力供应公司现有 1 号热源厂 5 台 65t 高温热水锅炉，换热站 67 座，负责铁路线以南和民生路以西的 47000 多户采暖户和 68 个机关单位的供热，实现年实供面积将达到 330 余万平方米。该企业在脱硫脱硝与除尘系统中采用 2 台 DL29-1.25/130/70-AⅡ 与 3 台 QL46-1.6/130/70-AⅡ 设备，应用布袋除尘（图 4-7）和双碱脱硫（图 4-8）技术，以达到减碳降污的目标。

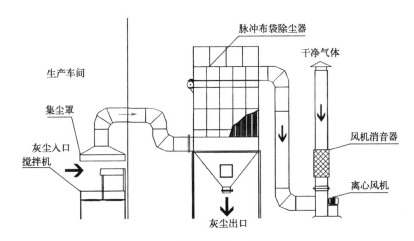

图 4-7 布袋除尘机工作原理

（图片来源：王守全．布袋除尘器．安徽省．铜陵有色金属集团股份有限公司金冠铜业分公司［2021-03-16］）

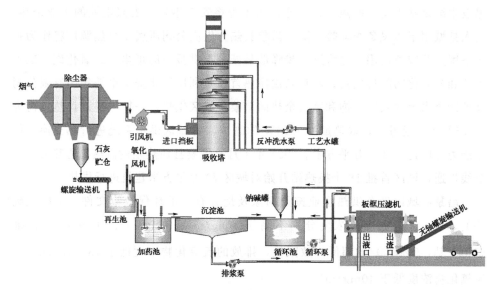

图 4-8 双碱脱硫法工作原理

[图片来源：田向勤，宫国卓. 双碱法脱硫技术在内蒙古某矿燃煤锅炉改造中的应用效果分析[J]. 煤炭加工与综合利用，2021，(6)：91-95.]

2023 年，该企业实现供热在网面积增加到约 500 万平方米，实际供热辐射面积 550 余万平方米，辐射用户约 5.2 万户。采购煤量约 10.5 万吨，用煤品种为烟（原）煤，经过粉碎成品煤处理后进行焚烧，每吨煤预计产生 13%～15% 的煤渣，煤渣会被转送至附近砖厂进行回收利用。

4.3.2.2 昌黎县永建热力有限公司

2021 年昌黎县永建热力有限公司是昌黎县城的主要热源点，辖区供热面积为 340 余万平方米。2023 年永建热力有限公司负责昌黎民生路以东、铁道以北范围的供热，实现供热在网面积 500 万平方米，实际供热面积 300 余万平方米。

该企业每年供热季用煤均量为 8 万吨，2023 年实际应用量预计增加到 9 万吨左右，用煤品种为水洗煤，经过粉碎成品煤处理后进行焚烧，从而提升燃烧效率。每吨煤预计产生 14%～15% 的煤渣，煤渣同样会被送到附近砖厂进行二次利用。该企业现有共计 5 台链条和网状炉排式锅炉，锅炉燃烧方式为逆向燃烧（从上往下），实现热效率可达 80% 左右。该企业运用"SNCR＋SCR 脱硝＋布袋除尘器＋氧化镁脱硫＋炉外低温区综合脱硝＋旋流除尘"进行治理，高空排放，脱硫塔对废气进行除尘脱硫处理（图 4-9），需达到国家排放标准。

第 4 章 昌黎县碳排放清单分析

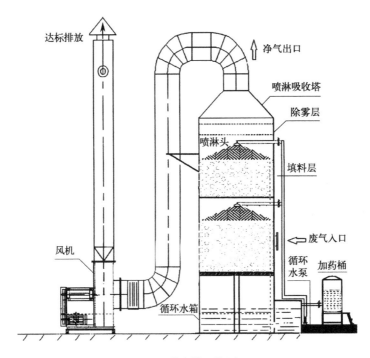

图 4-9 脱硫塔工作原理

(图片来源：郁连，陈静，周冠文. 烧结烟气循环流化床脱硫塔结构设计优化[J/OL].
材料与冶金学报，1-14 [2024-03-11])

4.3.2.3 国能昌黎生物发电有限公司

国能昌黎生物发电有限公司集生物发电、供热、中水利用三位一体，现有 1×35MW 高温高压高速凝汽式汽轮发电机组，配 1 台 130t/h 水冷振动炉排、高温高压、生物质燃料自然循环汽包锅炉，建成后将形成年发电 2.335×10^8 kW·h，年供 2.101×10^8 kW·h，年供热 47.9×10^4 GJ，年利用农林剩余物 23.4×10^4 t，其中包括黄秆（小麦、高粱、草、玉米秆等，进行方包或圆包处理）、灰秆（树枝、花生秧等木质原料，进行粉碎处理），年替代标准煤量约 8.5×10^4 t 的生产能力，2023 年预计减少二氧化碳排放约 54 万吨，能源转化率实现 60%～70%。

经过调研，以上两家热力公司用煤均为采自内蒙古和山西的 5000cal（1cal=4.1840J）优质沫煤，基本参数为基低位发热值＞5000kcal/kg、挥发分≤30.00%、灰分＜15.50%、含硫量＜0.5%、全水分＜14%。初步统计，昌黎县热力供应公司热源用煤约 10 万吨，永建热力用煤 8 万吨。根据发热量可将单位沫煤折合成 0.715t 标准煤，1t 标准煤完全燃烧产生的二氧化碳的碳排放系数采用国

89

家发改委能源研究所推荐值为 0.67，即 2.45tCO$_2$/t 标准煤，供暖碳排放量为 31.5 万 t/a。

待到"西热东输"供热工程完工后，将形成多热源枝状管网供热系统格局，实现县城部分区域低碳清洁供热。投入使用后，预计每年节约煤炭使用量 8.63 万吨，减排二氧化碳 19.09 万吨、二氧化硫 2466.72t、氮氧化物 326.49t。可进一步降低县城冬季供暖期的烟尘、二氧化碳、二氧化硫和氮氧化物的排放量。

4.4 环境治理行业碳排放清单分析

为推进实现双碳目标，各行业都在积极开展碳减排相关工作。2022 年 6 月，住房和城乡建设部、国家发展改革委联合印发了《城乡建设领域碳达峰实施方案》，将城镇污水处理、生活垃圾处理低碳化作为城乡建设领域碳达峰的一项重要任务。城镇生活污水和城市生活垃圾处理产生大量的甲烷、一氧化二氮以及二氧化碳排放，是城市非二氧化碳温室气体排放的主要来源。核算城市生活垃圾处理温室气体排放数据，是推动城市市政基础设施绿色低碳发展的基础，对实现城乡建设领域碳达峰具有重要作用。

4.4.1 污水处理碳排放核算方法

近年来，我国污水处理设施不断完善，根据《中国城乡建设统计年鉴》，2022 年我国城市污水处理厂共计 2894 座，污水处理率达到 98.11%，其中近 90% 的污水处理厂执行《城镇污水处理厂污染物排放标准》（GB 18918—2002）一级 A 及以上的出水标准，但污水处理普遍存在"以能耗换水质"的现象，在污水处理厂较快的增长趋势以及水质提标的要求下，该行业能耗及碳排放水平正在急剧升高。基于各地区代表性污水处理厂典型工艺运行数据分析及实测，按照联合国政府间气候变化专门委员会（IPCC）方法初步计算，2019 年全国污水处理行业温室气体的排放量可达 4870 万吨，比 2002 年增长了 4.8 倍。据预测，到 2030 年，我国整个污水处理行业的碳排放总量将达到 3.65 亿吨，占全国温室气体排放总量的比例将达到 2.95%。因此，污水处理行业碳减排任务艰巨，是实现我国"双碳"目标的重要抓手之一。然而城镇水务系统活动较多且复杂，对其核算边界意见不一，特别是温室气体排放位点识别不清，因此产生漏算、多算、错算等现象，不利于城镇水务行业形成碳排放量认知和共识，以及找准碳减排着力点。目前污水处理厂碳排放核算研究大多采用排放因子法，但该方法相关计算

第 4 章 昌黎县碳排放清单分析

参数取值大多是国外的推荐值，在我国污水处理行业碳排放方面的适用性有待商榷。为此，我国环保产业协会在 IPCC 核算方法框架的基础上，发布了我国污水处理领域首个低碳团体标准《污水处理厂低碳运行评价技术规范》（T/CAEPI 49—2022），规范了污水处理厂碳排放核算、低碳运行评价等内容，用以指导我国污水处理厂开展碳排放核算。同时，中国城镇供水排水协会组织编写了《城镇水务系统碳核算与减排路径技术指南》，着眼于"双碳"目标下厘清城镇水务系统碳核算边界、方法，并分析梳理了碳减排路径与策略。

城镇污水处理碳排放核算边界界定为包括城镇污水收集与处理全过程，即从城镇污水产生经过污水管网进入污水处理厂，经过不同处理工艺处理后，产生的污泥经车辆运输到不同污泥处理处置场所进行最终处置。其中，未收集、未处理和出水涉及的污水排放以及采用其他处置方式的污泥排放，由于不可控性较强或占比较小，故未涵盖在核算范围内。基于该核算边界具体可分为污水输送、污水处理、污泥运输和污泥处理处置四个环节；基于碳排放源识别，也可以分为城镇污水和污泥处理产生的甲烷和一氧化二氮直接排放以及城镇污水和污泥在运输及处理过程中消耗燃油、燃气和电力导致的间接排放。由于生物源二氧化碳未造成大气中二氧化碳排放净增加，故仅针对化石碳造成的二氧化碳进行核算，未包含生物源造成的二氧化碳排放。在净排放核算过程中还需考虑污泥焚烧发电、土地利用、建材利用带来的碳抵消量，因此，城镇污水处理全过程碳排放总量包括污水输送碳排放、污水处理碳排放、污泥运输碳排放和污泥处理处置碳排放四部分，其净排放需要扣除碳抵消量。

城市生活污水处理过程碳排放源识别如图 4-10 所示。

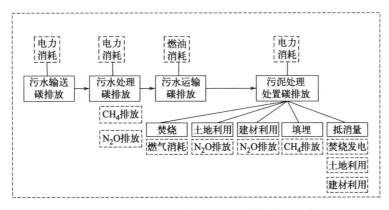

图 4-10　城市生活污水处理过程碳排放源识别

（图片来源：2022 中国城镇污水处理碳排放研究报告）

参考《2006年IPCC国家温室气体清单指南》和《省级温室气体清单编制指南》，城镇污水处理各步骤的碳排放具体计算方式如下：污水输送碳排放根据污水实际处理量、泵送比例、单位泵送电耗以及电力排放因子进行计算；污水处理碳排放根据化学需氧量和总氮去除量及相应温室气体排放因子进行计算，污水处理设施碳排放根据化学需氧量去除量及单位去除量电耗计算；污泥处理碳排放根据采用焚烧、建材利用、填埋、土地利用4种主要处置方式的污泥处置量及相应温室气体排放因子计算得到，污泥处理设施碳排放根据不同处置方式污泥处置量及单位污泥处理电耗进行计算。其中，污泥处置焚烧发电碳抵消量根据污泥焚烧量、焚烧热值和发电效率进行计算，建材利用和土地利用碳抵消量分别根据相应处置量、原料替代比例及原料生产的排放因子获得。

城镇污水处理碳排放也分为直接排放和间接排放两类：直接排放包括污水处理过程中产生的甲烷和一氧化二氮，不包括生物成因的二氧化碳排放；间接排放则主要指能耗和添加的药剂所产生的间接碳排放。

4.4.1.1 直接碳排放

污水中的大部分有机物通过微生物的氧化代谢作用（发酵、好氧呼吸、无氧呼吸等）最终被分解为二氧化碳，同时产生能量载体ATP，供给微生物各项生命活动。但污水中大部分有机物来源于地球上的短期正常碳循环，这部分有机物氧化产生的二氧化碳称为生源性二氧化碳，不是造成气候变暖的原因，不纳入碳排放核算清单，只有污水中的化石源有机物才被纳入碳排放核算清单，这部分占比很低。而污水中的部分有机物在厌氧环境以及水解和发酵性细菌、产氢产乙酸细菌、产甲烷菌等协同作用下会产生甲烷，甲烷是污水处理过程中直接排放的主要温室气体之一。甲烷的温室效应是二氧化碳的28倍以上，由于甲烷在大气中生命周期短，因此对气候的影响更大。

甲烷直接排放主要发生在初沉池以及生物处理段存在的厌氧过程中，主要与污水处理量、COD去除情况、污泥产生情况以及甲烷回收情况有关，如式(4-19)所示：

$$m_{CH_4} = [Q \times (COD_{进} - COD_{出}) \times 10^{-3} - SG \times P_V \times \rho_S] \times B_0 \times MCF$$

(4-19)

式中　m_{CH_4}——甲烷直接排放量，kg；

Q——污水处理厂进水水量，m^3；

$COD_{进}$——污水处理厂平均进水COD_{Cr}，mg/L；

$COD_{出}$——污水处理厂平均出水COD_{Cr}，mg/L；

SG——污水处理厂产生的干污泥量，kg；

P_V——污水处理厂干污泥的有机分，%；

ρ_S——污泥中的有机物与COD_{Cr}的转化系数；

B_0——甲烷的产率系数；

MCF——污水处理过程甲烷修正因子。

$$E_{CH_4} = m_{CH_4} \times f_{CH_4} \tag{4-20}$$

式中 E_{CH_4}——甲烷直接碳排放量，kg；

m_{CH_4}——甲烷直接排放量，kg；

f_{CH_4}——甲烷全球变暖潜势值，一般取值为28。

此外，污水中含有大量的氮素污染物，AOB菌在氨氧化过程中可以将大部分铵根离子氧化为硝酸根离子，但也存在转化为一氧化二氮的途径，反硝化过程中也会产生一氧化二氮，所以硝化和反硝化过程是一氧化二氮的主要来源，而且一氧化二氮的温室效应是二氧化碳的265倍，应值得高度重视。一氧化二氮直接排放主要产生在污水生物处理段中，主要与污水处理量和总氮（TN）去除情况有关，计算公式如式（4-21）所示：

$$m_{N_2O} = Q \times (TN_{进} - TN_{出}) \times 10^{-3} \times EF_{N_2O} \times C_{\frac{N_2O}{N_2}} \tag{4-21}$$

式中 m_{N_2O}——一氧化二氮直接碳排放量，kg；

Q——污水生物处理单元进水水量，m^3；

$TN_{进}$——污水生物处理单元平均进水总氮浓度，mg/L；

$TN_{出}$——污水生物处理单元平均出水总氮浓度，mg/L；

EF_{N_2O}——一氧化二氮排放因子；

$C_{\frac{N_2O}{N_2}}$——$\frac{N_2O}{N_2}$分子量之比，取值为44/28。

E_{N_2O}的计算公式如式（4-22）所示：

$$E_{N_2O} = m_{N_2O} \times f_{N_2O} \tag{4-22}$$

式中 E_{N_2O}——一氧化二氮直接碳排放量，kg；

f_{N_2O}——一氧化二氮温室效应指数，一般取值为265。

4.4.1.2 间接碳排放

间接碳排放是指消耗外购电力、热力、材料、药剂等能源和资源产生的碳排放。在污水处理的各环节均产生电耗碳排放，计算公式如式（4-23）所示：

$$E_{电耗} = f_e \times W \tag{4-23}$$

式中 $E_{电耗}$——电耗碳排放，kg；

f_e——电耗碳排放因子，$kgCO_2/(kW \cdot h)$；

W——用于生产运行的外购电量，$kW \cdot h$。

物耗为污水处理厂生产运行过程中消耗的混凝剂、絮凝剂、碳源、消毒剂以及清洗剂等化学药剂，化学药剂使用间接产生碳排放。该污水厂污水处理过程中，物耗主要为絮凝剂 PAM、混凝剂 PAC、消毒剂次氯酸钠和碳源甲醇，如式(4-24)所示：

$$E_{物耗} = \sum_{i=1}^{m} f_i \times M_i \qquad (4-24)$$

式中 $E_{物耗}$——物耗二氧化碳排放当量，kg；

f_i——第 i 种化学药剂的二氧化碳排放因子；

M_i——使用第 i 种化学药剂的质量，kg；

i——化学药剂种类代号；

m——化学药剂种类数量。

4.4.2 生活垃圾处理碳排放核算方法

城市生活垃圾处理碳排放核算边界包括城市生活垃圾收集与处理全过程的大部分环节，即从生活垃圾产生通过源头分类收集，经运输车辆清运到中转站，再运输至采取不同处理方式的生活垃圾处理厂。针对主要环节进行碳排放源识别，具体可以分为垃圾处理产生的甲烷、一氧化二氮和化石二氧化碳直接排放，以及垃圾运输和处理过程中消耗燃油和电力导致的间接排放。在温室气体净排放核算过程中，主要考虑了垃圾焚烧发电、堆肥产肥带来的碳抵消量。另外，由于生物源二氧化碳未造成大气中二氧化碳排放净增加，报告的排放源仅针对化石碳造成的二氧化碳进行核算，未包含生物源造成的二氧化碳排放。

基于城市生活垃圾处理碳排放核算边界，城市生活垃圾处理全过程碳排放总量包括生活垃圾运输碳排放、处理过程碳排放、处理设施碳排放 3 部分，其净排放需要扣除碳抵消量。具体核算过程参考《2006 年 IPCC 国家温室气体清单指南》和《省级温室气体清单编制指南》。生活垃圾运输碳排放根据垃圾清运量、单位垃圾收运油耗及化石能源排放因子进行计算。生活垃圾处理过程碳排放根据卫生填埋、焚烧、堆肥和简易处理 4 种处理方式处理量及对应温室气体排放因子进行计算，其中生活垃圾焚烧发电碳抵消量根据生活垃圾焚烧量、焚烧热值和发电效率进行计算；堆肥产肥碳抵消量根据堆肥处理量、化肥替代比例及化肥生产排放因子获得。生活垃圾处理设施碳排放根据卫生填埋、焚烧、堆肥 3 种处理方式处理量、处理设施能耗强度及电力排放因子进行计算。

城市生活垃圾处理过程碳排放源识别如图 4-11 所示。

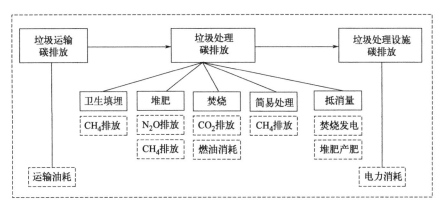

图 4-11　城市生活垃圾处理过程碳排放源识别
（图片来源：2022 中国城市生活垃圾处理碳排放研究报告）

4.4.3　昌黎县污水处理现状及碳排放核算

昌黎县目前有两个相对独立的排水系统：饮马河排水系统和贾河排水系统。饮马河排水系统主要收集昌黎县城、昌黎工业园区及沿途乡镇部分地域的生活污水，经昌黎县中心城区污水处理厂处理后尾水排入饮马河；贾河排水系统主要收集安龙工业园区污水及上游（卢龙）贾河污水，经贾河污水处理厂处理后尾水排入贾河。昌黎县现有中心城区污水处理厂、贾河污水处理厂和昌黎工业园区污水处理厂 3 座污水处理厂。污水处理厂总设计规模为 13.1 万 t/d，实际处理水量约为 7.1 万 t/d，出水水质基本满足一级 A 排放标准（表 4-10）。

表 4-10　昌黎县域污水处理厂现状

序号	污水处理厂名称	实际处理能力/(10^4t/d)	运行负荷率/%	污水处理厂类别	服务范围
1	中心城区污水处理厂	3	50	城镇生活污水	昌黎县城区
2	贾河污水处理厂	4	57	工业污水	昌黎县粉丝园区
3	昌黎工业园区污水处理厂	0.1	100	工业污水	昌黎县工业园区

昌黎县中心城区污水处理厂位于河北省秦皇岛市昌黎县歇马台村南侧，饮马河以南，厂区占地 53333m^2（约 80 亩），设计处理规模为 6 万 t/d，处理后经管网排入饮马河。昌黎县贾河污水处理厂位于河北省昌黎县龙家店镇垂柳庄村北，厂区占地 12 万 m^2（约 180 亩），设计处理规模为 7 万 t/d，处理后经管网排入贾

河。2016年4月和2017年8月，昌黎县城乡建设局先后与碧水源再生水有限公司签订昌黎县中心城区污水处理厂和贾河污水处理厂PPP项目特许经营协议，均采用"A/A/O+膜生物反应器（MBR）"，处理水质满足《地表水环境质量标准》（GB 3838—2002）中Ⅳ类水质标准（其中总氮≤10mg/L、SS≤5mg/L）。昌黎工业园区污水处理厂位于昌黎工业园区（西区），新开口大街南侧，笔峰山路西侧，占地面积为2114.2m^2（约3.17亩），收水范围为工业区内企业排放的工业废水和综合生活污水，设计处理能力为1000t/d。污水处理工艺为：污水处理主体生化采用"水解酸化+接触氧化"工艺，深度处理采用"加药微絮凝+D型过滤装置过滤"工艺，消毒工艺采用次氯酸钠消毒，污泥处理采用机械浓缩脱水工艺。排放水应执行《城镇污水处理厂污染物排放标准》（GB 18918—2002）一级A排放标准，处理达标后排入贾河。根据设计指标日处理量为1000t/d，进水指标为COD＜380mg/L，总氮＜45mg/L，出水指标为COD＜50mg/L，总氮＜15mg/L，剩余污泥量为25.55t。

通过调查中心城区污水处理厂2022年度各月度报表，可知污水日处理量，进出水COD、氨氮及总氮的变化，电耗和药剂的消耗量等（表4-11）。本初步核算不考虑污泥产生的碳排放，采用B_O、MCF的缺省值乘积计算出的甲烷排放因子（EF_{CH_4}）缺省值为0.041（=0.25×0.165）；一氧化二氮排放因子（EF_{N_2O}）取缺省值0.016；电耗碳排放因子（EF_e）参数取华北电网电耗碳排放因子0.9419tCO_2/(MW·h)；甲烷和一氧化二氮的全球增温潜势值取值分别为28和265。污水处理添加的化学药剂主要是次氯酸钠（NaClO）、聚合氯化铝（PAC）和聚丙烯酰胺（PAM），核算采用的相关排放因子参考《污水处理厂低碳运行评价技术规范》（T/CAEPI 49—2022）、IPCC清单及相关文献。

表4-11 昌黎县中心城区污水处理厂2022年度碳排放核算表

项目	CH_4的碳排放	N_2O的碳排放	电耗及碳排放	药剂的碳排放		
				NaClO	PAC	PAM
消耗量	1753.4t	312.7t	11061.2kW·h	600t	1000t	109.5t
排放因子	0.041	0.016	0.9419	6.133	1.62	1.5
增温潜势	28	265				
碳排放量/t	2012.9	1325.8	10418.5	3679.8	1620	164.2
排放占比/%	10.50	6.90	54.20	28.40		
年总碳排放总量：19221.2t						
年总碳排放强度：1.5625kgCO_2/m^3						

污水处理厂主要处理流程及其碳排放气体如图 4-12 所示。

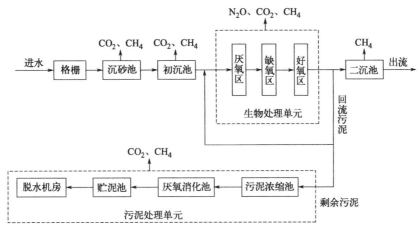

图 4-12 污水处理厂主要处理流程及其碳排放气体
(图片来源：贾河污水处理厂环境影响报告表)

经初步核算，昌黎县中心城区污水处理厂 2022 年度碳排放量为 1.92 万 t/a，统计得知中心城区污水处理厂平均日处理量为 33700m³/d，得到年碳排放强度为 1.56kgCO₂/m³；而贾河污水处理厂平均日处理量为 48700m³/d，考虑这两家污水处理厂采用相同工艺且为同一家公司管理运行，经估算贾河污水处理厂的碳排放量约为 2.77 万 t/a；而昌黎工业园区污水处理厂日处理量仅为 1000m³/d，相比之下碳排放量可忽略不计，因此昌黎县 2022 年度合计污水处理碳排放量初步估算为 4.69 万 t/a，碳排放强度为 1.56kgCO₂/m³。

4.4.4 昌黎县固废处理现状及碳排放核算

昌黎县生活垃圾卫生填埋场位于河北省秦皇岛市昌黎县朱各庄镇上庄村北侧 1500m 处，国道 205 距离厂址南侧 500m，占地面积为 99160m²。附近村落主要为张石门村、李石村、朱各庄村、上庄村和石门街村。该填埋场主要对秦皇岛市昌黎县生活垃圾进行填埋与处理，于 2014 年开始启用，设计日处理生活垃圾 250t。采用"分区＋分单元"的作业方式进行填埋，使用年限约 10 年。

填埋场主要由垃圾填埋区、渗滤液处理区、渗滤液调节池、办公区及防护林带、环库截洪沟及场内道路等配套辅助区组成。垃圾填埋区位于填埋场中部区域，占地面积约为 55245m²，垃圾填埋深度约为 5m，该区域主要用于生活垃圾的填埋，进行卸车、摊平、摊匀、压实、覆土压实等工作；渗滤液处理区位于填埋场西部区域，占地面积约为 866m²，该区域主要对渗滤液进行处理，由渗滤液处理车间、沉淀池、好氧池、清水池、浓缩池及渗滤液收集井与输送管道组成，渗滤液处理主要由"AO 生物膜+生物滤池+DTRO 反渗透系统"组成，各处理池均为地上水池，硫酸罐位于渗滤液处理车间，埋深约 5m，渗滤液由收集井输送至处理车间，渗滤液收集井深度约为 5m；渗滤液调节池位于渗滤液处理区北侧，占地面积约为 1118m²，该区域主要对渗滤液进行收集与调节，池底及侧壁均由 HDPE 防渗膜覆盖，池底深度约为 3m。

昌黎县生活垃圾卫生填埋场主要对秦皇岛市昌黎县及其他区域的生活垃圾进行收集与处理。居民生活垃圾主要有厨余、果皮、纸类、塑料、玻璃、金属、布类等；集团垃圾为大型宾馆、酒楼、商业楼、写字办公楼、学校等设施垃圾以及工业企业的办公和生活垃圾，其成分多为塑料、纸类及个人用品、各类包装盒、玻璃瓶及酒店的厨余杂物、果皮、一次性餐具等；保洁垃圾为城市主干道等产生的垃圾，主要有泥土、树木及塑料袋等。

对昌黎县生活垃圾卫生填埋场的甲烷排放量的核算采用《2006 年 IPCC 国家温室气体清单指南》和《废弃物处理温室气体排放计算指南》中质量平衡方法。质量平衡法假设所有潜在的甲烷均在处理当年就全部排放完，这种假设虽然在估算时相对简单方便，但会高估甲烷的排放，其计算公式如式(4-25) 所示：

$$E_{CH_4} = MSW_T \times MSW_F \times (L_0 - R) \times (1 - OX) \times f_{CH_4} \quad (4-25)$$

式中　E_{CH_4}——甲烷的碳排放量，t；

　　　MSW_T——总的城市固体废物产生量，t；

　　　MSW_F——城市固体废物填埋处理率；

　　　L_0——各管理类型垃圾填埋场的甲烷产生潜力；

　　　R——甲烷回收量；

　　　OX——氧化因子；

　　　f_{CH_4}——甲烷全球变暖潜势值，一般取值 28。

垃圾填埋场的甲烷产生潜力计算公式如式(4-26) 所示：

$$L_0 = MCF \times DOC \times DOC_F \times F \times \frac{16}{12} \quad (4-26)$$

式中　MCF——各管理类型垃圾填埋场的甲烷修正因子，%；

　　　DOC——可降解有机碳比例，%；

　　　DOC_F——可分解的 DOC 比例，%；

　　　F——垃圾填埋气体中的甲烷比例，%；

$\frac{16}{12}$——甲烷/碳分子量比率。

经过调查估算得昌黎县生活垃圾卫生填埋场年收纳量约为 9 万吨，该生活垃圾的各组分含量以及《2006 年 IPCC 国家温室气体清单指南》中规定的可降解碳 DOC 含量值规定见表 4-12，经计算得可降解碳 DOC 总和为 1.07 万吨。剩余参数均采用《2006 年 IPCC 国家温室气体清单指南》中的推荐值，即甲烷修正因子 MCF 为 0.9，可分解的 DOC_F 比例为 0.5，氧化因子 OX 为 0.5，甲烷在垃圾填埋气体中的比例 F 为 0.5，甲烷全球变暖潜势值为 28，不考虑甲烷回收量 R。则可估算昌黎县生活垃圾卫生填埋场的 2022 年度碳排放量为 3.37 万 t/a，排放强度为 $0.37tCO_2/t$。

表 4-12 昌黎县生活垃圾填埋场的垃圾各组分含量

项目	有机物	纸类	木材	织物	橡胶	其他
成分比例/%	37.54	4.29	2.11	2.33	7.88	45.85
DOC 含量/%	15	40	43	24	39	0
DOC 值/10^4 t	0.5068	0.1544	0.0816	0.0503	0.2766	0.0000

4.5 食品加工行业碳排放清单分析

4.5.1 昌黎县食品加工行业分析

2018 年，中国对世界能源消费的贡献率为 24%，占全球能源消费增长的 34%。经济的快速增长和能源结构的高度碳化导致中国较高的二氧化碳排放，由此我国提出碳达峰、碳中和的目标。作为我国最大的能源消费部门，工业部门消耗了总能源约 69%，工业温室气体排放量占总排放量的 81%，成为我国节能减排的重点工业部门之一。食品加工业虽然不是工业部门中能耗最高的行业，但也成为农业食物系统能源活动碳排放的主要来源。食品的生产和消费占人类温室气体排放量的 20% 以上，整个食品供应链每年产生 98 亿～169 亿吨的二氧化碳，预计到 2050 年将增长 30%。由于我国拥有很大的食品消费群体，对于资源消耗严重的食品加工业而言，低碳减排问题不容忽视。

食品工业按《国民经济行业分类》（GB/T 4754—2017）规定，由 C13 农副食品加工业，C14 食品制造业，C15 酒、饮料和精制茶制造业，C16 烟草制品业共四大类行业组成。昌黎县食品加工行业主要有葡萄酒制造行业和粉丝加工产业。昌黎县拥有葡萄酿酒企业 30 家。其中，有国家级重点龙头企业 1 家（中粮华夏长城葡萄酒有限公司）、省级重点龙头企业 1 家[贵州茅台酒厂（集团）昌黎葡萄酒业有限公司]。昌黎县拥有葡萄行业专项研发机构 6 家（河北省农林科学院昌黎果树研究所、河北省葡萄酒产业技术研究院等）和大批专业技术人才。现有长城、茅台、朗格斯、金士、地王等国内外知名品牌，形成集酿酒葡萄种植、葡萄酒酿造、橡木桶生产、彩印包装、酒瓶制造、塞帽生产、交通运输、物流集散、旅游观光、休闲康养为一体的葡萄酒产业集群，产业集群实现总产值 43 亿元。昌黎县粉丝加工产业园园区总规划面积 3.28km^2，批准规划面积 2.44km^2，规划范围东至龙家店镇区、西至安山镇区、南至京秦铁路、北至李埝坨村北，龙家店镇、安山镇和朱各庄镇的粉丝企业纳入园区管理。园区共有粉条、淀粉生产加工企业 88 家。其中，省级龙头企业 3 家、市级龙头企业 6 家。粉丝产业园产品辐射国内主要大型农贸市场，远销韩国、新加坡、美国、澳大利亚等国际市场，漏瓢式粉条国内市场占有率达 60% 以上，出口量居全省第一，全国第三。以安山、龙家店镇域为中心的粉条加工区成为河北省重要食品生产加工集聚区，形成集红薯种植、粉丝生产、交通运输、物流集散、旅游观光等为一体的粉丝产业集群，产业集群实现总产值 20 亿元。粉丝园区被纳入全省重点农产品加工产业集群，列入 75 个拟打造的区域性农产品加工产业集群名单。

2018—2022 年昌黎县葡萄酒产量情况如图 4-13 所示。近年来，昌黎县葡萄酒产量呈现波动态势。葡萄酒产业是昌黎县的主导产业之一，也是秦皇岛葡萄酒产业的主要来源，约占秦皇岛市产量的 90% 以上，昌黎县葡萄酒产业在秦皇岛市占有一席之地。为了葡萄酒产业高质量发展，昌黎县根据降碳减污绿色环保的

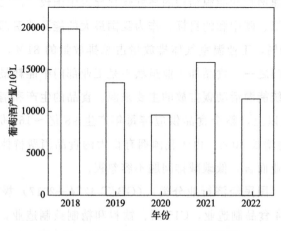

图 4-13　2018—2022 年葡萄酒产量情况

政策，将葡萄酒产业发展与县域产业结构调整、产业融合发展、生态环境发展等有机结合，构筑出"葡萄酒＋旅游＋大健康"产业体系。统筹建设"葡萄小镇""干红小镇"，带动葡萄酒特色产业转型升级，实施乡村振兴，塑牢昌黎碣石山产区地域品牌，逐步将碣石山片区打造成为一、二、三产业创新融合示范区，葡萄酒文化休闲旅游康养示范园。

昌黎县食品加工行业中粮华夏长城葡萄酒有限公司和秦皇岛鹏远淀粉有限公司属于当地行业内规模以上企业，碳排放核算以这两家公司为例。中粮华夏长城葡萄酒有限公司是一家以葡萄酒生产为主业的公司，拥有优质酿酒葡萄品种的种植基地。中粮葡萄酒企业主要产品有发酵葡萄、葡萄原酒、葡萄酒。中粮华夏长城葡萄酒在生产过程中对废水、废气、固废（特别是危废）方面都做了相应处理。其公司产生的废水主要为设备、罐体清洗废水和实验洗瓶废水，依托自建处理能力 500t/d 的污水处理站处理污水，采用"高效厌氧-多级好氧-沉淀脱色-出水压滤"的多级处理技术模式，处理后排入市政管网，由昌黎县中心城区污水处理厂进一步处理。厂区产生的废气采取加强车间通风措施后无组织排放，废气包括发酵过程产生的废气、污水处理站恶臭，均为无组织排放源。发酵废气通过采取加强车间通风措施后无组织排放。污水处理站废气依托现有除臭措施，采取污水处理构筑物周边绿化、美化，污泥堆放在指定的污泥存放点并设置四周围挡，污泥脱水时添加除臭剂等，废气无组织排放。生产过程中人工验质产生的不合格葡萄、除梗破碎产生的果梗、压榨产生的皮籽渣依托现有一般固废暂存间统一收集后外售。化验室化验废液依托现有危废间暂存，定期委托有资质单位处置。中粮华夏长城葡萄酒有限公司生产中能源消耗情况：用电 6020MW·h/a，天然气年用量为 90 万立方米。

秦皇岛鹏远淀粉有限公司是一家以玉米为主要原料的粮食加工企业，主体工程有淀粉生产线、淀粉糖浆生产线、结晶糖生产线、麦芽糊精生产线（图 4-14、图 4-15）。秦皇岛鹏远淀粉有限公司属河北省二级企业，省百强民营企业。公司始建于 1995 年，目前公司拥有 50 万吨玉米加工能力，年产淀粉 20 万吨，结晶糖 1.0 万吨，还有麦芽糊精 5 万吨等系列产品，主要涉及食品级和工业级两类淀粉。厂区 1 台每小时 130t 高温高压循环流化床锅炉配套 1 台 18MW 高温高压背压汽轮发电机组，该机组具备每小时提供 130t 工业蒸汽的能力，并承担园区内 2.6 万平方米采暖热负荷。

秦皇岛鹏远淀粉有限公司生产过程产生的废水由自建污水处理站处理，污水处理站设计处理规模为 $5000m^3/d$，处理工艺为"预处理＋厌氧处理＋HDR 处

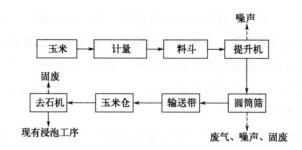

图 4-14　玉米清理净化工艺流程

（图片来源：环评秦皇岛鹏远淀粉有限公司生产系统综合提升项目）

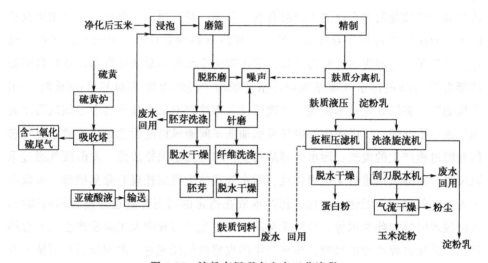

图 4-15　淀粉车间现有生产工艺流程

（图片来源：环评秦皇岛鹏远淀粉有限公司生产系统综合提升项目）

理＋AO＋二沉＋化学除磷工艺"（图 4-16）。污水处理站产生的污泥送至昌黎冀东水泥有限公司进行处理。厂区生产废水和生活污水排入厂区污水处理站处理，出水通过污水管网排入秦皇岛昌黎贾河污水处理厂，根据污水排放口在线检测结果对废弃污染物排放量进行统计。

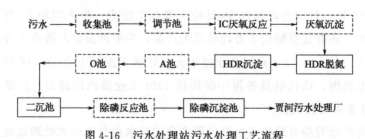

图 4-16　污水处理站污水处理工艺流程

（图片来源：环评秦皇岛鹏远淀粉有限公司生产系统综合提升项目）

秦皇岛鹏远淀粉有限公司锅炉产生的废气依次经"炉内喷钙脱硫＋SNCR脱硝＋SCR脱硝＋半干法脱硫＋布袋除尘"等措施处理，处理后废气利用1根60m排气筒排放，并对废气污染物排放进行自动监测（达到超低排放，省市统一在线监测）。炉前煤仓产生的废气经一套脉冲布袋除尘器处理后经高空排气筒排放；石灰石粉仓产生的废气经一套脉冲布袋除尘器处理后经高空排气筒排放；渣仓产生的废气经一套脉冲布袋除尘器处理后经高空排气筒排放；封闭干煤棚采用干雾抑尘设备，输煤栈桥、转运站采用封闭无动力全自动除尘系统抑尘。

秦皇岛鹏远淀粉有限公司污水处理站产生的污泥送至昌黎冀东水泥有限公司，产生量约为224.84t/a；玉米净化工序产生的净化玉米皮、废蛋白外售用作饲料，产生量分别为174t/a、165.2t/a，产生的细砂用于铺路填坑，产生量为36t/a。麦芽糖除渣过滤产生的蛋白类杂质外售用作饲料，产生量为803.88t/a；脱色过滤产生的炭渣由原厂家回收，产生量为320.1t/a；喷雾干燥产生的产品粉末收集后作为成品外售，产生量为555.39t/a；包装产生的废包装材料收集后外售，产生量为50t/a。生活垃圾产生量为141t/a，由环卫部门运至垃圾填埋场。厂区锅炉产生的除尘灰产生量为8143t/a，炉渣产生量为8146t/a，均属于一般工业固体废物，由厂区内灰仓、渣仓暂存，定期收购后综合利用。

目前厂区现有工程产生的危险废物有废脱硝催化剂5t/a、废油0.3t/a、废离子交换树脂2t/a。此部分危险废物目前暂存于厂区危险废物临时储存间，定期由有资质单位外运处置。

4.5.2 食品加工行业碳排放核算

碳排放核算的报告主体应以企业法人为界，识别、核算和报告企业边界内所有生产设施产生的温室气体排放，生产设施范围包括主要生产系统、辅助生产系统，以及附属生产系统，其中辅助生产系统包括动力、供电、供水、化验、机修、库房、运输等，附属生产系统包括生产指挥系统（厂部）和厂区内为生产服务的部门和单位（如职工食堂、车间浴室、保健站等），如图4-17所示。同时应避免重复计算或漏算。如报告主体除食品、烟草及酒、饮料和精制茶生产外还存在其他产品生产活动且存在温室气体排放的，则应参照相关行业企业的温室气体排放核算和报告指南核算并报告。

食品、烟草及酒、饮料和精制茶生产企业的温室气体排放核算和报告范围包括：

（1）化石燃料燃烧排放。净消耗的化石燃料燃烧产生的二氧化碳排放，包括企业内固定源排放（如锅炉等固定燃烧设备），以及用于生产的移动源排放（如运输用车辆及厂内搬运设备等）。

（2）工业生产过程排放。企业在生产过程中（如有机酸生产、焙烤、灌装等）使用碳酸盐或二氧化碳等外购含碳原料产生的二氧化碳排放。由于作为生产原料的二氧化碳可能来源于工业和非工业生产，因此，计算时仅考虑来源为工业生产的二氧化碳排放，不考虑来源为空气分离法及生物发酵法制得的二氧化碳。

（3）废水厌氧处理产生的排放。企业使用厌氧工艺处理废水产生的甲烷排放。

（4）净购入使用的电力、热力产生的排放。企业净购入电力和净购入热力（如蒸汽）隐含产生的二氧化碳排放。该部分排放实际发生在电力、热力生产企业。

食品、烟草及酒、饮料和精制茶典型生产企业温室气体排放及核算边界示意图见图4-17、图4-18。

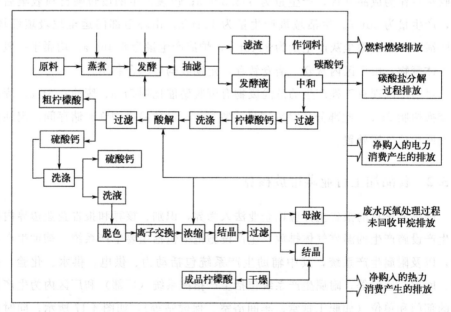

图4-17　食品典型生产过程及温室气体排放核算边界示意图

（图片来源：中国食品、烟草及酒、饮料和精制茶企业温室气体核算方法与报告指南）

食品、烟草及酒、饮料和精制茶生产企业的全部排放包括化石燃料燃烧产生的二氧化碳排放、工业生产过程产生的二氧化碳排放、废水厌氧处理产生的甲烷排放、净购入使用电力及热力产生的二氧化碳排放。对于生物质混合燃料燃烧产

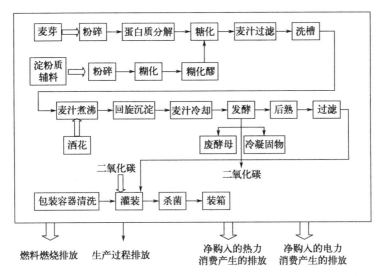

图 4-18 酒、饮料和精制茶典型生产过程二氧化碳排放核算边界示意图
（图片来源：中国食品、烟草及酒、饮料和精制茶企业温室气体核算方法与报告指南）

生的二氧化碳排放，仅统计混合燃料中化石燃料（如燃煤）的二氧化碳排放。企业温室气体排放核算和报告的完整工作流程包括以下步骤：

（1）确定核算边界。

（2）识别排放源和气体种类。

（3）收集活动水平数据。

（4）选择和获取排放因子数据。

（5）分别计算化石燃料燃烧排放、工业生产过程排放、废水厌氧处理排放、净购入使用的电力和热力产生的排放。

（6）汇总计算企业温室气体排放总量。

食品、烟草及酒、饮料和精制茶生产企业的温室气体排放总量等于企业边界内所有的化石燃料燃烧二氧化碳排放、工业生产过程产生的二氧化碳排放、废水厌氧处理产生的二氧化碳排放当量、净购入使用电力及热力产生的二氧化碳排放之和，计算公式如式(4-27)所示：

$$E_{GHG}=E_{CO_2-燃烧}+E_{CO_2-过程}+E_{GHG-废水}+E_{CO_2-电}+E_{CO_2-热} \quad (4-27)$$

式中　E_{GHG}——二氧化碳排放总量，t；

$E_{CO_2-燃烧}$——燃烧化石燃料产生的二氧化碳排放量，t；

$E_{CO_2-过程}$——工业生产过程产生的二氧化碳排放量，t；

$E_{GHG-废水}$——废水厌氧处理过程产生的甲烷转化为二氧化碳排放当量，t；

$E_{CO_2-电}$——使用净购入电力产生的二氧化碳排放量，t；

$E_{CO_2-热}$——使用净购入热力产生的二氧化碳排放量，t。

（1）化石燃料燃烧排放。食品、烟草及酒、饮料和精制茶生产企业的燃料燃烧的二氧化碳排放包括蒸汽锅炉和气化炉等设备消耗的燃料燃烧的二氧化碳排放，以及原料运输与中间产品转运涉及的其他移动源及固定源消耗的化石燃料燃烧的二氧化碳排放。对于生物质混合燃料燃烧的二氧化碳排放，仅统计混合燃料中化石燃料（如燃煤）的二氧化碳排放。纯生物质燃料燃烧的二氧化碳排放计算为零。对于化石燃料燃烧的二氧化碳排放，按式(4-28)计算：

$$E_{CO_2-燃烧} = \sum_i (AD_{化石,i} \times EF_{化石,i}) \quad (4-28)$$

式中　$E_{CO_2-燃烧}$——化石燃料燃烧的二氧化碳排放量，t；

$AD_{化石,i}$——第 i 种化石燃料的消费量，10^6 kJ；

$EF_{化石,i}$——第 i 种化石燃料的排放因子，$tCO_2/10^6$ kJ；

i——化石燃料的种类。

第 i 种化石燃料的消费量 AD_i 计算公式如式(4-29)所示：

$$AD_{化石,i} = FC_{化石,i} \times NCV_{化石,i} \quad (4-29)$$

式中　$AD_{化石,i}$——第 i 种化石燃料的消费量，以热值表示，10^6 kJ；

$FC_{化石,i}$——第 i 种化石燃料的消耗量，t 或 $10^4 m^3$；

$NCV_{化石,i}$——第 i 种燃料的平均低位发热量，10^6 kJ/t 或 10^6 kJ/$10^4 m^3$；

i——化石燃料的种类。

① 燃料消耗量。食品、烟草及酒、饮料和精制茶生产企业用于生产的化石燃料消耗量应根据企业能源消费台账或统计报表来确定。燃料消耗量具体测量仪器的标准应符合《用能单位能源计量器具配备和管理通则》（GB 17167—2006）的相关规定。

② 低位发热量。企业可选择采用政府提供的化石燃料平均低位发热量缺省值。具备条件的企业可开展实测，或委托有资质的专业机构进行检测，也可采用与相关方结算凭证中提供的检测值。如采用实测，化石燃料低位发热量检测应遵循《煤的发热量测定方法》（GB/T 213—2008）、《石油产品热值测定法》（GB 384—81）、《天然气能量的测定》（GB/T 22723—2008）等相关标准。

第 i 种燃料排放因子 EF_i 按式(4-30)计算：

$$EF_i = CC_i \times OF_i \times \frac{44}{12} \quad (4-30)$$

式中　EF_i——第 i 种燃料的排放因子，$tCO_2/10^6 kJ$；

　　　CC_i——燃料 i 的单位热值含碳量，$tC/10^6 kJ$；

　　　OF_i——燃料 i 的碳氧化率，%；

　　　$\dfrac{44}{12}$——二氧化碳与碳的分子量之比。

企业可采用《中国食品、烟草及酒、饮料和精制茶企业温室气体核算方法与报告指南》提供的单位热值含碳量和碳氧化率数据。具备条件的企业可对单位热值含碳量和氧化率开展实测，或委托有资质的专业机构进行检测，也可采用与相关方结算凭证中提供的检测值。

(2) 工业生产过程排放。工业生产过程温室气体排放包括碳酸盐在消耗过程中产生的二氧化碳排放，外购工业生产的二氧化碳作为原料在使用过程中损耗产生的排放，不考虑来源为空气分离法及生物发酵法制得的二氧化碳。其计算公式如式(4-31) 所示：

$$E_{CO_2 过程} = \sum_i (AD_i \times EF_i \times PUR_i) + AD_j \times EF_j \tag{4-31}$$

式中　$E_{CO_2 过程}$——碳酸盐在消耗过程中的二氧化碳排放量，t；

　　　AD_i——碳酸盐 i 的消耗量，t；

　　　EF_i——碳酸 i 的排放因子，tCO_2/t 碳酸盐；

　　　PUR_i——碳酸盐的纯度，%；

　　　i——碳酸盐种类；

　　　AD_j——外购工业生产的二氧化碳消耗量，t；

　　　EF_j——二氧化碳的损耗比例，%。

碳酸盐的二氧化碳排放因子数据可以根据碳酸盐的化学组成、分子式及 CO_3^{2-} 的数目计算得到。有条件的企业，可自行或委托有资质的专业机构定期检测碳酸盐的化学组成、纯度和二氧化碳排放因子数据，或采用供应商提供的商品性状数据。

(3) 废水厌氧处理排放。企业在生产过程中产生的工业废水经厌氧处理导致的甲烷排放量计算公式如式(4-32) 所示：

$$E_{GHG-废水} = E_{CH_4-废水} \times GWP_{CH_4} \times 10^{-3} \tag{4-32}$$

式中　$E_{GHG-废水}$——废水厌氧处理过程产生的二氧化碳排放当量，t；

　　　$E_{CH_4-废水}$——废水厌氧处理过程甲烷排放量，kg；

　　　GWP_{CH_4}——甲烷的全球变暖潜势值，根据《省级温室气体清单编制指南》，取 21。

废水厌氧处理过程甲烷排放量计算公式如式(4-33) 所示：

$$E_{\mathrm{CH_4-废水}} = (\mathrm{TOW}-S) \times \mathrm{EF} - R \tag{4-33}$$

式中 $E_{\mathrm{CH_4-废水}}$——废水厌氧处理过程甲烷排放量，kg；

TOW——废水厌氧处理去除的有机物总量，kgCOD；

S——以污泥方式清除掉的有机物总量，kgCOD；

EF——甲烷排放因子，$\mathrm{kgCH_4/kgCOD}$；

R——甲烷回收量，$\mathrm{kgCH_4}$。

活动水平数据包括废水厌氧处理去除的有机物总量（TOW）、以污泥方式清除掉的有机物总量（S）以及甲烷回收量（R）。

废水厌氧处理去除的有机物总量（TOW）数据获取：如果企业有废水厌氧处理系统去除的 COD 统计，可直接作为废水厌氧处理去除的有机物总量 TOW 的数据。如果没有去除的 COD 统计数据，则采用式(4-34)计算：

$$\mathrm{TOW} = W \times (\mathrm{COD_{in}} - \mathrm{COD_{out}}) \tag{4-34}$$

式中 W——厌氧处理过程产生的废水量，m^3，采用企业计量数据；

$\mathrm{COD_{in}}$——厌氧处理系统进口废水中的化学需氧量浓度，$\mathrm{kgCOD/m}^3$，采用企业检测值的平均值；

$\mathrm{COD_{out}}$——厌氧处理系统出口废水中的化学需氧量浓度，$\mathrm{kgCOD/m}^3$，采用企业检测值的平均值，以污泥方式清除掉的有机物总量（S）数据获取：采用企业计量数据，若企业无法统计以污泥方式清除掉的有机物总量，可使用缺省值为零。

甲烷回收量（R）数据的获取是采用企业计量数据，根据企业台账、统计报表来确定。甲烷排放因子采用式(4-35)计算：

$$\mathrm{EF} = B_\mathrm{O} \times \mathrm{MCF} \tag{4-35}$$

式中 B_O——厌氧处理废水系统的甲烷最大生产能力，$\mathrm{kgCH_4/kgCOD}$；

MCF——甲烷修正因子，表示不同处理和排放的途径或系统达到的甲烷最大生产能力（B_O）的程度，也反映了系统的厌氧程度。

对于废水厌氧处理系统的甲烷最大生产能力 B_O，优先使用国家公布的数据，如果没有，可采用缺省值 $0.25\mathrm{kgCH_4/kgCOD}$。对于 $\mathrm{CH_4}$ 修正因子 MCF，可参考国家给出的推荐值，具备条件的企业可开展实测，或委托有资质的专业机构进行检测。

（4）净购入电力和热力产生的排放。对于净购入电力所产生的二氧化碳排放，用净购入电量乘以该区域电网平均供电排放因子得出，按式(4-36)计算：

$$E_{\mathrm{CO_2-电}} = \mathrm{AD_电} \times \mathrm{EF_电} \tag{4-36}$$

式中 $E_{\mathrm{CO_2-电}}$——净购入电力产生的二氧化碳排放量，t；

第4章 昌黎县碳排放清单分析

AD$_电$——净购入热力产生的二氧化碳排放量，t；

EF$_电$——企业的净购入使用的电量，MW·h。

对于净购入热力所产生的二氧化碳排放，用净购入热力消费量乘以该区域热力供应排放因子得出，按式(4-37) 计算：

$$E_{CO_2-热} = AD_热 \times EF_热 \tag{4-37}$$

式中 $E_{CO_2-热}$——企业的净购入使用的热量，10^6 kJ；

AD$_热$——区域电网年平均供电排放因子，$tCO_2/(MW·h)$；

EF$_热$——热力供应的排放因子，$tCO_2/10^6$ kJ。

区域电网年平均供电排放因子应根据企业生产地址及目前的东北、华北、华东、华中、西北、南方电网划分，选用国家主管部门最近年份公布的相应区域电网排放因子进行计算。热力供应的二氧化碳排放因子暂按 $0.11tCO_2/GJ$ 计，待政府主管部门发布官方数据后应采用官方发布数据并保持更新。

食品加工行业在昌黎占有重要地位，葡萄酒行业、粉丝淀粉加工行业在低碳减排方面积极策划实施方案，力争成为昌黎县工业领域降碳减污典范。以中粮长城葡萄酒公司为代表的昌黎县葡萄酒制造行业产生二氧化碳排放量约为 0.54 万吨，见表4-13。淀粉行业根据工业碳排放核算标准估算秦皇岛鹏远淀粉有限公司二氧化碳排放情况，其中过程排放缺少数据，根据能源使用情况估算出二氧化碳排放量约为 27.38 万吨（表4-14）。

表4-13 2022年中粮长城葡萄酒二氧化碳排放量估算

种类	消耗量	低位发热值 /(kJ/m³)	单位热值含碳量 /(tC/TJ)	碳氧化率/%	排放量/t
天然气	900000m³	38931	15.32	99	1948.50
电	6020MW·h	净购入电力、热力排放因子/[tCO₂/(MW·h)]			3433.21
		0.5703			
二氧化碳总排放量					5381.71

表4-14 秦皇岛鹏远淀粉有限公司二氧化碳排放量估算

种类	消耗量	低位发热值 /(GJ/t)	单位热值含碳量 /(tC/GJ)	碳氧化率/%	排放量/t
烟煤	103740t	23.736	0.0261	98	230936.1
电	75180MW·h	净购入电力、热力排放因子/[tCO₂/(MW·h)]			42875.15
		0.5703			
二氧化碳总排放量					273811.2

4.6 交通领域碳排放清单分析

根据统计数据显示，交通行业是能耗和碳排放的三大行业之一，作为碳排放大户，全球公路运输碳排放占全球碳排放总量的18%左右，在中国，国内交通运输业碳排放总量占全国终端碳排放的10%左右，过去九年以年均增速5%以上发展，预计到2025年会增加50%。其中，公路运输碳排放量占整个交通运输领域碳排放量的80%。进入"十四五"时期，城镇化增速放缓，交通运输业进入高质量发展新阶段，道路交通以全生命周期节能低碳、绿色减排为重点发展新方向，从而进入由量变到质变的关键时期。从全球的交通碳排放数据来看，道路客运交通的碳排放量最大，道路货运交通次之，航空与船舶排放量仅为前两者的四分之一与二分之一。从能源角度来看，交通运输领域的两大主要能源是汽油和柴油，占其能源消费总量的60%以上。昌黎区位独特，交通便捷。地处环渤海经济圈中心地带，紧连华北与东北经济走廊，拥有发达的陆海空立体交通网络体系。是京津唐经济区与辽中、辽南经济区之间交通走廊的一部分，也是秦皇岛市域内重要的客货中间站。距首都北京270km、距天津滨海新区170km、距沈阳410km；京哈铁路、国道G205、沿海高速贯穿全境；以昌黎为中心的150km半径内，汇集了天津新港、曹妃甸港、秦皇岛港、京唐港等多个世界级海港口岸；境内坐落北戴河机场。县域东西宽50.5km，南北长47.5km，全县陆域面积1209.995km^2。

县域北部有京秦（北京-秦皇岛）铁路。昌黎的公路运输主要对外交通联络线有：沿海高速公路、国道G205、省道青乐线、沿海线、昌黄线、沿海高速公路昌黎南连接线和刘台庄连接线、县道卢昌线、蛇刘线、燕新线、团新线。昌黎虽然有一条铁路干线，且经过中心城区，但停靠车次有限，全县仍以公路交通为主。公路运输中，长途客货运以汽车为主。

4.6.1 交通领域碳排放核算方法

核算范围：昌黎县域内所有陆路客货运输涉及出租车、公交车、公路客运、公路货运、小汽车、摩托车的旅客运输和货物运输碳排放。

交通领域碳排放量计算采用式(4-38)：

$$E_T = \sum\nolimits_i (\mathrm{VP}_t \times \mathrm{VMT}_t \times \mathrm{FE}_t \times \mathrm{EF}_t) \times 10^{-6} \tag{4-38}$$

式中　E_T——交通领域能源碳排放量，t 二氧化碳当量；
　　　VP_t——交通工具数量，辆；
　　VMT_t——年公里数，km；
　　　FE_t——交通工具每公里油耗，L；
　　　EF_i——碳排放系数（汽油和柴油），kg 标准煤/kg；
　　　　i——能源类型；
　　　　t——交通工具类型，如表 4-15 所示。

表 4-15　各类交通工具百公里油耗

交通工具类型	百公里油耗/L	交通工具类型	百公里油耗/L
出租车	5～10	摩托车	2～2.5
公交客运车	15～20	货车	11～20

核算边界：根据《2006 年 IPCC 国家温室气体清单指南》规定，交通领域碳排放核算边界为民航、公路运输、铁路、水运和其他运输过程中产生的排放（图 4-19）。

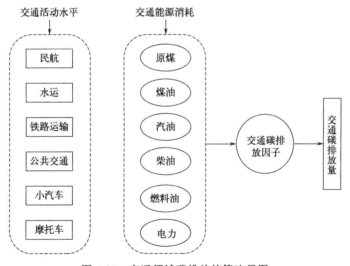

图 4-19　交通领域碳排放核算边界图

4.6.2　昌黎县陆路客货运输现状及碳排放核算

截至 2018 年底，昌黎县境内公路总里程达到 1989.2km，其中省级干线公路 113.6km，乡级干线公路 312.3km。中心城区对外客运进站客运车辆 278 辆次；县内旅游及个体客运车辆共计 169 辆次；出租车 352 台，合计运营里程 2580km。

公交车 202 台；营业性公路货车 10342 台；还有危货运输车辆 57 台，见表 4-16。

表 4-16　2018—2022 年昌黎县车辆保有量

项目	2018 年	2019 年	2020 年	2021 年	2022 年
载客汽车/辆	483	483	483	483	483
载货汽车/辆	10711	8601	10453	10342	10590
货车挂车（柴油）/辆	2381	3110	4005	4043	4110

全年成品油销量为 4 万吨，其中汽油 2.2 万吨，柴油 1.8 万吨。根据《中国能源统计年鉴》中，汽油折合 1.4714kg 标准煤/kg，柴油折合 1.4571kg 标准煤/kg，汽油和柴油的碳排放因子为 0.741 tCO_2/TJ（表 4-17）。

表 4-17　昌黎县 2018—2022 年交通领域碳排放量

年份	2018	2019	2020	2021	2022
碳排放量/10^4t	83.79	81.82	84.94	84.07	85.18

综上可知，由于陆路货运车辆的不断增加，各类小型车辆也有一定程度的数量增长，导致昌黎县自 2019 年交通领域碳排放量有所下降趋势之后，该县在交通领域的碳排放量均有小幅增长。

4.7　建筑领域碳排放清单分析

建筑行业的定义参考《中国建筑业统计年鉴》的统计范围，主要涵盖土木工程与房屋建筑业、建筑装饰建筑安装以及其他建筑业，其中其他建筑业指建筑工程准备、施工设备提供、建筑产品拆除等活动。建筑作为重要的能耗和碳排放行业，全生命周期不同阶段的能耗和碳排放有各自不同的特点，将节能减排任务分配到各个阶段，针对每个阶段的特点进行深入分析，对建筑行业节能减排有重要意义。对建筑行业的碳排放分析的研究对象范围界定参考《国民经济行业分类》（GB/T 4754—2017）中对建筑业的定义，即包括对各种建筑物和基础设施的建设、安装和拆除活动。建筑领域碳排放清单分析如图 4-20 所示。

4.7.1　建筑物建造排放清单分析

建筑物建造环节所消耗的能源和碳排放总量一直占据建筑系统碳排放的主要地位。建筑的设计使用年限一般为几十年甚至上百年，但建造时间相对较短，通常只需要几年，能耗和碳排放集中，与使用阶段相比更容易测量和控制。据估

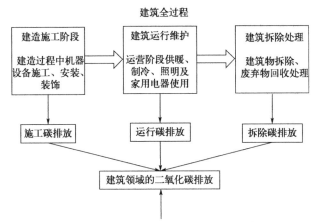

图 4-20 建筑领域碳排放清单分析

计，建筑物在建造施工阶段的能耗可能占到全生命周期的 23%，在部分低能耗建筑中该比例可达 40%~60%。2005—2020 年，我国建筑业施工面积从 35 亿平方米增长至 149 亿平方米，扩大超过 3 倍，带来超 1 亿吨二氧化碳的排放。施工面积的大幅增长是建筑业施工碳排放增长的主要驱动因素。但随着建造施工的绿色环保要求不断加强，清洁施工建造技术深入推广，施工过程能源结构不断优化，单位施工面积碳排放和单位建筑业增加值施工碳排放显著下降。2015 年以来，全国单位施工面积碳排放由 $14.0 \text{kgCO}_2/\text{m}^2$ 降至 $6.8 \text{kgCO}_2/\text{m}^2$，下降 51%；单位建筑业增加值施工碳排放由 $0.48 \text{tCO}_2/10^4$ 元降至 $0.14 \text{tCO}_2/10^4$ 元，下降 70%。排放强度的下降是施工碳减排的主要驱动因素。

一般而言，建筑物建造的碳排放主要来源于建筑材料和施工设备的运输、施工现场建筑物建造和建筑施工废弃物处理三个部分。其中，建材和设备的运输需要消耗汽油或者柴油燃料，施工现场各种机械设备的运作需要消耗电力和化石燃料，是最主要的碳排放来源。建材运输阶段碳排放统计建材消耗量和建材运输距离，结合单位重量建材运输距离的碳排放因子核算。建筑建造阶段的碳排放应包括完成各分部分项工程施工产生的碳排放和各项措施项目实施过程产生的碳排放。建筑建造阶段碳排放统计建筑建造阶段各类能源消耗，结合相应碳排放因子核算。具体公式如式(4-39) 所示：

$$C_{\text{JZ}} = \frac{\sum_{i=1}^{n}(E_{\text{JZ},i} \times \text{EF}_i)}{A} \tag{4-39}$$

式中 C_{JZ}——建筑建造阶段单位建筑面积的碳排放量，kgCO_2/m^2；

$E_{JZ,i}$——建筑建造阶段第 i 种能源总用量，kW·h 或 kg；

EF_i——第 i 类能源的碳排放因子，$kgCO_2/(kW·h)$ 或 $kgCO_2/kg$；

A——建筑面积，m^2。

根据我国东部单位施工面积二氧化碳排放量均值为 $0.00732t/m^2$，2018—2022 年，昌黎县房屋建筑施工面积和碳排放量如表 4-18 所示。

表 4-18　昌黎县房屋建筑施工面积和碳排放

年份	房屋建筑施工面积/m^2	其中:本年新开工面积/m^2	二氧化碳碳排放量/t
2018	675759	474777	4947
2019	663937	37045	4860
2020	515477	206981	3773
2021	761536	559426	5574
2022	554671	124038	4060

4.7.2　建筑物运行排放清单分析

不仅建筑产品生产环节所带动的上游产业的碳排放量巨大，建筑物在运行过程中的碳排放量也十分巨大，直接影响到全球碳排放总量的波动。建筑物在全生命期过程中都存在能源消耗问题，由此对环境造成了巨大的影响。随着中国经济的腾飞，人民的生活水平越来越高，对居住的要求也随之提高，无论是量（人均居住面积）的增长还是质（建筑的性能、居住环境、舒适程度）的提升都提出了较高的要求。为满足人们对建筑物质和量的日益增长要求，同时控制总的碳排放量，需要在扩大建设规模的同时完善用能标准。从我国目前的变化趋势来看，2005—2020 年，建筑运行阶段能耗增长 5.8 亿吨标准煤当量，年平均增长率为 5.4%；建筑运行阶段碳排放量增长 10.7 亿吨二氧化碳，年平均增长率为 4.7%。碳排放年均增速小于能耗年均增速，表明建筑运行阶段能源相关的碳排放因子降低，全国建筑能源结构逐渐优化。

2020 年，我国公共建筑、城镇居住建筑和农村居住建筑的碳排放量分别为 8.34 亿吨二氧化碳、9.01 亿吨二氧化碳和 4.27 亿吨二氧化碳，占建筑碳排放总量的比例分别为 38.6%、41.7% 和 19.8%。公共建筑和城镇居住建筑是碳排放增长的主要来源。2010—2020 年的十年间，公共建筑碳排放增长 51%（6.34 亿吨二氧化碳），城镇居住建筑增长 37%（2.42t 二氧化碳）。农村居住建筑虽然也增长了 35%（1.11t 二氧化碳），但因其原本就相对较少，且近年来随着城镇化率的不断增长，排放增长速率已放缓，其排放增量对总量的增加影响较小。"十三五"期间，公共建筑碳排放年均增速2.8%；城镇居住建筑碳排放年均增速3.4%；农村建筑碳排放年均增速1.7%，基本步入平台期。城镇居住建筑体量较大且增长较快，是建筑面积增长的最主要来源。而建筑能源结构优化，电力碳排放增长迅速，导致建筑的直接碳排放连年下降。造成各地建筑碳排放总量差异巨大的主要原因是人口数、地区生产总值、所处气候区、用能结构和区域电网平均碳排放因子差异。一般来看，人口数量越多、地区生产总值越大、采暖需求越强、清洁发电占比越低的地区，其建筑碳排放总量就越高。

建筑使用阶段碳排放包括暖通空调、生活热水、照明及电梯、可再生能源、建筑碳汇系统在建筑运行期间的碳排放量。建筑使用阶段碳排放统计建筑运行阶段不同类型能源消耗量，结合相应的碳排放因子核算，具体公式如式(4-40)所示：

$$C_M = \frac{\left[\sum_{i=1}^{n}(E_i \times EF_i) - C_p\right]y}{A} \quad (4-40)$$

$$E_i = \sum_{j=1}^{n}(E_{i,j} - ER_{i,j})$$

式中 C_M——建筑运行阶段单位建筑面积的碳排放量，$kgCO_2/m^2$；

E_i——建筑第i种能源年消耗量，单位/a；

EF_i——第i类能源的碳排放因子，$kgCO_2/(kW \cdot h)$或$kgCO_2/kg$；

$E_{i,j}$——j类系统的第i种能源年消耗量，单位/a；

$ER_{i,j}$——j类系统消耗由可再生能源系统提供的第i类能源量，单位/a；

i——建筑消耗终端能源类型，包括电力、燃气、石油、市政热力等；

j——建筑用能系统类型，包括供暖空调、照明、生活热水系统等；

C_p——建筑绿地碳汇系统年减碳量，$kgCO_2/a$；

y——建筑设计寿命，a；

A——建筑面积，m^2。

据《中国建筑能耗与碳排放研究报告（2021）》所述，2019年中国建筑施工阶段和运行阶段的二氧化碳排放量分别为1亿吨和21.3亿吨，运行阶段的碳排放量是施工阶段的20倍。据此，昌黎县建筑运行期间二氧化碳排放量见表4-19。

表4-19 昌黎县2018—2022年建筑运行期间碳排放量

年份	2018	2019	2020	2021	2022
碳排放量/t	98931	97200	75466	111489	81204

4.7.3 建筑物拆除排放清单分析

建筑物拆除阶段的碳排放应包括人工拆除和使用小型机具机械拆除使用的机械设备消耗的各种能源动力产生的碳排放。建筑拆除阶段碳排放量统计拆除阶段各行为和机械使用能源消耗总量，结合相应的碳排放因子核算。碳排放的计算过程分为两个步骤，一是对拆除管理过程中碳排放的来源和影响因素进行识别，把投入的所有产生温室气体排放的资源消耗量情况进行整理与汇总，二是对各项投入资源所对应的碳排放指标因子数据进行正确选取。将资源投入量与单位资源所产生的碳排放量的乘积汇总，即可得到最终的碳排放量结果。各阶段碳排放来源分析如下。

4.7.3.1 建筑拆除阶段

废弃物是由建筑拆除而造成的结果，因此拆除废弃物的产生源于建筑拆除活动，而建筑拆除是将建筑物进行切割和破碎，并对废弃物进行清理的过程。建筑拆除的方式有人工拆除、机械拆除、混合拆除以及爆破拆除四种。对于拆除项目而言，选用不同的拆除方式所涉及的投入要素和资源消耗各有差异，因此碳排放的来源和影响因素也不尽相同：其中，人工拆除方式的碳排放来源为人工劳动力的消耗，其影响因素为工人的总工作时间，人工消耗量通过工日数来体现；机械拆除方式的碳排放来源主要为机械消耗，影响因素包括各机械设备的工作时间及其耗油率，衡量指标为机械台班数和设备所需能源如电能、石油或柴油等的消耗量；混合拆除方式的碳排放来源为人工消耗和机械消耗，影响因素包含工人的总工作时间、各台机械设备的工作时间及耗油率，可分别通过工日消耗量、台班消耗量和能源消耗量来反映；爆破拆除方式包含的碳排放来源则由人工消耗、机械消耗和炸药消耗三部分构成，因此其影响因素除了工人总工作时间、设备工作时间和耗油率外，还应包括炸药的数量及其种类构成，人工消耗体现为工日数量，机械消耗进一步体现为台班消耗量和设备能源消耗量，而炸药消耗可通过整个爆破过程所用到的炸药的数量来体现。

4.7.3.2 现场管理阶段

现场管理是指建筑废弃物产生后在施工现场的收集、分拣、分类、预处理等作业活动和管理措施。一般而言，拆除建筑废弃物主要包含混凝土、砖、砌块、金属、砂浆、木材、玻璃和塑料等，由于种类和成分复杂，项目管理者都会按照废弃物材料的类型对其进行分类和分拣，这一方面是为了提高管理的效率，另一方面是为了便于将其中的金属、木材、玻璃和塑料等材料进行尽可能的回收并统一出售,以获取最大的经济回报。而对于无法直接出售但具有再利用和回收利用价值的废弃物材料如混凝土和砖块等,为便于运输或者现场回填,往往需要在拆除现场对其进行适当的预处理措施,如破碎等。以上这些措施都需要人工和机械设备的投入。所以,在现场管理阶段主要的清单消耗有人工消耗和机械消耗。

4.7.3.3 运输阶段

废弃物运输是指将建筑废弃物从施工现场运至填埋场、循环利用厂或其他运输终点的过程。在项目实践中,项目负责人可以委托专业的建筑废弃物运输公司进行运输,也可以选择由拆除企业自行负责运输。为了避免在运输过程中产生的扬尘等对运输路线周边环境造成影响,通常会采用洒水的方式来进行缓解,或者选用密闭式的建筑废弃物运输车辆来进行运输。废弃物运输阶段主要的碳排放来自运输工具在运输过程中消耗能源产生的能源碳排放和消耗机械台班所产生的人工碳排放。一般而言,废弃物的运输多为公路运输,运输过程中碳排放量的多少取决于运输距离、消耗的能源类型(如汽油、柴油等)和运输工具在单位运输距离内的能源消耗量。运输工具所需能源类型和单位运输距离内的能源消耗量可从运输工具的参数说明中取得,而所需要的机械台班数据可从项目的清单数据中取得。故此阶段碳排放评估的关键是确定拆除现场至填埋场或循环利用厂的总运输距离。

4.7.3.4 处理处置阶段

处理处置是指废弃物被运输到回收厂、循环利用厂和填埋场或其他指定运输终点后被最终处理的过程。调研发现,在处理处置阶段的各项措施中,将废弃物运往填埋场是最常见的做法;将建筑废弃物进行基坑回填和用作路基的做法作为废弃物理想的处理方式之一,目前仍未得到普及;而将惰性废弃物运往循环利用厂进行资源化回收利用正越来越受到项目管理者的青睐。无论将废弃物进行基坑回填、做路基、资源化回收处理,还是填埋,都需同时消耗人工和机械资源。因此会产生人工碳排放和机械设备碳排放。但应当注意到,将废弃物在填埋场进行填埋时,废弃物自身也会释放温室气体,所以在进行废弃物填埋碳排放计算时还应包括废弃物自身的碳排放。

建筑物拆除阶段的单位建筑面积的碳排放量按式(4-41)计算:

$$C_{\mathrm{CC}} = \frac{\sum_{i=1}^{n} E_{\mathrm{CC},i} \times \mathrm{EF}_i}{A} \tag{4-41}$$

式中 C_{CC}——建筑拆除阶段单位建筑面积的碳排放量，$\mathrm{kgCO}_2/\mathrm{m}^2$；

$E_{\mathrm{CC},i}$——建筑拆除阶段第 i 种能源总用量，$\mathrm{kW\cdot h}$ 或 kg；

EF_i——第 i 类能源的碳排放因子，$\mathrm{kgCO}_2/\mathrm{kg}$ 或 $\mathrm{kgCO}_2/(\mathrm{kW\cdot h})$；

A——建筑面积，m^2。

拆除阶段的碳排放量因无法获得直接数据，估算同一建筑物拆除阶段的能耗是建筑阶段的90%，因此拆除阶段的能耗是相同面积建造阶段的90%。根据《中国统计年鉴》，我国每年的拆除面积大约为当年的建筑业房屋施工面积的10%，因而我们可以推算出拆除阶段的能耗为同年建造能耗的9%。由此可得昌黎县2022年建筑拆除产生的碳排放量约为365t（表4-20）。

表 4-20 昌黎县 2018—2022 年建筑拆除期间碳排放量

年份	2018	2019	2020	2021	2022
碳排放量/t	445	437	340	502	365

4.8 农业领域碳排放清单及碳汇分析

农业碳排放，是指在农作物栽培、牲畜养殖、水产养殖与捕捞、林木培育、农副产品加工等农业生产活动过程中产生的温室气体排放。在自然和人为活动的影响下，农业既可通过造林、土壤固碳等成为二氧化碳（CO_2）的重要吸收汇，也可通过毁林、畜禽养殖等成为 CO_2、甲烷（CH_4）和氧化亚氮（N_2O）的排放源。农业领域碳排放和碳汇清单分析如图4-21所示。

4.8.1 种植业排放清单及碳汇分析

种植业是最易遭受气候变化影响的产业，我国作为一个发展中种植业大国，种植业可持续发展和粮食安全面临着气候变化的严峻挑战；同时种植业也是温室气体排放源，快速发展的种植业也是加速气候变暖的重要诱因。发展低碳种植业，推行碳减排，提高种植业应对气候变化的能力，将是促进种植业可持续发展的一个重要途径。

种植业主要的碳源划分为化肥、农药、农用薄膜、农用柴油。这4类碳源的碳排放系数及其来源见表4-21。

第4章 昌黎县碳排放清单分析

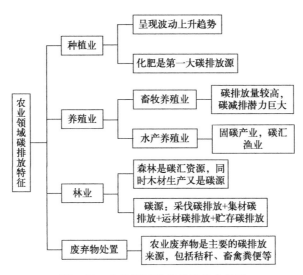

图 4-21 农业领域碳排放清单分析图

表 4-21 种植业碳排放源及系数

碳排放源	排放系数/(kg/kg)	参考来源
化肥	0.8950	美国橡树岭国家实验室
农药	4.9341	美国橡树岭国家实验室
农用薄膜	5.1800	南京农业大学农业资源与生态环境研究所
农用柴油	0.5927	IPCC(2006)

昌黎县2022年全县夏粮播种面积188516亩,平均亩产400kg;秋粮播种面积582329亩,平均亩产417kg,总产量313376t。2022年全县蔬菜播种面积21.92万亩,总产量111.66万吨。其中设施蔬菜占地面积12.1万亩,产量达39.8万吨。粮食具体品种和基本情况如表4-22所示。蔬菜种植基本情况如表4-23所示。昌黎县农业种植面积共66003hm^2,根据表4-24,碳排放量为73831t。

表 4-22 昌黎县粮食种植基本情况

品种	面积/亩	产量/t
小麦	91165	42274
玉米	512309	218341
水稻	38981	16531
马铃薯	76306	140
豌豆	21045	5039

续表

品种	面积/亩	产量/t
大豆	16847	2150
甘薯	13700	28745
谷子	150	36
高粱	343	120
合计	770846	313376

表 4-23　昌黎县蔬菜种植基本情况

品种	面积/10^4亩	产量/10^4t
黄瓜	3.20	24.57
甘蓝	4.95	22.89
菜花	0.48	2.21
西葫芦	0.50	2.71
胡萝卜	0.59	3.06
韭菜	1.27	5.72
草莓	1.19	3.17
大白菜	6.70	35.37
其他	3.04	11.96
合计	21.92	111.66

表 4-24　昌黎县 2022 年种植业碳排放

碳排放源	使用量/t	碳排放量/t
化肥	49771	44575
农药	1399	6903
农用薄膜	2448	12681
农用柴油	16320	9673
合计	—	73831

4.8.2　养殖业排放清单分析

4.8.2.1　畜牧养殖业碳排放

畜牧养殖业碳排放是指各种畜禽在整个养殖过程中所产生并排放到大气中的甲烷、氧化亚氮等温室气体的总和。早在 2013 年，联合国粮食及农业组织发表了《通过畜牧业解决气候变化问题：排放与减排机遇全球评估》的报告。该报告表明,与畜牧业供应链相关的温室气体年排放量总计 71 亿吨二氧化碳当量,占人类造成的温室气体总排放量的 14.5%。该报告同时表示,通过更广泛地采用规范管理和先进技术,畜牧业的温室气体减排可高达 30%。这意味着,养殖业不仅拥有体量巨大的碳排放量,同时拥有较大的碳减排潜力可挖。

但是,养殖业由于散养户居多、养殖规模随意性大,往往采取"统计加估计"的方式,导致养殖业的碳排放统计摸底工作难以掌握准确数据,难以对症下药精准施策。在千难万难的局面下,有些养殖企业通过使用饲料减量、集中养殖、无害处理、有机堆肥等多种方式,尝试碳循环模式并探索养殖业碳减排的道路。

截至 2023 年,昌黎县形成了生猪、肉牛、蛋鸡、肉鸡、毛皮动物、肉羊、奶牛 7 大特色养殖区。全县肉类、蛋类、奶类总产分别达到 5.43 万吨、1.88 万吨、3.89 万吨。生猪、牛、羊存栏分别达到 28.02 万头、5.83 万头、24.83 万只。规模养殖比例奶牛达 100%,生猪达 70%,禽达 85%,羊达 60%。考虑到禽类及小型动物温室气体排放系数远低于猪、牛、羊,只计算主要动物养殖的温室气体排放。畜牧业甲烷排放量与动物种类、数量、饲养方式、生长周期、粪便管理方式等相关,计算公式如式(4-42)所示:

$$E_{CH_4} = \sum (EF_{enteric,CH_4,i} \times AP_i \times 10^{-7}) \tag{4-42}$$

式中 E_{CH_4} ——动物肠道发酵甲烷总排放量,10^4 tCH_4/a;

$EF_{enteric,CH_4,i}$ ——第 i 种动物的甲烷排放因子,kg/(头·a);

AP_i ——第 i 种动物的数量,头或只。

相关参数和排放量见表 4-25。表中牛相关排放系数取奶牛、非奶牛均值,羊相关排放系数取山羊、绵羊均值。

表 4-25 昌黎县畜牧业温室气体排放情况

动物种类	肠道 CH_4 排放系数 /[kg/(头·a)]	粪便 CH_4 排放系数 /[kg/(头·a)]	2022 年 CH_4 排放量/t
猪	1.00	3.12	1154
牛	78.60	5.14	4882
羊	8.55	0.16	2163
合计	—	—	8199

4.8.2.2 水产养殖业碳排放

有专家表示,海洋是公认的地球最大体量碳库,固碳能力是陆地生态系统的

20倍。自古以来，中国先民们对水域资源的开发利用都以食品生产为导向，从而形成"以水为田，耕海牧鱼"的开发传统。从秦汉开始，我国就已有贝类等水产养殖，但规模化水产养殖主要是新中国成立后，以多快好省提供优质水产动物食品为目标，在政府主导下迅速发展起来的，水产养殖产量目前已超过捕捞渔业产量。根据FAO的统计报告，1991年起中国水产养殖已占世界第一，高于其余国家和地区的合计产量。然而，养殖产量高增长亦引发人们对环境问题的担忧。由此，利用海洋的碳泵功能对抗温室效应，发展环境友好型渔业，在学界获得了理论支持，由此形成了"碳汇渔业"的概念。"碳汇渔业"主要是指通过渔业生产活动促进水生生物吸收水体中的CO_2，并通过收获水生生物产品，把这些碳移出水体的过程和机制。更具体地说，是指通过养殖和收获贝类、藻类、滤食性鱼类、甲壳类、棘皮类等水产品将碳移出水体，使碳被再利用或被储存。从碳汇的可养殖品种以及经济效益来看，目前的碳汇渔业实际上主要针对海水养殖。

昌黎县（不包括北戴河新区）海水养殖总面积为20.82万亩。其中：扇贝养殖面积16万亩，占全省的30%左右；海参、车虾池塘混养面积4.5万亩，占全省的40%左右；工厂化养殖面积60万平方米，占全省的40%左右。

4.8.3 林业碳排放清单及碳汇分析

森林是全球环境和人类福祉的有机组成部分，在应对气候变化、生物多样性保护、降低灾害风险等方面具有重要作用和贡献，森林资源的多寡在某种程度上还表征了生态环境的优劣。森林还是陆地生态系统的重要组成部分以及地球碳循环的重要汇合库，木材生产作为森林经营的主要活动，其作业过程不仅会削弱森林的碳汇作用，还会额外增加CO_2排放量。

木材生产作业系统流程，木材生产包括采、集、运、贮4大工序，完成从立木到原料木材的转变过程，其中采伐、打枝、造材改变木材的形态，集材、装车、运材、卸车等工序实现木材的位移。这些工序可连接成不同类型的流水作业线，从而形成不同的木材生产工艺类型，其中原木工艺类型是我国目前生产中应用最广泛的。木材生产作业系统包括输入、处理、输出3个流程，影响因素主要有自然条件（坡度、土壤和气候等）、森林状况（林相、树种等）以及市场情况等。目前，在木材生产的机械化方面，采伐设备多使用油锯进行伐木、打枝、造材；集材设备主要为拖拉机、索道；装车机械多使用绞盘机；运材设备为汽车；贮木场（或木材物流集散中心）则主要完成木材的生产及销售。基于单位木材产品的机械化作业系统流程如图4-22所示。

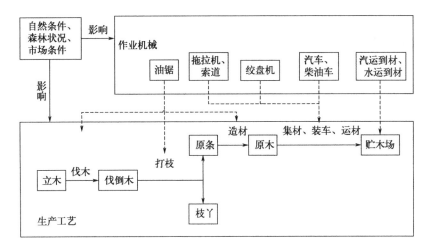

图 4-22　木材生产作业系统流程（以原木为例）

[图片来源：周媛．基于行业标准的木材生产作业系统碳排放[J]．北华大学学报（自然科学版），2014，15（6）：815-820．]

森林作为地球碳循环的汇合库，每立方米木材的碳汇量可达 0.21～0.34t。机械化木材生产的碳排放量总和在 9.4050～12.3488kg/m³，占其固碳能力的 2.8%～14.1%，其中木材运材的碳排放最大，占 65.3%～74.7%，且随着运距的增加，运材产生的碳排放占总碳排放的比例也随之增加。其次分别为集材段（拖拉机 12.2%～15.7%，索道 11.0%～14.3%）、贮木场生产（水运到材 8.2%～10.6%，汽运到材 9.4%～12.1%）、油锯伐木（3.2%～4.2%）、绞盘机装车（2.6%～3.4%）。

碳排放作业过程还受气温、海拔及林型、蓄积量等因素的影响，尤其是采伐工序，在平均条件下产生的碳排放量为 0.8697kg/m³。拖拉机集材、索道集材、运材在平均条件下产生的碳排放量分别为 0.6393kg/m³、0.5295kg/m³ 和 0.5883kg/m³。由于木材运材碳排放所占比例最大，因此，为实现木材生产作业系统的生态平衡，合理选择运材作业机械是森工作业减排的有效手段，主要可从提高车辆使用率、驾驶员技术及减少尾气排放，优化木材的运输过程以及采用新型能源等方面入手。

从碳排放角度看，油锯采伐-索道集材-绞盘机装车-柴油车运材-水运到材模式所产生的碳排放最少，为最优作业模式。应因地因林根据林业机械化生产管理模式、生产规模、生产任务、林机化基础及经济条件的不同，选择适宜规模化、机械化生产的作业模式。

昌黎县森林资源的总面积为 34.5 万亩。按照森林类别分类，昌黎县森林资源分为公益林和商品林，公益林包括国家级公益林 19218 亩（其中十里铺乡12275 亩、两山乡 6944 亩），天然林 6250 亩（其中两山乡 2126.29 亩、昌黎镇4123.66 亩），其余均为商品林。昌黎县公益林实行严格保护，严禁任何单位和个人对公益林进行破坏。其他商品林实行凭证（林木采伐许可证）采伐制度。

4.8.4 农业废弃物处置排放清单分析

农业是废弃物产生的主要源头，也是废弃物资源化利用的难点。人类生产和生活中产生的生物质废弃物直接或间接来自农业，常见的生物质废弃物主要是生物体死亡、收获、加工利用后残余的生物质。根据生物质废弃物的来源，可以分为原生生物质废弃物、次生生物质废弃物和处理（加工）生物质废弃物。原生生物质废弃物是植物有机体残余，主要包括农作物秸秆、林木修剪残余、尾菜等；次生生物质废弃物是生物质经动物或微生物取食转化后的剩余物，主要包括畜禽粪便、生活污泥等；处理（加工）生物质废弃物是农产品、食品加工处理产生的残渣，主要包括药渣、酒糟、果渣、屠宰肥料等。此外，病死畜禽遗体也是重要的农业生物质废弃物。

4.9 消费领域碳排放清单分析

中国科学院的一项研究表明，消费端如工业过程、居民生活等的碳排放量已经占到碳排放总量的 50% 左右。消费端的碳减排不容忽视。此外，城市是人为温室气体排放的"主角"，有数据显示，75% 的人为温室气体排放是从城市产生的。尽管长期以来我国碳排放主要源于工业化的高速发展，但在我国消费结构优化升级趋势下，居民消费水平不断增长，居民消费领域碳排放将不断增长。同时"双循环"战略深入推进进一步激发国内消费市场，居民消费领域的碳排放量将大幅增加。未来，居民消费将逐渐成为碳排放量增加的重要来源，加速推进居民消费领域低碳发展事关"3060"目标的全面达成。联合国环境规划署《2020 排放差距报告》就曾指出，当前家庭消费温室气体排放量约占全球排放总量的三分之二，加快转变公众生活方式已成为减缓气候变化的必然选择。

2016—2020 年，昌黎县社会消费品零售总额实现年均增长 7.1%，根据昌黎县 2018—2021 年社会消费品零售总额的变化趋势反映出该县经过 2020 年的下降之后，在 2021 年迎来小幅回升，直接反映出该县消费需求由减到增的发展过程，该县经济景气程度在逐步回暖，见表 4-26。

表 4-26　2018—2021 年昌黎县社会消费品零售总额

年份	社会消费品零售总额/10^4 元	比上年增长/%
2018	787707	8.6
2019	677107	8.3
2020	652662	−3.6
2021	685586	5.0

4.9.1　消费领域碳排放核算方法

4.9.1.1　公共设施碳排放核算

核算范围：昌黎县域内街道、广场、绿地公园等照明系统使用过程以及电力消耗所产生的碳排放。

公共设施碳排放量计算采用式(4-43)计算：

$$E_C = C \times \text{EF} \tag{4-43}$$

式中　E_C——公共设施能源消费碳排放量，t 二氧化碳当量；

　　　C——能源消费量（用电量等），kW；

　　　EF——碳排放系数，参考 2020 年华北区域电网平均二氧化碳排放因子，$1.092 \text{tCO}_2/(\text{kW} \cdot \text{h})$。

4.9.1.2　居民生活消费碳排放核算

核算范围：昌黎县域内居民衣食住行等各项消费过程产生的碳排放。

居民生活消费碳排放量计算采用投入产出基本分析方法，计算公式如式(4-44)所示：

$$E_R = \sum_i (\text{AC}_i \times \text{EF}_i) \tag{4-44}$$

式中　E_R——居民生活消费能源消费碳排放量，t 二氧化碳当量；

　　　AC_i——不同类型消费领域能源消费量，t；

　　　EF_i——碳排放系数，tCO_2/t；

　　　i——能源类型。

基于年消费支出的居民生活消费碳排放量计算公式如式(4-45)所示：

$$E_R = I_{ic} \times \text{EF}_i \tag{4-45}$$

式中　E_R——居民生活消费能源消费碳排放量，t 二氧化碳当量；

　　　I_{ic}——居民家庭各项生活消费的年消费支出量，元；

　　　EF_i——碳排放系数，$\text{kgCO}_2/\text{元}$，见表 4-27。

表 4-27　生活消费项目碳排放系数

生活消费项目	二氧化碳排放系数/(kgCO$_2$/元)
食品烟酒	0.095
衣着	0.126
居住	0.192
生活用品及服务	0.158
交通及通信	0.159
文教娱乐用品及服务	0.160
医疗保健	0.177
其他商品及服务	0.064

核算边界：消费领域碳排放核算边界综合考量社会公共设施和个人消费的碳排放总量，如图 4-23 所示。

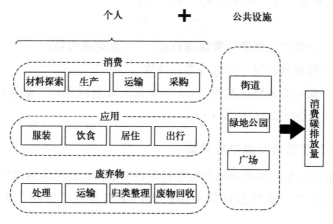

图 4-23　消费领域碳排放核算边界

4.9.2　昌黎县消费领域发展现状及碳排放核算

4.9.2.1　昌黎县公共设施发展现状及碳排放核算

自 2021 年起，昌黎县园林局共实施了森林公园、市民公园、东山公园、西山公园提升改造等 14 项园林绿化工程项目，有效提高了区域内人居环境质量。自 2022 年，先后启动实施了汇文公园一期建设、东山公园提升改造、体育文化公园提升改造、市民公园提升改造、西山公园一期和红园绿地提升等公园绿地建设项目，拓展城市公共游憩空间。同时，昌黎县充分利用小块闲置土地和路口街角栽植小微绿地，建设口袋公园，以便捷、微小的优势特征，更好地满足周边居民方便可及的休憩愿望。金海大街口袋公园是昌黎县的第一个口袋公园，辐射周边多个小区，为居民打造出了"推窗见绿，出门进园"的美好生活空间。昌黎县城区园林绿地总面积已达到 564hm²，绿化覆盖面积 634hm²，绿地率 34.11%，绿化覆盖率 38.35%，人均公园绿地面积 11.5m²，见表 4-28。

表 4-28　2018—2022 年昌黎县绿化及公路里程

项目	2018 年	2019 年	2020 年	2021 年	2022 年
公路通车里程/km	1989.2	1881.9	1911.7	1870.1	1786.1
绿化里程/km	1627	1527	1527	1527	1527

根据道路间隔 40m 以上设立一盏路灯，每盏灯消耗 0.25kW·h 电量，根据 2020 年河北省电力碳排放因子 $1.092tCO_2/(kW·h)$ 计算，昌黎县公共设施碳排放量约为 8.38 万吨。

4.9.2.2　昌黎县居民生活消费现状及碳排放核算

参考 2018—2022 年《昌黎县统计年鉴》居民生活相关数据可知，昌黎县农村人口多于城镇人口，但是城镇住户人均支出远高于农村住户，甚至在衣着和文教娱乐用品及服务方面相差甚多；反而是在医疗保健领域，农村住户人均支出除了 2019 年和 2020 年，其余年份均高于城镇住户；全县居民均以食品烟酒、居住和交通及通信为主要消费支出项目。相较于该县农村地区，城镇地区尤其在食品烟酒和居住两项支出上呈现逐年增长的趋势；农村地区在多个项目支出上均有不同程度的增长，见表 4-29。

通过计算得到城镇和农村住户在各项消费支出项目的人均碳排放量，反映出城镇地区在居住、交通及通信和食品烟酒项目碳排放较多，农村同样在这三项中有较多碳排放量，城镇和农村在此三项的碳排放差距较为明显，均表现出城镇多于农村的整体趋势。2018—2022 年城镇在食品烟酒和居住项目的碳排放量增长明显，在其余项目基本持平的情况下，反而文教娱乐用品及服务项目略有下降；农村在医疗保健项目有明显的碳排放增长，在食品烟酒和交通及通信项目不增反降，见表 4-30。

结合人口及人均碳排放量，大致估算出全县城镇、农村在生活消费领域的碳排放总量。农村碳排放量在 2018—2019 年普遍高于城镇，从 2020 年开始，城镇碳排放量超过农村地区。全县地区碳排放量整体呈增长趋势，城镇的碳排放量增长速度远高于农村地区，农村地区在 2020 年碳排放总量存在下降情况。2018—2019 年以及 2020—2021 年，全县居民生活消费碳排放量出现明显增长，其余各年间增长幅度不大，见表 4-31。

表 4-29 2018—2022 年昌黎县城镇和农村居民消费

消费项目	住户人均消费/元									
	2018 年		2019 年		2020 年		2021 年		2022 年	
	城镇	农村	城镇	农村	城镇	农村	城镇	农村	城镇	农村
食品烟酒	5405.32	2885.66	5378.27	2514.84	5701.49	3499.41	5320.32	3703.68	7143.37	4697.54
衣着	1752.09	577.64	1525.26	61757	1398.31	700.44	1446.39	787.42	1778.31	892.23
居住	4526.23	2446.11	5356.42	2047.35	4723.74	2547.13	7080.24	2529.88	5610.52	2839.64
生活用品及服务	957.24	573.6	991.49	474.62	948.31	640.02	1413.13	732.49	1716.42	581.65
交通及通信	3276.93	2318.72	3711.87	3592.47	3845.08	1899.19	3342.6	2917.86	3188.65	1957.88
文教娱乐用品及服务	2329.79	695.98	2697.98	873.42	1827.88	804.36	1909.28	900.38	1968.3	885.62
医疗保健	930.66	1157.92	1337.98	1314.69	2240.55	1556.14	1250.56	1784.45	1360.55	2189.48
其他商品及服务	521.58	194.06	396.93	207.32	464.75	387.19	713.4	405.82	548.07	481.9
总计	19699.84	10849.68	21396.2	11642.27	21150.12	12083.88	22475.91	13761.98	23314.2	14525.92

表 4-30　2018—2022 年昌黎县人均生活消费领域碳排放量

人均 CO_2 排放量/10^4 t

消费项目	2018 年		2019 年		2020 年		2021 年		2022 年	
	城镇	农村	城镇	农村	城镇	农村	城镇	农村	城镇	农村
食品烟酒	0.05	0.03	0.05	0.02	0.05	0.03	0.05	0.04	0.07	0.04
衣着	0.02	0.01	0.02	0.01	0.02	0.01	0.02	0.01	0.02	0.01
居住	0.09	0.05	0.10	0.04	0.09	0.05	0.14	0.05	0.11	0.05
生活用品及服务	0.02	0.01	0.02	0.01	0.01	0.01	0.02	0.01	0.03	0.01
交通及通信	0.05	0.04	0.06	0.06	0.06	0.03	0.05	0.05	0.05	0.03
文教娱乐用品及服务	0.04	0.01	0.04	0.01	0.03	0.01	0.03	0.01	0.03	0.01
医疗保健	0.02	0.02	0.02	0.02	0.04	0.03	0.02	0.03	0.02	0.04
其他商品及服务	0.00	0.00	0.00	0.00	0.00	0.00	0.00	0.00	0.00	0.00
总计	0.28	0.16	0.32	0.17	0.31	0.17	0.34	0.20	0.33	0.21

表 4-31 2018—2022 年昌黎县生活消费领域碳排放量

消费项目	2018 年		2019 年		2020 年		2021 年		2022 年	
	城镇	农村	城镇	农村	城镇	农村	城镇	农村	城镇	农村
食品烟酒	9.89	10.08	9.27	8.16	10.59	10.76	10.00	11.22	13.56	14.02
衣着	4.25	2.68	3.49	2.66	3.44	2.86	3.61	3.16	4.48	3.53
居住	16.73	17.27	18.66	13.42	17.73	15.84	26.90	15.49	21.52	17.12
生活用品及服务	2.91	3.33	2.84	2.56	2.93	3.27	4.42	3.69	5.42	2.89
交通及通信	10.03	13.56	10.71	19.50	11.95	9.78	10.52	14.80	10.13	9.78
文教娱乐用品及服务	7.18	4.09	7.83	4.77	5.72	4.17	6.05	4.60	6.29	4.45
医疗保健	3.17	7.54	4.30	7.95	7.75	8.92	4.38	10.07	4.81	12.17
其他商品及服务	0.64	0.46	0.46	0.45	0.58	0.80	0.90	0.83	0.70	0.97
总计	54.81	59.00	57.57	59.47	60.70	56.40	66.78	63.87	66.91	64.93
居民生活消费	113.81		117.04		117.10		130.64		131.84	

4.10 其他领域碳排放及碳中和规划

除了以上大类领域的划分，昌黎县还拥有全国知名的特色细分行业。昌黎县是全国的缝纫机零件加工基地，被誉为"世界弯针之乡"；昌黎县还拥有"中国养貂之乡"和"中国毛皮产业基地"的称号，全县毛皮动物养殖总量达800万~1000万只，貂皮总产量居全国首位，也是全国最大的皮张交易中心。另外，昌黎县一些零散但属于重点碳排放的企业也在这一章进行简要碳排放核算和分析。

4.10.1 金属制品行业碳排放核算

金属制品业是指以金属为主要原料，通过加工、成型和处理等一系列加工工艺和技术手段制造出各种金属产品的行业。金属制品行业是我国制造业中的重要组成部分，金属制品是国民经济建设中的一种基础材料工业，产品属工业消费品，广泛用于建筑、交通、汽车、机械、家具等国民经济及国防军工各领域。

昌黎涉及金属加工的规模以上企业有河北天建钢结构股份有限公司、秦皇岛众拓预应力钢绞线有限公司、昌黎县兴民伟业建筑设备有限公司、秦皇岛胜川建材有限公司、秦皇岛市新奇精密铸业有限公司、河北华杰缝纫机零件有限公司等。其中，天建钢结构和胜川建材都主要生产钢背楞，其产品主要应用于高层建筑以及多结构类型的预支模板工程。兴民伟业则专业研制、生产、销售"脚手架"，年生产产品20万吨。新奇精密铸业可生产碳钢、合金钢、不锈钢、铸铁及非标材质，年生产各种精密铸件800t。而具有全国影响力的则是缝纫机零件生产这一细分行业，昌黎县形成了以河北华杰缝纫机零件有限公司为龙头的五十多家缝纫机零件生产企业集群，保持国内市场90%以上、国际市场70%以上的占有率，近些年主导地位进一步夯实。

河北华杰缝纫机零件有限公司的创建时间最早可追溯到20世纪80年代初，位于中国弯针之乡——昌黎县后双坨工业区，公司现占地面积20000m^2，员工200多人，是一家生产"华杰"牌弯针、护针、压脚、送布牙、针板、针夹头、多针机等工业缝纫机针位组零件的现代化企业，产品主要为日本重机、美国胜家、标准、富山、中捷、杰克、启翔、舒普、顺发、美机、宝宇等各大缝纫机公司做配套生产。公司于2020年完成了年生产240万件（套）缝纫机零件项目的技术改造。

缝纫机件生产工艺流程及排污节点图如图4-24所示，其中排污示意为G（废气）、N（噪声）、S（固废）、W（废水）。缝纫机零配件加工主要包括铣、磨、锉、车等工序，这些工序会产生金属粉尘和下脚料。具体过程为，外购毛坯首先利用冲床进行冲压切水口，再通过铣床进行铣床开槽，有孔的产品在钻床上打孔、划口，处理完的工件去磨床磨外形和平面，为了零件表面的光洁度，需要磨光工人进行零件表面的抛磨、针孔的拉光，来保障过线顺畅。外购板材、钢筋先利用冲压机床、退火炉进行初步加工，处理完的工件去磨床磨外形和平面，再通过铣床进行铣床开槽，有孔的产品在钻床上打孔、划口，为了零件表面的光洁度，需要磨光工人进行零件表面的抛磨、针孔的拉光，来保障过线顺畅。

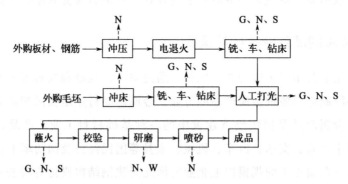

图 4-24 缝纫机件生产工艺流程及排污节点图
(图片来源：河北华杰缝纫机零件有限公司环境影响报告表)

热处理是通过蘸火大幅提高钢的刚性、硬度、耐磨性、疲劳强度以及韧性等，从而满足各种机械零件和工具的不同使用要求，蘸火完成并清洗零件表面油渍后再送回生产车间进一步加工；校对完成的零件置于滚筒内加入磨料、水、洗洁精等进行研磨并简单清洗，成为铸钢毛坯，使其更美观、更实用。之后将成品送至喷砂机处进行处理，利用高速喷出的磨液（水和金刚砂的混合物）将工件表面进行加工，达到预期的目的，实现不同的亚光。可知在加工过程中，主要废弃物有清洗产生的废水、打磨过程中产生的粉尘；主要固废为机加工产生的下脚料、废磨料、废机油、废切削液、废液压油、废油桶和废含油抹布，校对检验产生的不合格品，以及污水处理站的沉渣。

通过对华杰缝纫生产工序以及原料采购量的分析，可知废水和废弃物产生量几乎可忽略，碳排放工序仅有耗电间接排放，通过计算为 $569\mathrm{MW \cdot h/a} \times 0.5703\mathrm{t/(MW \cdot h)} = 324.5\mathrm{t}$（表 4-32），除华杰缝纫外，昌黎县建兴精密机械零部件有限公司、昌黎县天丰缝纫机零件厂、昌黎县欣栋衣车零件厂等均拥有年产 200 万套缝纫机零件的产能，以这些较大产能企业的碳排放作为平均值，估算整个金属制品行业的碳排放量也仅约为 2 万吨的规模，碳排放量较低。

表 4-32　华杰缝纫原料采购表

原材料名称	毛坯	铁料	磨料	机油	液压油
年用量	$212×10^4$ 件	20t	1.5t	0.16t	0.88t
原材料名称	切削液	洗洁精	石英砂	电	水
年用量	0.36t	0.17t	0.12t	569471kW·h	702t

4.10.2　皮毛加工与制衣行业碳排放核算

纺织工业是中国国民经济的支柱型产业，同时也是高耗能、高耗水和高排放的行业。纺织服装产品从原材料获取到废弃物回收利用全生命周期链条长，生产加工工序繁多，在生产过程中（纺纱、织造、染整等）投入大量的能源（煤炭、电力、蒸汽等）、新鲜水、化学品（洗涤剂、染色剂、消毒剂等），同时会排放大量的废水、废气、废渣，对生态环境和人体健康产生影响。就碳排放强度而言，纺织服装行业并不是典型的高耗能高碳排放行业，但产品碳足迹不容小觑。从纤维提取、染色、加工成布料，到制作成衣、运输、洗涤、熨烫等一系列过程都会产生碳排放。据研究，一件 T 恤从棉花种植到回收利用约排放 14kg 二氧化碳，化纤制造、纺织织造等产业链前端的碳排放量相对高于服装、家纺等后端环节。纺织服装行业能源消耗以电力、煤炭、天然气为主。其中，电力为间接能源，约占纺织服装行业总体能源消耗的 80%。随着低碳消费观念逐步深入人心，越来越多的消费者在消费服装产品时更多开始关注产品的"碳标签"，追求环保时尚，购买"绿色特性"的产品。由于消费需求的倒逼，企业也意识到生产制造绿色低碳产品的重要性，进而不断实现整个行业的低碳化转型。

昌黎县的服装产业中以皮毛初加工为特色，昌黎县拥有 30 多年的养貉历史，当地养殖户在貉子的养殖方面有着丰富的经验。近年来，以貉、狐、貂为主要品种的毛皮动物养殖发展迅猛，目前全县饲养量突破 900 万只，占全省的 50%、全市的 89%，是全国县域第一养殖大县，成为全国最大的貉子养殖县，享有"中国毛皮产业化基地""中国养貉之乡"的美誉。在毛皮动物养殖核心区荒佃庄设立了以皮张绿色加工、裘皮服装高端设计加工、时尚展销等为一体的皮毛产业园，并在此基础上形成了以昌黎佳朋商贸集团有限公司为龙头的皮毛动物养殖、皮毛销售、品牌皮草为主的完善产业链条。目前昌黎已有秦皇岛丰昌制衣公司、昌黎县鹏浩制衣有限公司、展鹏制衣、昆山鸿制衣、兴梅服装等一批制衣企业开展了裘皮服装和辅料加工等业务。其中，秦皇岛丰昌制衣公司是常年从事外贸加工贸易的中型企业，厂区占地面积 $13666m^2$，各种机器设备 800 台件，年生产能力 80 万件；公司下设两个裁剪车间、两个缝制车间、两个后整理车间，配套生产线两条，12 个生产班组，一线工人 600 名。

然而，毛皮加工过程中会产生大量成分复杂的废水以及固体废物，由此带来的环境污染问题也是昌黎县在大力发展该产业时需面对的问题。一般认为，皮毛加工工序包括初加工（刮油与修剪、洗皮、上楦、风干）、鞣制（浸水、削里、脱脂及水洗）、染色、加脂、干燥和整理，因加工的对象和方法不同，工序的增减、顺序、重复次数会相应地调整。由于皮毛加工处理过程中采用了大量的化工原料，如各种有机酸、无机酸、铵明矾、芒硝、食盐、表面活性剂、铬盐、漂白粉、染料等，其中相当一部分进入水中，同时大量的蛋白质、脂肪也转移到水中，因此产生的污水不仅量大而且成分复杂，难以处理。皮革加工主要工序如图 4-25 所示。

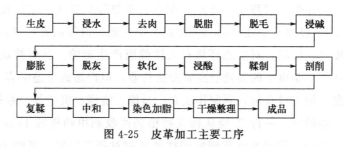

图 4-25　皮革加工主要工序

由于在皮毛加工过程中几乎没有涉及有明显碳排放的工序，主要是加工过程会产生明显的环境污染，特别是会产生大量且成分复杂的污水，甚至含有毒致癌物质，以及处理不当的有机质固废可能产生传播病毒的风险。因此，皮毛加工与制衣行业的主要关注点在于如何减少加工过程的污染问题。

4.10.3　造纸与玻璃等企业碳排放核算

多年来我国纸与纸板的生产量和消费量一直位于世界首位，2023 年我国纸与纸板生产企业约 2500 家，纸与纸板生产量及消费量分别为 12425 万吨、12403 万吨。而我国造纸行业主要消耗煤炭、各种油类、电力、热力以及其他能源，其中，化石能源约占外购能源的 80%，虽然相对于钢铁、化工行业其在碳排放总量上占比较低，但随着行业规模的持续扩大，未来几年的能源需求将不断上升，其对"双碳"目标的实现造成了很大的压力。

昌黎县兴昌纸业有限责任公司是一家以国内废旧瓦楞纸箱为主要原料，以玉米淀粉、聚丙烯酰胺等为辅助原料，采用机械法制浆、纸机机内施胶工艺，生产高强瓦楞芯（原）纸的民营造纸企业。公司创建于 2001 年，位于秦皇岛西部工业园区，占地 180 亩，年销售收入 3.8 亿元。公司现有三条高强瓦楞芯（原）纸生产线，分别为一条年产 4 万吨高强瓦楞芯（原）纸生产线，纸机型号为 3200/150 圆网多缸造纸机；两条年产 10 万吨高强瓦楞芯（原）纸生产线，纸机型号分别为 4200/350 和 3500/450 的长网多缸造纸机。其生产工序涉及的主要碳排放设备为一台 65t 燃煤蒸汽锅炉，产生蒸汽用于蒸煮纸浆，其余均为相关耗电设备。由于采用回收废旧瓦楞纸箱生产瓦楞原纸的工艺，该生产几乎不涉及生产过程排放。该企业设有日处理能力 5000m³ 污水处理站一座，处理工艺为"气浮＋生化＋深度处理"，处理后中水全部回用于生产系统。由于废水处理后大部分被回收利用，仅有少量进入厌氧处理阶段产生甲烷，且设施运行不规律产生的少量甲烷温室气体无法计量，故不计入排放量核算。

依据《造纸和纸制品生产企业温室气体排放核算方法与报告指南（试行）》的要求，造纸行业核算的温室气体为二氧化碳和甲烷，涉及碳排放的环节主要包括以下三个部分：植物纤维原料、废纸原料生产为纸浆；利用制备的纸浆进行纸和纸制品生产；生产过程中产生的废水处理。涉及的排放源包括化石燃料燃烧排放，过程排放，净购入电力、热力排放以及废水处理排放。其中，涉及的过程排放主要为石灰石分解导致的二氧化碳排放，涉及的废水处理排放为采用厌氧技术处理高浓度有机废水时产生的甲烷排放。以上各排放过程的计算方式可参考之前章节相关内容，本节不再赘述。

造纸和纸制品生产企业温室气体核算边界如图 4-26 所示。兴昌纸业 2022 年碳排放量核算表见表 4-33。

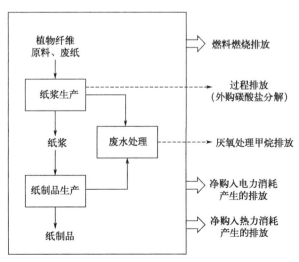

图 4-26 造纸和纸制品生产企业温室气体核算边界示意图
（图片来源：造纸和纸制品生产企业温室气体排放核算方法与报告指南）

表 4-33　兴昌纸业 2022 年碳排放量核算表

1. 化石燃料燃烧的碳排放					
种类	化石燃料活动水平		化石燃料排放因子		排放量 /t
	消耗量 /t	低位发热值 /(GJ/t)	单位热值含碳量 /(tC/GJ)	碳氧化率 /%	
烟煤	9755.79	19.57	0.0261	93	16992.14
柴油	43.29	42.652	0.0202	98	134.02
2. 工业生产过程的碳排放					
无					
3. 净购入电力、热力的间接碳排放					
种类	净购入量 /(MW·h)		净购入电力、热力排放因子 /[tCO_2/(MW·h)]		排放量 /t
净购入电力	9050.5		0.5703		5161.50

经初步核算，兴昌纸业 2022 年核算边界内碳排放总量为 2.23 万吨，其中，化石燃料燃烧碳排放量为 1.71 万吨，占比 76.7%；净购入电力的间接碳排放量为 0.52 万吨，占比 23.3%。昌黎造纸企业消耗的能源以煤炭为主，而该部分碳排放量占比巨大，能源结构的调整仍旧是造纸业碳减排的重点。同时，市场上造纸原料的供求矛盾突出。特别自 2021 年起，我国全面实施"禁废令"，造纸行业尤其是以废纸为原料的纸及纸板生产企业面临着原料供应短缺的问题。目前国内废纸的回收量已达到极限，只有自主发展我国造纸行业原材料的供应链，走林浆纸一体化道路，增大自制木材、木浆供应量，提高制浆得率，才能为造纸工业的可持续低碳绿色发展创造条件。

秦皇岛索坤玻璃容器有限公司成立于 2004 年 2 月，是一家专门从事玻璃容器制造、销售的企业。企业主要产品有啤酒瓶、干红酒瓶、白酒瓶、饮料瓶等玻璃包装容器。目前，秦皇岛索坤玻璃容器有限公司现有 3 座玻璃熔窑，共 11 条生产线，年生产高档玻璃包装瓶 36 万吨。制瓶生产工艺流程：外购的合格料粉在原料车间经电子秤称量后投入混合机混合，混合好后经斗式提升机运往集料仓，再经加料机送入玻璃熔窑熔化成玻璃液，合格的玻璃液经过流液洞进入工作池，再经过供料道调成适合成型的温度后被供料机剪成料滴进入制瓶机成型，成型后的玻璃瓶经退火后由输瓶机送入全自动多功能检验机进行检验，合格的玻璃瓶包装入库，不合格的玻璃瓶送至原料车间作为生产原料。

索坤玻璃生产工艺流程及排污节点图如图 4-27 所示，其中排污示意为 G（废气）、N（噪声）、S（固废）、W（废水）。虽然索坤玻璃生产的主要产品是玻

第4章 昌黎县碳排放清单分析

璃容器,但主要生产工艺与平板玻璃基本一致,可依据《平板玻璃生产企业温室气体排放核算方法与报告指南(试行)》的要求进行碳排放的初步核算。该玻璃生产涉及的排放源包括化石燃料燃烧排放,过程排放,净购入电力、热力排放。其中,平板玻璃生产过程中在原料配料中掺加一定量的碳粉作为还原剂,以降低芒硝的分解温度,促使硫酸钠在低于其熔点温度下快速分解还原,有助于原料的快速升温和熔融,而碳粉中的碳则被氧化为二氧化碳;使用的原料中还含有碳酸盐如石灰石、白云石、纯碱等,在高温状态下分解产生二氧化碳排放。以上各排放过程的计算方式可参考之前章节相关内容,本节不再赘述。

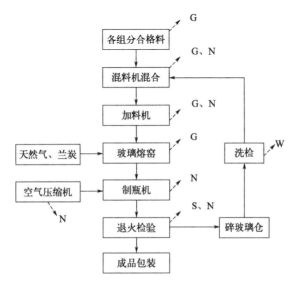

图 4-27 索坤玻璃生产工艺流程及排污节点图
(图片来源:秦皇岛索坤玻璃容器有限公司环境影响报告表)

经初步核算,索坤玻璃 2022 年核算边界内碳排放总量为 14.16 万吨,其中,化石燃料燃烧碳排放量为 10.82 万吨,占比 76.4%;碳酸盐分解排放量为 1.33 万吨,占比 9.4%;净购入电力的间接碳排放量为 2.01 万吨,占比 14.2%(表 4-34)。

表 4-34 索坤玻璃 2022 年碳排放量核算表

1. 化石燃料燃烧的碳排放					
种类	化石燃料活动水平		化石燃料排放因子		排放量 /t
	消耗量 /$10^4 m^3$	低位发热值 /(GJ/m^3)	单位热值含碳量 /(tC/GJ)	碳氧化率 /%	
天然气	5000	0.03893	0.01532	99	108248.00

续表

2. 工业生产过程的碳排放

种类	消耗量/t	含碳原料的碳排放因子/(tCO$_2$/t)	排放量/t
纯碱	32000	0.4149	13276.80

3. 净购入电力、热力的间接碳排放

种类	净购入量/(MW·h)	净购入电力、热力排放因子/[tCO$_2$/(MW·h)]	排放量/t
净购入电力	35237	0.5703	20095.66

4.11 昌黎县碳排放特征分析

依据4.1～4.10节各行业碳排放清单数据，汇总加和得到2022年昌黎县碳排放总量数据为2368.55万吨。

行业碳排放特征：昌黎县各行业碳排放分布特征如图4-28所示，主要的碳

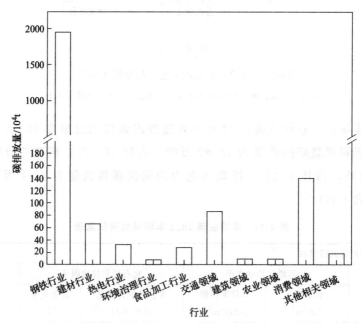

图4-28 昌黎县各行业碳排放分布特征

排放量集中在钢铁行业，占到了所统计碳排放行业的83.39%，其次是消费领域、交通领域和建材行业，占比分别为5.92%、3.60%、2.76%。

空间分布特征：昌黎县的主要碳排放量集中在钢铁行业，而钢铁企业主要集中分布于昌黎县城西部，所以昌黎县的主要碳排放空间分布呈现县城西部高的特点。企业是二氧化碳的主要排放源且厂区一般远离城区，因此昌黎县碳排放呈现乡镇高于城区的特点。

第 5 章
昌黎县碳达峰预测分析

5.1 钢铁行业碳达峰预测分析

在碳中和背景下,殷瑞钰院士团队利用模型对中国钢铁行业的碳排放量进行了推算,假设 2021—2060 年粗钢产量呈等差级数下降,到 2030 年为 8 亿吨,2060 年进一步下降到 6 亿吨;所有废钢都集中用于电炉短流程的生产,同时考虑电力能源结构调整对电炉流程二氧化碳排放水平的影响;2030 年氢冶金(氢还原+电炉)比例 3%,2040 年 8%,2050 年 15%,2060 年 25%;未来节能潜力还有 10%,界面技术优化的潜力约为 35kg 标准煤/t,智能化赋能低碳化潜力 12%。在以上假设的基础上进行估算,并绘制中国钢铁行业实现"碳中和"的技术路线,如图 5-1 所示。预测结果显示:中国钢铁行业碳排放已进入峰值平台期,"碳达峰"可能在"十四五"前期实现,峰值约为 17 亿~18 亿吨;如果上述措施全部采纳,到 2060 年将还有约 1 亿吨二氧化碳排放量,通过 CCUS、碳汇或碳交易等措施,钢铁行业有可能趋近"碳中和";2021—2060 年累计碳减排贡献中,粗钢产量下降因素约占 45%,全废钢电炉流程钢厂发展的因素约占 39%,氢冶金因素约占 9%,节能、界面技术、智能化等因素约占 7%。

依照上述情景,以下从压减产量、提高电炉工艺炼钢比例、采用氢冶金工艺三种情景设定,对昌黎县钢铁行业的碳排放量进行预测。

5.1.1 压减产量情景设定

根据京津冀及周边地区深化大气污染控制中长期规划研究项目成果,从远期看,京津冀三地钢铁产能远期需控制在 2 亿吨。而追踪《河北省钢铁行业去产能

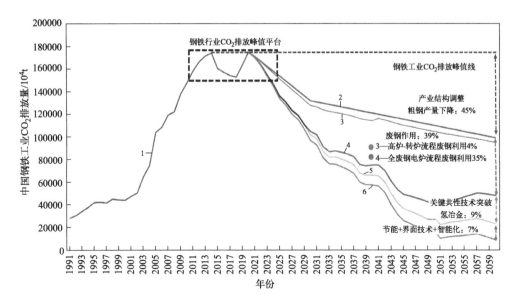

图 5-1 中国钢铁行业低碳发展路线图设想

1—中国钢铁工业 CO_2 排放量；2—产量变化；3—产量变化+传统高炉-转炉流程废钢利用；
4—产量变化+传统高炉-转炉流程废钢利用+全废钢电炉流程；5—产量变化+传统高炉-
转炉流程废钢利用+全废钢电炉流程+氢冶金；6—产量变化+传统高炉-
转炉流程废钢利用+全废钢电炉流程+氢冶金+节能、界面技术、智能化

[图片来源：上官方钦. 钢铁工业低碳化发展[J]. 钢铁，2023，58（11）：120-131.]

工作方案（2018—2020 年)》《河北省钢铁产业链集群化发展三年行动计划（2020—2022 年)》等多份方案计划，均提出在 2020 年将河北省钢铁产能控制在 2 亿吨以内。受经济形势等多种因素影响未能实现该目标，因此生态环境部、工业和信息化部和河北省人民政府通过《关于开展京津冀及周边地区 2021—2022 年采暖季钢铁行业错峰生产的通知》和《河北省深入实施大气污染综合治理十条措施》等一系列措施加大了调控力度，统计数据显示 2020—2022 年河北省粗钢产量分别为 24977.0 万吨、22496.45 万吨和 21194.5 万吨，开始逐年递减，若能延续这一趋势，则可认为河北省粗钢产量于 2020 年已达到峰值，同时可预设河北省 2025 年可将钢铁产能控制在 2 亿吨以内，2030 年可控制在 1.8 亿吨以内。在此大环境下，昌黎县的钢铁产能也进行了压减，统计数据显示 2018—2022 年昌黎县的粗钢产量分别为 1170.3 万吨、1053.1 万吨、1014.9 万吨、933.5 万吨和 933.4 万吨，鉴于目前的钢铁限产政策和市场消费需求，昌黎县的钢铁产量今后很可能将延续这一下降趋势，根据河北整体预计的减产趋势假设至 2030 年昌

黎县的粗钢产量每年压减2%。而钢铁行业的碳排放量趋势可由粗钢的产量和碳排放强度的乘积进行估算。由于2022年昌黎县的两家钢铁企业经核算的碳排放强度分别为1.86tCO$_2$/t粗钢和2.10tCO$_2$/t粗钢，根据其各自的产量加权平均得到昌黎县钢铁行业碳排放强度为2.01tCO$_2$/t粗钢，因此将该碳排放强度用于计算2018—2022年昌黎县钢铁行业的碳排放量，并假设至2030年此排放强度会逐步降低至行业先进水平的1.80tCO$_2$/t粗钢。在以上假设基础上可得到产量压减情景设定下的昌黎县钢铁行业碳排放情况以及碳达峰时间，具体趋势见图5-2，结果显示在压减产量情景设定下的昌黎县钢铁行业碳排放已于2018年达峰，之后呈现逐步下降趋势，预测在2030年钢铁行业的碳排放量将减少至1473万吨左右（表5-1）。

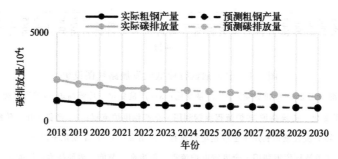

图 5-2　昌黎县钢铁行业在压减产量情景设定下的碳排放量预测

表 5-1　压减产量情景设定下钢铁产量及碳排放量预测

项目	年份	粗钢产量/10^{4}t	碳排放强度/(tCO$_2$/t粗钢)	碳排放量/10^{4}t
实际	2018	1170.3	2.01	2352.30
	2019	1053.1	2.01	2116.73
	2020	1014.9	2.01	2039.95
	2021	933.5	2.01	1876.34
	2022	933.4	2.01	1876.13
预计	2023	914.7	1.98	1811.11
	2024	896.4	1.96	1756.94
	2025	878.5	1.94	1704.29
	2026	860.9	1.92	1652.93
	2027	843.6	1.89	1594.40
	2028	826.8	1.86	1537.85
	2029	810.2	1.83	1528.23
	2030	794.1	1.80	1473.12

5.1.2 提高电炉工艺炼钢比例情景设定

相比传统高炉-转炉长流程炼钢，电炉短流程炼钢具有设备简单、占地小、投资少、建设周期短、原料适应性强等优势。同时，随着废钢供应逐步增加、电炉大型化和超高功率化以及冶炼工艺强化，电炉短流程炼钢生产效率得到大幅提升，使得电炉炼钢工艺在更多钢材品种生产中得到应用。根据河北省人民政府《加快推进钢铁产业高质量发展的若干措施》和 RMI 研究成果，预设 2025 年河北省废钢-电炉工艺炼钢占比达到 10%，到 2030 年废钢-电炉工艺炼钢占比提升到 25%。据测算电炉炼钢企业中，兑 50% 铁水的电炉炼钢吨钢碳排放约为 1.13t，约 75% 以上碳排放来自铁水。以河钢石钢改造作为实例，核算显示新厂区（废钢-电炉工艺）二氧化碳排放比老厂区（高炉-转炉工艺）排放量削减超过 52%。假设此后昌黎县钢铁产量为压减产量情景设定下的粗钢产量，且废钢来源充足的情况下，至 2030 年在钢铁企业的生产工艺中逐步将短流程电炉工艺的钢产量占比提升至 25%，并假设引起的吨钢碳排放强度也逐步降低至 1.13t，对提高废钢-电炉工艺炼钢比例设定情景下的昌黎县钢铁行业碳排放量进行预测。结果显示在提高电炉工艺炼钢比例情景设定下，预测在 2030 年钢铁行业的碳排放量将减少至 897 万吨左右，趋势见图 5-3。

5.1.3 采用氢冶金情景设定

对于如何支持和发展氢冶金，国家已开始进行了顶层设计。2022 年 2 月 7 日，工信部、国家发展改革委、生态环境部联合发布《关于促进钢铁工业高质量发展的指导意见》，提出将制定氢冶金行动方案，加快推进低碳冶炼技术研发应用。到 2025 年，钢铁行业研发投入强度力争达到 1.5%，氢冶金、低碳冶金等先进工艺技术取得突破。从行业的角度看，2022 年 8 月中国钢铁工业协会召开了钢铁行业低碳工作推进委员会年会，会上发布的《钢铁行业碳中和愿景和低碳技术路线图》中，提出了富氢或全氢的直接还原、富氢碳循环高炉和氢基熔融还原这三个目前主要氢冶金技术方向。根据目前实践情况，以富氢浓度 60% 的焦炉煤气为还原气体、配加 50% 废钢的"氢冶金＋电炉"短流程，吨钢碳排放降低约 60% 以上，排放强度约为 0.7t。虽然氢还原技术在钢铁行业的大规模应用前景还不明确，但按照绿色发展的情景设定下，假设昌黎县在 2030 年采用"氢冶金＋电炉"短流程并设定吨钢碳排放强度为 0.7t，对采用氢能炼钢情景设定下的碳排放量进行预测。结果显示在采用氢冶金情景设定下，预测在 2030 年钢铁行业的碳排放量将减少至 556 万吨左右，趋势见图 5-3。

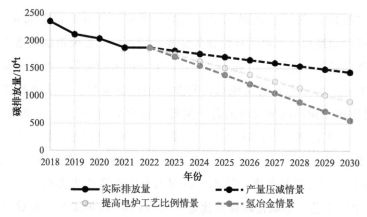

图 5-3 昌黎县钢铁行业在三种情景设定下的碳排放量预测

在三种情景分析中，可知昌黎县钢铁行业的碳排放量在 2018 年已达峰，约为 2352 万吨，此后呈现逐年降低的趋势，到 2030 年，在压减产量、提高电炉工艺比例、采用氢冶金情景下的碳排放预测量分别可降低至 1473 万吨、897 万吨和 556 万吨。可以看到无论哪种情景，粗钢产出量是影响钢铁行业二氧化碳排放的首要因素，压减过剩产能是降低碳排放最直接有效的措施；但是粗钢产量并非完全取决于钢铁行业本身，钢铁行业制造流程结构也有着重要影响，全废钢电炉短流程的吨钢二氧化碳排放量约为高炉-转炉长流程的三分之一，可大幅降低碳排放强度，但也存在一定的限制因素；而氢还原等前沿技术在 2030 年尚难作出是否可以大量工业化的判断，仍有诸多不确定性。

5.2　建材行业碳达峰预测分析

建材行业预测使用 STIRPAT 模型和岭回归法解决模型多重共线性的问题。STIRPAT 模型的基本表达式如式(5-1)所示：

$$C = a V_1^{b_1} V_2^{b_2} V_3^{b_3} e \tag{5-1}$$

式中　C——研究区域内碳排放量，10^4tCO_2；

　　　a——模型的系数；

　　　b_1, b_2, b_3——各自变量指数；

　　　e——误差；

V_1——建材行业原煤消耗总量，10^4 t；

V_2——GDP 单位能耗；

V_3——GDP。

对上述方程取对数，可得：

$$\ln C = \ln(a V_1^{b_1} V_2^{b_2} V_3^{b_3} e) = \ln a + b_1 \ln V_1 + b_2 \ln V_2 + b_3 \ln V_3 + \ln e \quad (5-2)$$

其中，城镇人均 GDP、建材行业原煤消耗总量、GDP 单位能耗数据来自 2018—2022 年《昌黎县统计年鉴》。通过 SPSS 软件对以上各变量进行岭回归分析，得出岭迹图和 K-R^2 变化图，具体见图 5-4、图 5-5。

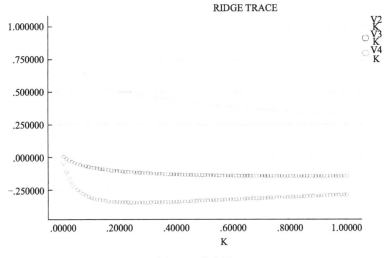

图 5-4　岭迹图

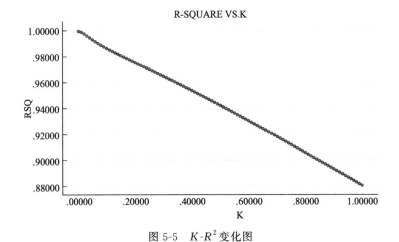

图 5-5　K-R^2 变化图

选取 $K=0.2$ 时，结果如表 5-2 所示。

表 5-2　STIRPAT 分析结果

项目	B	SE(B)	Beta	B/SE(B)
建材行业原煤消耗总量	0.4933	0.1227	0.5117	4.019
GDP 单位能耗	−0.1786	0.2516	−0.1027	−0.7099
GDP	−0.5741	0.2224	0.0	3.9323
常数	9.3433	2.3760	0	3.9323

由此得出的方程式为：

$$\ln C = 0.4933\ln V_1 - 0.1786\ln V_2 - 0.5741\ln V_3 + 9.3433 \qquad (5\text{-}3)$$

碳排放量为：

$$C = e^{(0.4933\ln V_1 - 0.1786\ln V_2 - 0.5741\ln V_3 + 9.3433)} \qquad (5\text{-}4)$$

依据昌黎县社会发展及规划情况，设置三种碳达峰情景：惯性发展情景、规划发展情景、绿色发展情景。其中惯性发展情景是按照当前状态惯性发展，除已有的节能降碳措施外不采取任何别的措施；规划发展情景是在当前状态下按照现有的规划进行的发展；绿色发展情景是指在当前状态下，对现有规划按照绿色发展要求进行优化调整。不同发展情景下不同驱动因素的年增长率设置见表 5-3。

表 5-3　不同发展情景不同驱动因素的年增长率

驱动因素	发展情景	年增长率/%	
		2021—2025 年	2026—2030 年
GDP 单位能耗	惯性发展情景	2.0	1.9
	规划发展情景	2.0	1.8
	绿色发展情景	1.8	0.7
GDP	惯性发展情景	6.3	5.0
	规划发展情景	7.4	6.5
	绿色发展情景	6.4	5.5
能源消费总量	惯性发展情景	3.0	1.0
	规划发展情景	2.0	−1.0
	绿色发展情景	1.0	−3.0

三种规划情景下碳排放预测呈下降趋势，说明在 2023 年之前昌黎县建材行业碳排放已达峰。根据 2018—2022 年实际规划数据显示 2020 年昌黎县建材行业碳排放已达峰（图 5-6）。

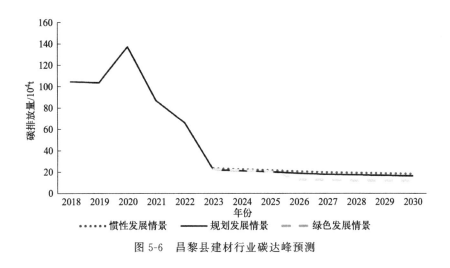

图 5-6　昌黎县建材行业碳达峰预测

5.3　热电行业碳达峰预测分析

综合考虑电力安全、低碳、技术、经济等关键因素，在电力需求方面，预计"十四五"时期，我国全社会用电量年均增长率保持在 4.8%，到 2025 年，全社会用电量将达到 9.5 万亿千瓦时；"十五五"时期全社会用电量年均增长率将约为 3.6%，到 2030 年将达到 11.3 万亿千瓦时；预计到 2050 年和 2060 年，我国全社会用电量分别达到 16.0 万亿千瓦时和 17.0 万亿千瓦时。

全国电力行业"双碳"路径总体可划分为平台期、稳中有降、加速下降 3 个阶段。其中，2030 年前处于平台期阶段，电力碳排放总量进入平台期并达到峰值。"十四五"期间我国用电增速较快，新增用电需求主要由非化石能源发电满足，化石能源发电增速放缓，碳排放增速亦放缓；"十五五"期间电力行业碳排放将达到峰值，电力增长开始与碳排放增长脱钩。稳中有降阶段持续 5～10 年，在此阶段，储能技术全面成熟，电动汽车广泛参与市场调节，电力需求侧管理能力进一步提升，电力系统调节能力实现根本性突破，为支撑更大规模的新能源发电奠定了基础，化石能源替代达到"拐点"，带动电力行业碳排放量下降。在加速下降阶段，加大燃氢发电机技术的应用，大范围替代火电机组，增加系统转动惯量，保障大电网稳定运行，电力生产进入低碳、零碳阶段，辅以碳捕集、林业碳汇，实现电力行业碳中和。

有学者通过对国家"十四五"及中长期电源发展设置了新能源、核电不同发展节奏的三种情景进行研究发现：情景一是新能源加速发展，2030 年电力行业碳排放达峰，投资最省；情景二是核电＋新能源加速发展，2028年电力行业碳达峰，投资比情景一高0.6万亿元；情景三新能源跨越式发展，2025年电力行业碳达峰，投资比情景一高1.6万亿元，但"十四五"期间主要依赖电化学储能技术成熟度，具有不确定性。综合分析后，推荐情景二，2030年前实现电力行业碳达峰，力争在2028年达成，峰值规模在47亿吨左右。

根据现阶段昌黎县热电行业发展现状及各类绿色热电项目的启动，参照表5-4中各项发展情况数值，预测未来该县在热电行业的碳排放量将持续下降。随着国家和地方政策的实施，技术的进步和行业的绿色转型，昌黎县供热行业将逐步减少对煤炭等高碳排放能源的使用，增加清洁能源的比例，实现碳排放的降低。

表5-4 2018—2030年昌黎县发展情况趋势

年份	人口增长率/‰	城镇化率/%	燃煤锅炉供热效率/%	生物质锅炉能源转化效率/%	非化石能源供热比例/%
2018	0.56	48.71	80	70	0
2019	0.73	50.29	80	70	0
2020	−3.65	46.57	80	70	0
2021	−2.06	49.13	80	70	0
2022	−3.90	49.20	80	70	0
2023	−3.95	49.32	80	70	0
2024	−2.74	49.41	82	75	10
2025	−3.85	49.76	82	80	10
2026	−3.87	50.13	84	80	10
2027	−4.03	50.35	84	80	10
2028	−4.12	50.73	84	88	10
2029	−4.15	50.82	84	88	10
2030	−4.21	51.34	84	88	10

针对昌黎县热电行业的碳排放情景设置，综合考虑以下因素：首先是人口增长率的变化，考虑到中国三孩政策的放开，县域内人口下降速率将放缓；其次，2020—2030年时，中国城镇化率、人均居住/公建建筑面积提升相对较快，到了2030年之后，城镇化率的增加速率会相对放缓；基于当前"双碳"政策及昌黎县"西热东输"投入使用、大力发展风电和海上光伏发电等新能源，昌黎县热电行业能源结构将持续得到优化，可再生能源发电和余热余压供热比例将不断提

升，未来仅保留小部分燃煤热源用于发电和供热调峰，同时考虑到我国发电和供热设备寿命普遍在15~20年之间，当前昌黎县发电和供热设备均未到使用寿命，后期可再生能源发电和供热比例提升速度将加快。综合上述影响因素，对昌黎县热电行业碳排放进行预测。

再对昌黎县热电领域碳排放情景设置为3种模式，即基准发展情景、可再生能源快速发展情景和超速发展情景。其中，基准发展情景代表在现有水平下，热电行业碳排放发展情况；可再生能源快速发展情景代表在热电行业同时加快可再生能源发电和非化石能源供热，以实现昌黎县"双碳"目标设定；超速发展情景代表在更为严苛的减碳政策措施下，积极开发并发展除现有优势可再生能源的其他办法（如太阳能、核电等），从而加速实现"双碳"目标。

根据三种发展情景预测显示，2018年昌黎县热电行业碳排放量已经达到峰值，2018—2030年，热电行业二氧化碳排放量呈现逐年递减趋势，尤其在2023—2024年二氧化碳排放量明显减少。在基准发展情景下，热电行业碳排放量持续减少；在可再生能源快速发展情景下，碳排放量的降低幅度明显增大；在超速发展情景下，碳排放量急速下降（图5-7）。

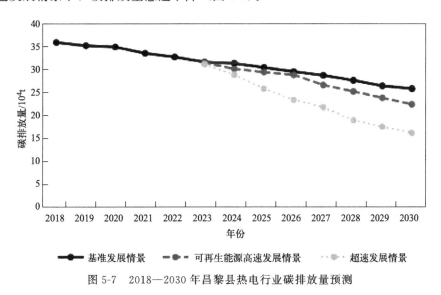

图5-7　2018—2030年昌黎县热电行业碳排放量预测

5.4　环境治理行业碳达峰预测分析

城市生活垃圾处理以及污水处理产生大量的甲烷、氮氧化物以及二氧化碳等排放，是城市环境治理行业碳排放的主要来源。核算并预测城市环境治理的碳排放数据，是推动城市市政基础设施绿色低碳发展的基础，对实现城乡建设领域碳达峰具有重要作用。然而当前这些排放数据严重缺乏，不利于相关工作的开展。

在城市生活垃圾产生量预测的相关研究结论中，结论显示城镇化率对生活垃圾产生量具有显著的正向影响，其中许博在《中国城市生活垃圾产生量的区域差异——基于STIRPAT模型》中得出全国城镇化水平的弹性系数为1.152，即城镇化率提高1个百分点，生活垃圾产生量增加1.152个百分点。《昌黎县国民经济和社会发展第十四个五年规划和二〇三五年远景目标纲要》中提出城镇化率要达到60%以上，假设2030年昌黎县的城镇化率可由目前的49.2%提高至规划目标60%，则2030年昌黎县的生活垃圾量将由目前的约9万t/a，增加至约10万t/a。若以惯性发展情景，即仍主要采用卫生填埋的方式处理生活垃圾，以目前的排放强度0.37tCO_2/t，则2030年生活垃圾碳排放量为3.70万吨；若以规划发展情景，即规划建设运行生活垃圾焚烧装置，假设按照焚烧方式的碳排放强度为0.22tCO_2/t核算，则2030年生活垃圾碳排放量为降低至2.20万吨；若以绿色发展情景，即以垃圾焚烧方式为主处理生活垃圾的基础上，大范围推广实施垃圾分类和回收利用，假设可降低垃圾产生量30%，则2030年生活垃圾碳排放量为降低至1.54万吨。

研究同样显示，城市生活污水产生量也与城镇化率呈正相关，陆家缘《中国污水处理行业碳足迹与减排潜力分析》中统计得出其弹性系数为1.744，即城镇化率提高1个百分点，生活垃圾产生量增加1.744个百分点。同样假设2030年昌黎县的城镇化率可由目前的49.2%提高至规划目标60%，则2030年昌黎县的生活污水处理量将由目前的约8.24万m^3/d，增加至约9.80万m^3/d。若以惯性发展情景，即仍以当前的处理方式，排放强度为1.56$kgCO_2/m^3$，则2030年生活污水处理的碳排放量为5.58万吨；若以规划发展情景，即规划更新高效设备并加强精细化管理，采用高效的涡轮鼓风机并运用智能化控制曝气和加药，研究表明以上措施可降低能耗约10%，投药量降低约30%，排放强度则可降低至1.34 $kgCO_2/m^3$，假设污水处理量依然为惯性情景下的增长，则2030年生活污水处理的碳排放量为4.79万吨；若以绿色发展情景，即在规划情景的基础上利用污水处理厂区的空间构建自用的太阳能光伏发电厂，同时使用污水热泵弥补运行能耗，假设污水处理厂的电耗可完全自给自足，则排放强度可进一步降低至0.60 $kgCO_2/m^3$，则2030年生活污水处理的碳排放量为2.15万吨。

综合城市生活垃圾以及污水处理的碳排放，以2022年昌黎县环境治理行业的碳排放量为8.06万吨为基准，只考虑城镇化率对产生量的影响，以及不同发展情景下的碳排放强度的差异,对昌黎县环境治理行业的碳排放量做出以下预测:在惯性发展情景下,预测在 2030 年环境治理行业的碳排放量在 9.28 万吨左右;在规划发展情景下,预测在 2030 年环境治理行业的碳排放量在 6.99 万吨左右;在绿色发展情景下,预测在 2030 年环境治理行业的碳排放量在 3.69 万吨左右,趋势见图 5-8。

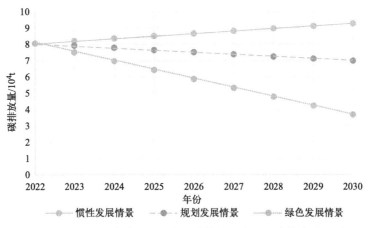

图 5-8 昌黎县环境治理行业在三种情景设定下的碳排放量预测

城市环境治理行业要实现低碳化发展。在核算能力上,仍需加快建立健全碳排放计量体系,提高统计核算水平,这也是预测该城市碳排放的基础。在具体措施上,需因地制宜制定减排政策,促进生活垃圾和污水减量,优化处理结构,提高末端处理能力。

5.5 食品加工行业碳达峰预测分析

食品加工行业预测使用 STIRPAT 模型和岭回归法解决模型多重共线性的问题。STIRPAT 模型的基本表达式为:

$$C = a V_1^{b_1} V_2^{b_2} V_3^{b_3} e \tag{5-5}$$

式中 C ——研究区域内碳排放量,$10^4 tCO_2$;

a ——模型的系数;

b_1, b_2, b_3 ——各自变量指数;

e ——误差;

V_1 ——GDP 单位能耗;

V_2 ——GDP;

V_3——葡萄酒产量，10^3 L。

对上述方程取对数，可得：

$$\ln C = \ln(aV_1^{b_1}V_2^{b_2}V_3^{b_3}e) = \ln a + b_1\ln V_1 + b_2\ln V_2 + b_3\ln V_3 + \ln e \qquad (5\text{-}6)$$

其中，GDP 单位能耗、城镇人均 GDP、葡萄酒产量数据来自 2018—2022 年《昌黎县统计年鉴》。通过 SPSS 软件对以上各变量进行岭回归分析，得出岭迹图和 $K\text{-}R^2$ 变化图，具体见图 5-9、图 5-10。

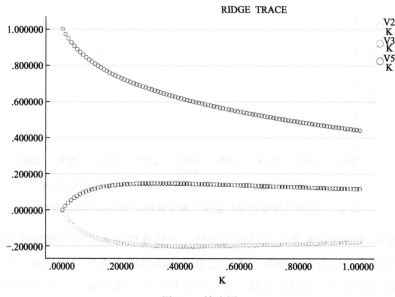

图 5-9　岭迹图

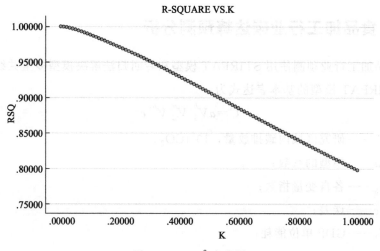

图 5-10　$K\text{-}R^2$ 变化图

选取 $K=0.3$ 时,结果如表 5-5 所示。

表 5-5 STIRPAT 分析结果

项目	B	SE(B)	Beta	B/SE(B)
GDP 单位能耗	0.3554	0.2894	−0.1963	−1.2281
GDP	0.2589	0.2857	0.1468	0.9060
葡萄酒产量	0.6650	0.1626	0.6650	4.0879
常数	4.0725	3.3101	0.0000	1.2303

由此得出的方程式为:
$$\ln C = 0.3554\ln V_1 + 0.2589\ln V_2 + 0.6650\ln V_3 + 4.0725 \tag{5-7}$$
碳排放量为:
$$C = e^{(0.3554\ln V_1 + 0.2589\ln V_2 + 0.6650\ln V_3 + 4.0725)} \tag{5-8}$$

依据昌黎县社会发展及规划情况,设置三种碳达峰情景:惯性发展情景、规划发展情景、绿色发展情景。不同发展情景下不同驱动因素的年增长率设置见表 5-6。

表 5-6 不同发展情景下不同驱动因素的年增长率

驱动因素	发展情景	年增长率/%	
		2021—2025 年	2026—2030 年
GDP 单位能耗	惯性发展情景	2.0	1.9
	规划发展情景	2.0	1.8
	绿色发展情景	1.8	0.7
GDP	惯性发展情景	6.3	5.0
	规划发展情景	7.4	6.5
	绿色发展情景	6.4	5.5
葡萄酒产量	惯性发展情景	不变	不变
	规划发展情景	不变	不变
	绿色发展情景	不变	不变

三种情景下,规划发展情景和惯性发展情景呈上升趋势,葡萄酒行业在绿色发展情景下先下降然后增速缓慢(图 5-11)。

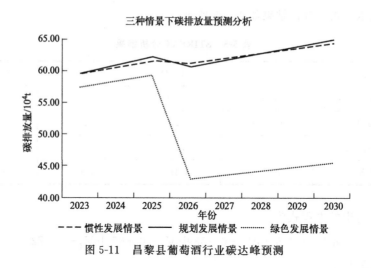

图 5-11 昌黎县葡萄酒行业碳达峰预测

5.6 交通领域碳达峰预测分析

有研究表明，我国随着新能源汽车的推广和应用，公路运输的碳排放量将逐渐减少，预计 2030 年实现公路运输碳排放量达峰，之后逐步下降；由于水路运输的碳排放量占比相对较大，预计在 2035 年前后实现碳排放量达峰；航空交通预计要到 2050 年左右才能实现碳排放量达峰。

有学者基于拓展的 STIRPAT 模型选取人口、机动车保有量和能源强度等 8 个变量作为中国交通运输业碳排放量影响因素，并根据 1990—2019 年指标数据建立 LSTM 碳排放模型，在低碳、基准及高碳 3 种情景下对交通运输业碳排放进行预测。结果表明，1990—2019 年间中国交通运输业碳排放量总体呈现上升趋势。低碳、基准及高碳情景下，碳排放达峰时间分别为 2033 年、2035 年及 2038 年，峰值量分别为 1145.64 百万吨、1218.68 百万吨、1308.40 百万吨。中国应积极采取节能降碳措施，优化交通运输业结构，推进清洁能源应用，促进中国交通碳排放向低碳情景发展，助力达峰目标早日实现。

河北省已经在积极优化交通运输结构，推进工矿企业铁路专用线建设，加快大宗物料"公转铁"，实现降碳减污协同增效，同时加快构建绿色低碳交通运输体系，确保工业企业"公转铁"碳减排量达到可测量、可报告、可核查。此外，河北省还在推进新能源车辆的发展，逐步推动公共领域用车电动化，有序推动老旧车辆替换为新能源车辆。随着全球对气候变化问题认识的加深，低碳发展已成为交通行业的共识。河北省交通领域将逐步减少对高碳能源的依赖，增加清洁能源的使用，从而实现碳排放的减少。预计到2025年，河北省新能源中重型货车保有量将达到3.5万辆，新能源汽车新车销售量将达到汽车新车销售总量的20%左右。

营运交通的碳排放量采用基于排放因子和活动水平（换算周转率）的"自上而下"法，兼顾社会经济、能源结构、技术水平、市场经济性等多方面进行预测。通过情景分析法，对未来设置基准、低碳和强低碳三种情景，预测昌黎县在不同情景下的交通领域碳排放发展趋势，以及达峰时间。

营运交通碳排放量预测计算公式：

$$E_{营运} = \sum_m (Q_{货运} + Q_{客运} \times \beta_m) \times \text{AD}_i \times \text{EF}_i \tag{5-9}$$

式中 $E_{营运}$——营运交通碳排放量预测值；

$Q_{货运}$——货运周转量预测值；

$Q_{客运}$——客运周转量预测值；

β_m——客货换算系数，公路为0.1；

AD_i——燃料类型为i的单位换算周转量能耗量；

EF_i——燃料类型为i的碳排放因子。

非营运交通私人小汽车碳排放量预测计算公式：

$$E_{私人小汽车} = N \times \text{AE}_i \times \text{EF}_i \tag{5-10}$$

式中 $E_{私人小汽车}$——私人小汽车碳排放量预测；

N——私人小汽车保有量；

AE_i——一辆车的能源消耗量；

EF_i——燃料类型为i的碳排放因子。

活动水平采用弹性系数法进行预测，计算公式为：

$$Q = Q_0 \times (1 + T \times R_{\text{GDP}}) \tag{5-11}$$

式中 Q——未来客货运的运输周转量；

Q_0——客货运输周转量现状；

T——客货运相应的弹性系数；

R_{GDP}——GDP增速。

（1）基准情景。交通领域延续当前政策、技术、管理手段下的情景。该情景是现有政策的延续情景。

（2）低碳情景。在基础情景的基础上，叠加运输装备更新、运输结构调整等措施下的情景，以实现交通领域碳排放总量尽早达峰。该情景是为实现昌黎县碳达峰目标而设定的。

（3）强低碳情景。采取比低碳情景更为严格的政策、措施，以实现交通领域碳排放总量更早达峰。

根据三种情况预测昌黎县交通领域碳排放量，参照表5-7中交通领域发展情况可知，在基准情况下，昌黎县交通领域碳排放有望在2030年前后达峰，峰值在92万~93万吨；在低碳情景下，该县碳达峰时间有望提前至2026—2027年，峰值为87万~88万吨；在强低碳发展情景下，碳达峰时间相较于低碳情景提前1~2年，峰值随之进一步降低至87万吨以内，因此，尽早实现碳达峰有利于碳排放量的有效控制和减少（图5-12）。虽然交通领域碳排放量在逐渐增加，但在三种情景中，2026年以后碳排放量增速明显放缓，甚至在低碳和强低碳情景下，2028—2029年出现了小幅下降。

表5-7 三种情景下昌黎县交通领域发展情况

情景	提高替代燃料比例	提高装备能效水平	优化交通运输结构	出行需求管理
基准情景	保持增长	保持增长	保持增长	不实施额外措施
低碳情景	公共交通车辆替代燃料车型占比增加；私人小汽车占比增加；货运车辆占比增加	国六及以上运营车占比提升	提升铁路、水路运输周转量占比	县域主城区公共交通出行分担率提升
强低碳情景	公共车辆、私人小汽车和货运车辆替代燃料车型占比分别近40%、25%和20%	国六及以上运营车占比近25%	铁路和水路运输周转量占比近20%	县域主城区公共交通出行分担率提升至30%

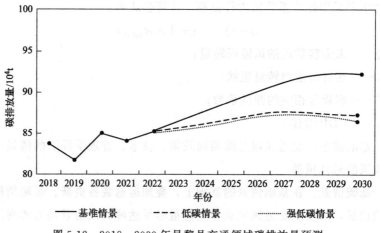

图5-12 2018—2030年昌黎县交通领域碳排放量预测

5.7 建筑领域碳达峰预测分析

根据昌黎县建筑行业碳排放影响因素分解和昌黎县社会经济发展规划目标，重点选取主要影响建筑行业碳排放的因素进行预测，选取的核心预测指标包括GDP、常住人口数量、建筑业产值、单位GDP能耗等，通过对影响因素指标的调整，来代表社会经济、产业结构、能源活动等因素的变化。拓展的STIRPAT模型计算公式如式(13-5)所示：

$$C = aC_1^{b_1} C_2^{b_2} C_3^{b_3} C_4^{b_4} e \tag{5-12}$$

式中　　C——研究区域内建筑行业碳排放量，tCO_2；

a——模型的系数；

b_1, b_2, b_3, b_4——各自变量指数；

e——误差；

C_1——常住人口数量；

C_2——GDP，10^8 元；

C_3——建筑业产值，10^4 元；

C_4——单位GDP能耗，t标准煤/10^4 元；

对上述方程取对数，可得：

$$\ln C = \ln(aC_1^{b_1} C_2^{b_2} C_3^{b_3} C_4^{b_4} e) = \ln a + b_1 \ln C_1 + b_2 \ln C_2 + b_3 \ln C_3 + b_4 \ln C_4 + \ln e \tag{5-13}$$

其中，GDP、常住人口数量、单位GDP能耗、建筑业产值来自2018—2022年《昌黎县统计年鉴》。对各变量进行对数化处理后，利用SPSS软件进行回归分析，数据检验结果显示VIF值均大于10，说明变量间存在多重共线性关系（表5-8）。

表5-8　各变量多重共线性分析

项目	未标准化系数 B	标准化系数 Beta	容差	VIF
常量	215.833			
常住人口数量	−15.709	−5.071	0.017	60.703
GDP	−16.852	−12.600	0.002	478.014
建筑业产值	6.660	15.659	0.002	416.115
单位GDP能耗	6.726	6.658	0.007	134.734

为使拟合结果更符合实际，采用岭回归法进行分析。通过SPSS软件对以上

各变量进行岭回归分析，得出岭迹图和 $K\text{-}R^2$ 变化图，具体见图 5-13、图 5-14。

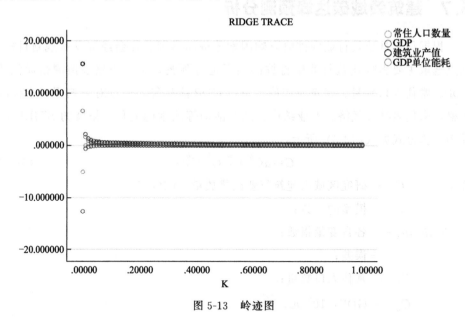

图 5-13 岭迹图

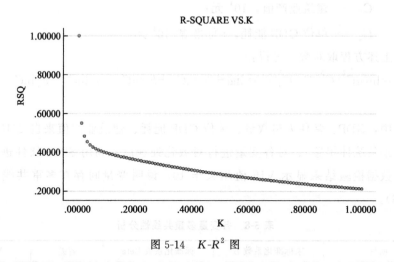

图 5-14 $K\text{-}R^2$ 图

选取 $K=0.1$ 时，曲线趋向平滑，分析结果见表 5-9。

故调整后的方程式为：

$$\ln C = 0.4141\ln C_1 + 0.1972\ln C_2 + 0.2953\ln C_3 + 0.0929\ln C_4 + 0.2198$$

$$(5\text{-}14)$$

依据昌黎县社会发展及规划情况，设置三种碳达峰情景：惯性发展情景、规划发展情景、绿色发展情景。其中，惯性发展情景是按照当前状态下发展；规划发展情景是在当前状态下按照现有的规划进行的发展；绿色发展情景是指在当前状态下，对现有规划按照绿色发展要求进行优化调整。不同发展情景下不同驱动因素设置见表5-10。常住人口数量增长率参考《河北省人口发展规划（2018—2035年）》。

表5-9 STIRPAT分析结果

项目	F		Sig F	
	89.65		0.0019	
	B	SE(B)	标准系数	B/SE(B)
常住人口数量	0.4141	0.0483	0.4773	8.5683
GDP	0.1972	0.1011	0.1243	1.9498
建筑业产值	0.2953	0.0211	0.3591	14.0013
单位GDP能耗	0.0928	0.1098	0.0428	0.8463
常数	0.2198	0.2324	0.0000	0.9459

表5-10 不同发展情景不同驱动因素增长率

驱动因素	发展情景	增长率/%	
		2023—2025年	2026—2030年
GDP	惯性发展情景	6.3	5.0
	规划发展情景	7.5	6.5
	绿色发展情景	6.5	6
常住人口数量	惯性发展情景	0.25	0.25
	规划发展情景	0.18	0.18
	绿色发展情景	0.1	0.1
建筑业产值	惯性发展情景	8.5	7.5
	规划发展情景	7.5	6.5
	绿色发展情景	6.5	6
单位GDP能耗	惯性发展情景	98.54	98.54
	规划发展情景	98.54	97.91
	绿色发展情景	95.14	82.79

三种情景模式下，昌黎县建筑业碳排放量趋势如图5-15所示。三种发展情景下，碳排放量在2030年之内未达到峰值，绿色发展情景下的增速明显低于其他两种情景。

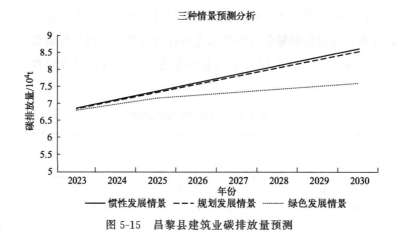

图 5-15　昌黎县建筑业碳排放量预测

5.8　农业领域碳达峰预测分析

根据昌黎县农业碳排放影响因素分解和昌黎县社会经济发展规划目标，重点选取主要影响农业碳排放的因素进行预测，选取的核心预测指标包括城镇化率、农村人口数量、第一产业产值、单位 GDP 能耗等，通过对影响因素指标的调整，来代表社会经济、产业结构、能源活动等因素的变化。拓展的 STIRPAT 模型计算公式如式(5-15) 所示：

$$C = a C_1^{b_1} C_2^{b_2} C_3^{b_3} C_4^{b_4} e \tag{5-15}$$

式中　　C——研究区域内农业碳排放量，tCO_2；

　　　　a——模型的系数；

b_1, b_2, b_3, b_4——各自变量指数；

　　　　e——误差；

　　　　C_1——乡村人口数量，10^4 人；

　　　　C_2——城镇化率，即城镇人口在总人口中的比重，％；

　　　　C_3——第一产业产值，10^4 元；

　　　　C_4——单位 GDP 能耗，t 标准煤/10^4 元。

对上述方程取对数，可得：

$$\ln C = \ln(a C_1^{b_1} C_2^{b_2} C_3^{b_3} C_4^{b_4} e) = \ln a + b_1 \ln C_1 + b_2 \ln C_2 + b_3 \ln C_3 + b_4 \ln C_4 + \ln e \tag{5-16}$$

其中，乡村人口数量、城镇化率、单位 GDP 能耗、第一产业产值来自 2018—2022 年《昌黎县统计年鉴》。对各变量进行对数化处理后，利用 SPSS 软件进行回归分析，数据检验结果显示 VIF 值均大于 10，说明变量间存在多重共线性关系（表 5-11）。

表 5-11 各变量多重共线性分析

项目	未标准化系数 B	标准化系数 Beta	容差	VIF
常量	−18.210			
乡村人口数量	1.121	1.933	0.004	269.428
城镇化率	−0.398	−0.250	0.039	25.452
第一产业产值	1.402	3.199	0.008	121.039
单位 GDP 能耗	0.122	0.425	0.020	51.072

为使拟合结果更符合实际，采用岭回归法进行分析。通过 SPSS 软件对以上各变量进行岭回归分析，得出岭迹图和 $K\text{-}R^2$ 变化图，具体见图 5-16、图 5-17。

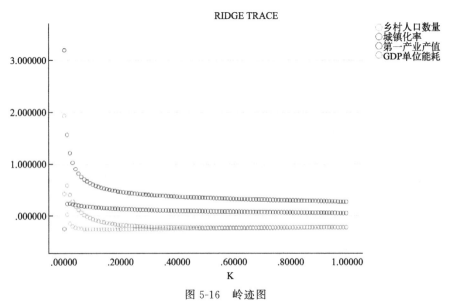

图 5-16 岭迹图

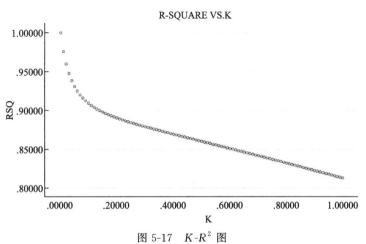

图 5-17 $K\text{-}R^2$ 图

选取 $K=0.4$ 时，曲线趋向平滑，分析结果见表 5-12。

表 5-12 STIRPAT 分析结果

项目	F		Sig F	
	2.4832		0.2404	
	B	SE(B)	标准系数	B/SE(B)
农村人口数量	0.0765	0.1098	0.0781	0.6962
城镇化率	0.3634	0.1306	0.3569	2.7791
第一产业产值	0.1065	0.0752	0.2531	1.4166
单位 GDP 能耗	0.1814	0.1659	0.1661	1.0934
常数	0.1182	0.6097	0.0000	0.1938

故调整后的方程式为：

$$\ln C = 0.0765 \ln C_1 + 0.3634 \ln C_2 + 0.1065 \ln C_3 + 0.1814 \ln C_4 + 0.1182 \quad (5-17)$$

依据昌黎县社会发展及规划情况，设置三种碳达峰情景：惯性发展情景、规划发展情景、绿色发展情景。其中，惯性发展情景是按照当前状态下发展；规划发展情景是在当前状态下按照现有的规划进行的发展；绿色发展情景是指在当前状态下，对现有规划按照绿色发展要求进行优化调整。不同发展情景下不同驱动因素设置见表 5-13。

表 5-13 不同发展情景不同驱动因素增长率

驱动因素	发展情景	增长率/%	
		2023—2025 年	2026—2030 年
乡村人口数量	惯性发展情景	96.9	96.9
	规划发展情景	95	92
	绿色发展情景	92	90
城镇化率	惯性发展情景	6	1
	规划发展情景	6.8	1.6
	绿色发展情景	9.7	0.9
第一产业产值	惯性发展情景	8.5	7.5
	规划发展情景	7.5	6.5
	绿色发展情景	6.5	6
单位 GDP 能耗	惯性发展情景	98.54	98.54
	规划发展情景	98.54	97.91
	绿色发展情景	95.14	82.79

三种情景模式下，昌黎县农业碳排放量趋势如图 5-18 所示。三种发展情景下，只有绿色发展情景的碳排放量在 2025 年达到峰值，规划发展情景和惯性发展情景条件下昌黎县农业的碳排放量增加，但在 2025 年后增速放缓。

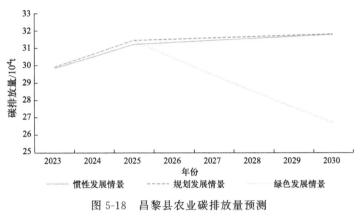

图 5-18　昌黎县农业碳排放量预测

5.9　消费领域碳达峰预测分析

2022 年 1 月 18 日，国家发展改革委等七部门联合印发《促进绿色消费实施方案》，文件提出全面促进重点领域消费绿色转型、强化绿色消费科技和服务支撑以及建立健全绿色消费制度保障体系等发展任务。2022 年 2 月，国家发展改革委、国家能源局印发《关于完善能源绿色低碳转型体制机制和政策措施的意见》，从完善国家能源战略和规划实施的协同推进机制、完善引导绿色能源消费的制度和政策体系、建立绿色低碳为导向的能源开发利用新机制等方面提出了多项举措。商务部等 13 部门于 2022 年 7 月 29 日发布《关于促进绿色智能家电消费若干措施的通知》，从开展全国家电"以旧换新"活动、推进绿色智能家电下乡、优化绿色智能家电供给、加强废旧家电回收利用、落实财税金融政策等九个方面提出具体举措。

绿色消费是人类社会和低碳经济发展的根本要求和必然选择，根据国务院的规划，我国将在 2025 年初步建成绿色低碳循环发展的生产体系、流通体系、消费体系。目前绿色消费已经成为我国消费市场一大新趋势、新亮点，也是现阶段我国消费转型的重要特征和表现形式之一。绿色消费涉及生产生活的各方面，绿色消费的需求变化催生了绿色产业的发展。随着绿色消费的观念逐渐普及，以及居民消费能力的提升，农村绿色产业的发展将迎来前所未有的发展机遇。

居民消费碳排放与经济发展水平密切相关。随着经济的增长，居民的可支配收入增加,消费能力和消费水平也会相应提高。有学者分析,预计河北省未来十年年均 GDP 增长率不低于 5%,城镇化率提高不低于 0.5%,这势必需要提升对原材料生产和能源供给的刚性需求,用于支撑经济增长和城镇化建设。一方面从单位 GDP 能耗来看,能源强度下降空间将持续收窄。另一方面从居民能耗来看,随着新型城镇化和乡村振兴的推进,居民生活水平逐步向发达国家看齐,居民能源消费仍有强劲的提升空间。

综上所述,根据居民消费碳排放的预测显示,短期内碳排放量可能仍将保持增长趋势,但长期来看,随着低碳技术和政策的实施,碳排放量有望达到峰值后逐渐下降。政府需要通过政策引导和激励措施,促进居民采取更加环保的消费模式,同时,科技创新和公众意识的提高也将对减少居民消费碳排放起到积极作用。

受到宏观经济参数,如 GDP、城镇化率、人均收入水平、居民消费水平等因素的影响,同时考虑人口增长率等情况,居民消费领域碳排放预测情景设置为三种:基准情景、高速情景和低速情景。其中,基准情景表示昌黎县居民(经济发展与城镇化发展正常情况下)在消费领域碳排放情况;高速情景表示昌黎县居民(经济发展与城镇化发展超过基准情景)在消费领域碳排放情况;低速情景表示昌黎县居民(经济发展与城镇化发展低于基准情景)在消费领域碳排放情况(表 5-14、表 5-15)。

表 5-14 三种情景下昌黎县发展情况设定

主要因素	基准情景	高速情景	低速情景
GDP 增长速度	7.6%	9.0%	6.0%
人口	54.1 万人	同基准情景	同基准情景
城镇化水平	48.71%	55.0%	52.0%
居民收入水平	增速在 7.9%	增速在 10%	增速在 6%
居民消费水平	增速在 8.0%	增速在 10.6%	增速在 7.1%
消费结构	医疗保健增幅最多,其他消费均有减少	同基准情景	同基准情景
消费品能耗水平	积极推进清洁生产和节能减排,主要消费品能耗和碳排放降低	大力推进清洁生产和节能减排,主要消费品能耗和碳排放降低	推进清洁生产和节能减排,主要消费品能耗和碳排放降低
食品消费结构	粮食消费比例在不断下降,畜禽及水果消费量增加	同基准情景	同基准情景
居民消费意识	低碳环保意识增加,节能减碳建筑被广泛应用	城镇居民增加清洁家电使用,同时使用清洁能源	培养低碳环保意识,普及节能减碳建筑

表 5-15　2018—2022 年昌黎县城镇和农村居民消费结构占比

消费项目	消费结构占比(城镇/农村)/%				
	2018 年	2019 年	2020 年	2021 年	2022 年
食品烟酒	31/26	30/24	31/25	26/25	33/30
衣着	9/4	8/3	7/3	8/3	9/3
居住	25/24	27/21	25/20	32/21	26/18
生活用品及服务	2/4	2/4	2/4	6/4	7/4
交通及通信	16/24	17/26	14/27	13/25	12/17
文教娱乐用品及服务	11/6	8/11	8/9	6/9	6/13
医疗保健	4/11	7/10	12/11	8/12	6/14
其他商品及服务	2/1	1/1	1/1	1/1	1/1

昌黎县居民消费领域碳排放在三种情景下的发展趋势如图 5-19 所示，其中，在基准情景下，该县居民消费碳达峰预计在 2028 年前后，峰值达到 134 万吨左右；在高速情景下，碳达峰时间在 2030 年左右，达峰值在 138 万吨左右；而在低速情景下，消费领域碳达峰时间提前到 2026 年前后，达峰值接近 2022 年的碳排放量，在 132 万吨左右，随后出现明显碳排放量的下降。

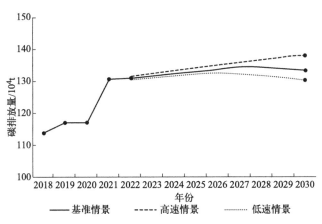

图 5-19　2018—2030 年昌黎县居民消费领域碳排放量预测

5.10　昌黎县碳达峰预测分析

对上述九个行业的碳排放量预测结果进行汇总分析，其中，钢铁行业压减产量情景对应惯性发展情景，提高电炉工艺比例情景对应规划发展情景，氢冶金情景对应绿色发展情景；消费领域低速情景对应规划发展情景，高速情景对应绿色发展情景。

结果如图 5-20 所示，昌黎县碳排放量已达到峰值状态，三种规划情景下碳排放量均处于下降阶段，下降速度有所不同。其中绿色发展情景下降速度最快（到 2030 年碳排放量为 891.01 万吨），规划发展情景次之（到 2030 年碳排放量为 1264.34 万吨），惯性发展情景下降速度相对最慢（到 2030 年碳排放量为 1812.73 万吨）。

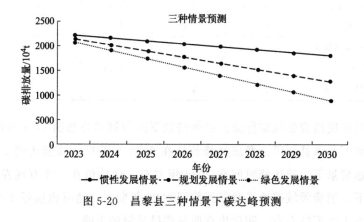

图 5-20　昌黎县三种情景下碳达峰预测

第6章 昌黎县碳汇分析

自然生态系统是指在一定时间和空间范围内，依靠自然调节能力而维持相对稳定的生态系统，如森林、草原、湖泊湿地、耕地、海洋等。自然生态系统是地球表层生态系统的重要组成部分，深度参与着全球碳循环过程。大气中的二氧化碳被陆地和海洋植物光合作用吸收后进入生物圈、岩石圈、土壤圈和水圈，部分被吸收的碳在生物地球化学作用下最终成为碳汇，另一部分通过土壤呼吸和微生物分解重新返回大气。自然生态系统的稳定与否直接决定了大气二氧化碳的浓度高低，对全球碳循环有着重大影响。自然碳汇作为最经济且副作用最少的方法，是未来我国应对气候变化，实现碳达峰、碳中和最有效的途径之一。

6.1 昌黎县的森林碳汇分析

森林是陆地生态系统的主体，通过植树造林、森林保护等措施增加森林碳汇，吸收大气中的二氧化碳并将其固定到林木中，是减缓大气中二氧化碳浓度上升和实现碳中和的有效途径。我国陆地生态系统中，森林总面积达 2.31 亿平方千米，能够对温室气体减排作出 70% 的贡献，同时，森林碳汇与其他减排措施相比，具有成本低廉、操作容易等特点，并且还具备了可观的经济效益和生态效益，因此森林碳汇功能的实现对于我国实现碳中和目标意义重大。

为了准确评估中国森林碳储量在碳循环和碳平衡中的地位，许多学者利用历次国家森林资源统计调查数据研究中国森林植被碳储量及其变化情况，然而在区域尺度上对森林碳储量的研究相对较少。目前，森林碳储量测算方法主要有生物量法、蓄积量法、生物量清单法、微气象学法、箱式法、模型模拟法以及稳定性同位素法。生物量法是目前应用最广泛且比较直接、准确的方法。森林生态系统生物量的测定是实现碳储量估算的基础，因为森林生物量最终可通过植物干重有机物中碳所占的比重（即碳转化系数）转化为碳储量。生物量法具体又可分为扩展因子法、可变扩展因子法、换算因子法。这三种计算方法得出的结果与其采用不同的模型或假设有关，不同的方法考虑的因素、数据来源和参数设置均有所差异。扩展因子法的本质是在小样地上进行详细的测量和分析，然后将这些结果扩展到整个森林区域，没有将森林龄组因素导致的生物量差异情况考虑在内，具有局限性。可变扩展因子法在其基础上加入了龄组因素，更加贴合森林的实际情况，但相对于换算因子法，其计算过程更为复杂且数据精度要求较高，若森林类型不明确、扩展因子不精确，很容易导致较大误差。而换算因子法是基于蓄积量和面积来计算的方法，数据更为容易获取，通常不需要进行大规模的小样地测量或详细的野外调查，换算因子法可以适用于不同类型的森林，没有过高的局限性，且通过改进和验证换算因子以及提高森林类型分类的准确性来提高估算的精度。

截至2022年底，河北省森林面积达到10070万亩，森林覆盖率为35.6%，森林蓄积量达到1.83亿立方米。秦皇岛市森林面积为571.5万亩，森林蓄积量为477万立方米，乔木林地和灌木林地约占林地总面积的92.53%。昌黎县属于落叶阔叶林带，或为温带夏绿林地域。有栽培植被和野生植被两种，野生植被有600余种。在低山、丘陵岗坡地区，植被覆盖率较低，野生植被有酸枣、荆条、野草木栖、铁杆蒿等；在山麓坡地及冲沟沟头，有零星酸枣、胡枝子等野生耐旱植物；在冲积平原区，野生植被有苍耳、狼尾草、车前子、益母草、小蓟，还有一些喜湿性的禾本科和莎草科植被，常年积水的洼地长有菖蒲、芦苇、三棱草、稗草等；在滨海平原区，野生植被有芦苇、碱蓬、盐蓬、柽柳、青蒿等。而栽培树种主要为杨树、柳树、榆树、槐树、椿树、油松、侧柏等。统计显示，2022年昌黎县森林资源的总面积为34.5万亩。按照森林类别分为公益林和商品林，其中公益林包括国家级公益林19218亩，天然林6250亩，其余均为商品林。昌黎县还有一个国营团林林场，负责管护全场52.1km的沿海防护林带，现经营林地总面积为19.45万亩，其中有林地面积7.83万亩，在有林地面积内有国家生态公益林2.6万亩，树种以洋槐、杨树为主。

由于昌黎县境内的森林植被与北京类似，均以落叶阔叶灌木林和落叶阔叶林为主，可利用来源于北京市的9次森林资源连续清查数据（表6-1）来估算昌黎县的森林碳储量以及碳汇量。有研究根据北京市森林资源连续清查数据对该区域的林木碳储量（不包括林地固碳量和林下植被、枯枝落叶等固碳量）进行核算，结果显示林木总体碳储量是不断增加的。从碳汇量年均增长速度来看，成熟林、过熟林碳汇量年均增长速度较快，而幼龄林、中龄林的碳汇年均增长速度较慢。这说明整体碳储量不高的原因是中幼龄林面积所占比重较大，而中幼龄林的固碳能力也低于成过熟林，随着中幼龄林的不断生长成熟，其碳汇功能也不断变大，森林碳汇的潜力也会不断增加。2003年之后，北京市加大森林城市建设力度，人工林面积逐渐增加，超过了天然林面积。计算结果表明，人工林碳储量增速高于天然林，说明人工林建设投资对森林碳汇增加有重要作用。

表6-1 北京市森林资源碳储量及其碳汇量变化

年份	森林面积/$10^4 hm^2$	森林碳储量/$10^4 t$	碳密度/(t/hm^2)	碳汇量/$(10^4 t/a)$
1976	20.00	101.88	5.09	
1981	14.38	79.28	5.51	−4.52
1988	21.53	202.44	9.4	17.59
1993	26.71	238.99	8.95	7.31
1998	33.74	325.76	9.66	17.35
2003	37.8	399.33	10.54	14.71
2008	51.97	493.33	9.49	18.8
2013	58.73	677.03	11.53	36.74
2018	71.82	1157.75	16.12	96.14

研究者张颖在《碳达峰碳中和目标下北京市森林碳汇潜力分析》中采用森林蓄积量法对森林碳储量、碳汇量进行了测算，结果显示北京2018年森林资源碳密度为16.12t/hm^2。假设昌黎县的森林碳密度与北京一致，则拥有34.5万亩（2.3万公顷）森林资源的昌黎县的碳储量为37.1万吨。同样通过类比也可估算得2018—2023年昌黎县森林平均碳汇为3.1万t/a，即每年可抵消11.3万吨二氧化碳排放。由于昌黎县森林面积只占秦皇岛市的6%左右，在河北省更是微乎其微，因此昌黎县森林碳汇量较低，对整体减排的贡献率有限，还有很大的发展和利用空间。假设采用和北京相似的管理和经营方式，根据张颖构建的森林面积和碳汇幂函数模型估计，预计到2030年昌黎县森林资源面积可达48.7万亩，碳储量为93.8万吨。

然而统计数据显示，2019—2021年昌黎县人造林面积从3133hm^2减少至1200hm^2，商品林产量也从7700m^3增加至23800m^3，森林资源有逐年降低的趋势。因此在森林增汇方面，昌黎急需加强森林保护和经营，继续致力于森林保护和可持续管理。首先，通过增加人造林面积和延长轮伐期等管理措施，并充分利用坡地、荒地、废弃矿山等国土空间维持和提升森林碳汇能力和潜力；其次，通过高固碳的林木新种质创制和森林固碳增汇经营技术的创新，实施分区施策、分类经营的森林增汇工程，特别是提升森林土壤的碳库容量、碳固持速率及稳定性；再次，可试点开展天然次生林经营、退化森林修复和高固碳树种培育与造林的关键技术研发及技术集成示范应用，筛选出可推广的森林固碳增汇及多功能协同提升的可持续经营模式。最终要坚持因地制宜，在适宜人工林培育的地方，积极植树造林，恢复和重建生态系统。在适宜自然恢复的地方，充分借助自然演替恢复林草植被和生物多样性；在需要人工促进自然恢复的地方，采取封山育林、围封禁牧、补植更新等人工辅助措施促进自然恢复。

6.2　昌黎县的农业碳汇分析

2022年6月农业农村部、国家发改委联合印发《农业农村减排固碳实施方案》，提出以保障粮食安全和重要农产品有效供给为前提，降低温室气体排放强度，提高农田土壤固碳能力，形成农业农村减排固碳与粮食安全、农业农村现代化融合发展格局。在传统种植业生产过程中，由于化学药品的投入以及农田土壤利用产生大量温室气体，同时又在农作物生长过程中进行光合作用吸收二氧化碳，形成碳汇。

昌黎县农业生产的基本情况为，2022年全县夏粮播种面积188516亩，总产量75347.3t；秋粮播种面积582329亩，总产量242926.2t。主要农产品种类包括玉米、水稻、小麦、大豆、花生、薯类等，此外蔬菜播种面积21.9万亩，总产量111.6万吨。以下对于种植业碳汇的测算主要也是从这些农作物在生长过程中所吸收的碳排放来考虑，而不考虑耕地土壤对碳的吸收。具体则利用农作物的经济产量和碳吸收率测算不同作物的碳汇量，计算公式如式(6-1)所示：

$$C = \sum_{i}^{k} C_i = \sum_{i}^{k} [c_i \times Y_i \times (1-w) \times (1+r)/\mathrm{HI}_i] \tag{6-1}$$

式中　C——农业碳汇总量，t；

　　C_i——单一种类农产品的碳汇量，t；

　　k——农作物种类数；

　　c_i——农作物碳吸收率；

　　Y_i——农作物的经济产量（本书使用农作物产量进行表示），t；

　　w——农作物经济产量部分的含水率，%；

第6章 昌黎县碳汇分析

r——农作物的根冠比；

HI_i——农作物的经济系数。

昌黎县2018—2022年主要农作物产量汇总见表6-2，计算不同农作物碳汇的相关参数见表6-3，通过式(6-1)计算可知，2018—2022年昌黎县种植业的碳汇量在49万~54万吨规模（表6-4），并呈现稳步上升的趋势，2022年昌黎县农业碳汇量为53.94万吨，即相当于吸收二氧化碳197.78万吨。其中玉米种植是最主要的碳汇来源，接近种植业总碳汇的一半，这主要是由于玉米种植面积和产量较大，同时其本身干物质占比也较大。

表6-2 昌黎县主要农作物的产量

农作物类型	产量/t				
	2018年	2019年	2020年	2021年	2022年
稻谷	23871	19172	18792	17524	16531
小麦	25121	32677	32736	40151	42273
玉米	200018	195981	212025	213745	218340
豆类	5560	7694	7803	6017	7188
薯类	223127	178999	169761	167473	168913
花生	30295	40964	47324	43221	45406
蔬菜	1128482	1077344	1095375	1065244	1078085
瓜果类	37726	35826	37365	37935	38353

注：数据来源：《昌黎县统计年鉴》。

表6-3 昌黎县主要农作物的碳吸收率、含水率、经济系数、根冠比

农作物类型	碳吸收率 C_i	含水率 $w/\%$	根冠比 r	经济系数
稻谷	0.414	12	0.60	0.45
小麦	0.485	12	0.39	0.40
玉米	0.471	13	0.16	0.40
豆类	0.450	13	0.13	0.35
薯类	0.423	70	0.18	0.70
花生	0.450	10	0.72	0.43
蔬菜	0.450	90	0	0.65
瓜果类	0.450	90	0	0.70

注：1. 花生、薯类的经济产量为块茎，因此其数据为根冠比；蔬菜、瓜果类作物种类复杂，不考虑其根冠比。

2. 数据来源：李克让. 土地利用变化和温室气体净排放与陆地生态系统碳循环 [M]. 北京：气象出版社，2002.

表 6-4　昌黎县不同作物碳汇量

农作物类型	碳汇量/10^4t				
	2018 年	2019 年	2020 年	2021 年	2022 年
稻谷	3.09	2.48	2.43	2.27	2.14
小麦	3.73	4.85	4.86	5.95	6.27
玉米	23.77	23.29	25.20	25.40	25.95
豆类	0.70	0.97	0.99	0.76	0.91
薯类	4.77	3.83	3.63	3.58	3.61
花生	4.91	6.64	7.67	7.00	7.36
蔬菜	7.81	7.46	7.58	7.37	7.46
瓜果类	0.24	0.23	0.24	0.24	0.25
总计	49.03	49.75	52.59	52.59	53.94

农业不同于其他领域，具有碳源、碳汇双重属性，在温室气体减排过程中占据重要地位，是自然界中碳清除的重要领域。然而随着现代农业加速发展，农业能源消耗大幅增加，农药、化肥、塑料薄膜等农资过量使用，造成碳排放压力上升。同时目前农业碳汇理论也还未建立，其采用的计算方式和指标尚处在研究状态，生态大农业增汇数据还几乎是一片空白，加上其下游的不确定性，还很难获得碳汇市场的认同。因此，农业碳汇价值的实现需要国家的适度干预，大力发展绿色低碳农业的前提下，可试点设立农业碳汇交易平台，将农业碳汇作为碳市场的交易对象，科学设计市场交易机制，加强监管，由此实现农业碳汇功能的价值化。

6.3　昌黎县的湿地碳汇分析

昌黎县的湿地资源主要是属于滨海湿地，滨海湿地可以通过红树林、盐沼、海草和海洋藻类的光合作用来捕获大气中的碳，并且在潮汐作用造成的厌氧环境中，植物枯落物等形成的沉积物中的有机质的分解速率减慢，随着海平面的上升，这些沉积物被埋藏到更深的土壤层中，这些沉积物中的碳在上千年到万年的时间里是稳定的，不会被释放到大气中，从而创造了稳定和持久的碳汇。因而研究表明，滨海湿地生态系统在固碳速率和碳汇的稳定性等方面比陆地生态系统具有更大的优势。

昌黎县的滨海湿地位于黄金海岸国家级自然保护区内，该保护区是 1990 年

第6章　昌黎县碳汇分析

国务院首批批准的五个国家级海洋类型自然保护区之一，总面积为 336.2km² （海域 240.65km²，陆域 95.55km²）。保护区沿海一线及部分海域，属于渤海湾的一部分，它北起新开口，南至滦河口，海岸线全长 46km，区内有新开口、塔子口、七里海、滦河口等岸段，所在区域植被覆盖率高、滩涂水面广阔、地貌特征明显、生物种类多样、生态系统独特而完整。近几年调查结果显示，保护区内共有陆生野生植物 63 科、189 属、304 种和海洋生物 165 种（浮游植物 33 种、浮游动物 49 种、底栖动物 71 种和游泳动物 12 种）。其中七里海潟湖是位于保护区中南部沙丘带内侧的一个半封闭潟湖，由滦河冲积扇和饮马河冲积扇前缘与海岸大沙丘之间的低洼湿地天然组成，是国内仅存的现代潟湖之一，也是华北地区最大的潟湖。地貌类型包括湖滩、湖盆、湖堤、潮汐通道等，其生态系统由潟湖水体、水生生物及候鸟、芦苇群落、盐地碱蓬群落、水域游禽、滩涂涉禽、森林鸣禽等组成，是我国海岸潟湖的典型代表。

表 6-5　河北省碳汇生境碳库数据表

类型	碳密度/(t/hm²)				固碳速率/[t/(hm²·a)]	
	植物地上	植物地下	土壤沉积物	凋落物	植物	土壤沉积物
盐沼	5.691	8.09	155.52	5.008	7.88	1.781
河口			194.67			4.97
海草床	0.498	0.501	180		2.686	

注：数据来源：高翔，刘西汉，程林．河北省海岸带碳汇现状评估[J]．河北省科学院学报，2023，40（5）：17-24．

在昌黎黄金海岸国家级自然保护区内，盐沼类型的湿地占绝大部分，受潮汐作用影响，盐沼土壤的含盐量较高，盐沼上通常生长有盐生草本植物或灌木，还为许多水生和陆生生物提供了栖息地。由于盐沼多是淤泥质滩涂，经常或长期处于淹水状态，致使土壤有机碳分解率低，并且加上持续的碳沉积，使盐沼土壤固定的碳可以被封存数千年之久。研究表明，在蓝碳植物中，盐沼中植物的碳捕获密度较大，约为 1226g/(m²·a)，碳固存量也较大，约为 224m²/a。

高翔在《河北省海岸带碳汇现状评估》中尝试从自然生态系统方面基于相关统计数据、遥感数据、核算参数数据对河北省海岸带（主要是秦皇岛、唐山和沧州）碳汇现状进行核算（表 6-6）。其调查采样方法总体依照《海洋监测规范　第 1 部分：总则》（GB 17378.1—2007）进行，将每个海岸带生境简化为四个碳库，即植物的地上部分、植物的地下部分、凋落物部分以及土壤部分，利用 ArcGIS

软件对相关海岸带碳汇生态系统空间数据集进行分区统计（表6-5），并利用InVEST模型下的蓝碳模块对海岸带碳汇进行评估。因此可参照该项研究结果对昌黎县的海岸湿地碳汇进行对比估算。

表6-6 不同类型生境的碳储量和碳汇封存量

生境类型	碳汇面积 /hm^2	碳储量 /10^{4}t	碳汇封存量 /(10^{4}t/a)	单位面积碳封存量 /[t/(hm^2·a)]
盐沼	11915.02	840	4.12	3.46
河口	5900.92	312	0.85	1.44
海草床	5773.23	429	1.41	2.44
合计	23589.17	1581	6.38	—

注：数据来源：高翔，刘西汉，程林. 河北省海岸带碳汇现状评估[J]. 河北省科学院学报，2023，40（5）：17-24.

调查显示盐沼类型湿地面积最大，是河北省的海岸带最主要的生态系统之一。碱蓬、芦苇、互花米草、柽柳是河北省盐沼湿地的典型植被物种，其中互花米草在河北省海岸带已成为分布面积最广的盐沼植被。同时，计算还发现在四个碳库中以土壤碳库的碳储量最高，海草床和盐沼的土壤碳储量在95%以上，河口湿地所有海岸带碳汇全部储存在土壤之中。

研究估算得出2022年河北省海岸带湿地碳汇总储量平均值为1581万吨，其中盐沼湿地类型面积最大，碳密度也较大，进而该类型碳汇储量也最大，占全部海岸带碳汇储量的比例达到50.15%。计算得出碳汇封存量均值为6.38万t/a，同样是盐沼湿地每年碳汇封存量最多，占比达到64.58%，也显示出盐沼的固碳效率最高，单位面积碳封存量为3.46t/(hm^2·a)。

该调查也估算出秦皇岛市的海岸湿地的碳储量为276万吨，碳汇封存量为0.53万t/a。昌黎县七里海湿地约为1500hm^2，占秦皇岛滨海湿地面积的56%，以此推算可大概认为昌黎县的湿地碳储量为154万吨，碳汇封存量为0.30万t/a，即昌黎县海岸湿地每年碳汇为1.1万吨二氧化碳规模。

昌黎县的滨海湿地由于本身面积的限制，所产生的碳汇相对于其他类型生态系统较低，其中的植物区系特征能够揭示不同植物群落的发生和发展方向以及植物群落之间的相互关系，起到有效维护保障海岸地区生态安全稳定的作用，此外昌黎县滨海湿地还是中国文昌鱼分布密度最高的地区之一，也是"世界珍禽"黑嘴鸥的主要栖息繁殖地之一，同时，它地处候鸟南北迁徙和东西迁徙交汇带，素有"东亚旅鸟大客栈"之称，可以说是我国湿地自然生态系统生物多样性的杰出典范。

6.4 昌黎县的海洋碳汇分析

海洋拥有巨大的碳汇能力,是调节全球气候的重要"缓冲带"。海洋的捕碳、储碳机制主要有海洋物理碳汇、海洋生物碳汇。物理固碳过程受海水温度影响较大,一般而言,海水温度低时,溶解二氧化碳的能力就强,反之则弱。因此,冬春季节,海水温度较低,是海水的碳汇期。海洋生物固碳主要由藻类、贝类、珊瑚礁等海洋生物来实现,借助它们对有机碳生产、消费、传递、沉降、分解和沉积,能最终实现碳转移和碳封存。与其他碳汇相比,海洋碳汇具有固碳量大、效率高、储存时间长等特点,森林、草原等陆地生态系统碳汇储存周期最长只有几十年,而海洋碳汇可长达数百年甚至上千年,碳汇效果显著。因此,海洋碳汇可有效减缓温室气体排放,助力实现碳中和目标。

海洋固碳是指利用海洋生物吸收大气中的二氧化碳,并将其固定在海洋中的过程、活动和机制。浮游植物通过光合作用将海水中溶解的无机碳固定成为有机碳,经食物链传递后沉降到海底储存,进而降低了海水二氧化碳分压,促进了大气二氧化碳向海水扩散溶解。大型海藻通过光合作用将海水中的溶解无机碳转化为溶解有机碳,通过收获把这些已经转化为生物产品的碳移出水体而达到固碳的作用。大型海藻固碳量通常以藻体中的碳比重和碳产量来进行计算。贝类生物通过直接吸收海水中的碳酸氢根形成主要成分为碳酸钙的贝壳来固碳,可以根据贝类壳的质量和贝壳中的碳含量来估算其固碳量。目前,大型海藻和贝类的固碳量主要以养殖量来计算。红树林湿地可以通过光合作用吸收大气中的二氧化碳并将其固定在植被或土壤中,其固碳量由植被固碳量和土壤固碳量组成。结合昌黎海域实际,下文主要从浮游植物和贝类两个方面来估算昌黎县的海洋碳汇状况。

昌黎拥有海域面积 $388.84km^2$,海岸线长 64.9km,有滦河口、塔子口两个入海口,有 6 万亩沿海滩涂和 67 万亩浅海水域。海域内表层水(0.5m 深以内)盐度最大为 34.2‰,最小为 10.26‰,平均温度 12.5℃,最高 31.1℃,最低 −2.3℃,具有发展蓝色经济的极好条件。有研究对保护区海域浮游植物群落结构进行了调查,其中春季调查获得浮游植物 23 种,夏季调查获得浮游植物 47 种,分析发现在细胞数量组成中,春夏调查捕获的硅藻分别约占浮游植物细胞总数的 92.64% 和 98.91%,因此,从春季和夏季调查中发现的浮游植物来看,无论在种类还是细胞数量方面都是硅藻占绝对优势,种群结构比较稳定。浮游植物种群密度分布统计结果显示,春夏季各站位浮游植物细胞数量的平面分布差异均较大,春季平均密度为13481细胞/m³,而夏季平均密度为213014细胞/m³,季节变化非常显著,夏季明显高于春季。

海洋浮游植物吸收固定二氧化碳的原理是,认为浮游植物固碳量等于评价海域的水域面积乘以单位面积水域吸收二氧化碳的量。因此,浮游植物固碳量可用式(6-2)进行计算:

$$C_{pcs}=P_{pp}\times A\times 365\times 3.67\times 10^{-3} \qquad (6-2)$$

式中 C_{pcs}——浮游植物固碳量,t/a;

P_{pp}——浮游植物初级生产力,mg/(m²·d);

A——计算海域的面积,km²;

3.67——浮游植物每固定1g碳吸收的二氧化碳的量。

初级生产力的测定方法主要有黑白瓶法、同位素示踪法、叶绿素a法、遥感模型法等。

中国地质调查局的张海波利用稳定同位素¹³C示踪技术估算夏初渤海海域内初级生产力,结果显示其整体水平在44.79～792.73mg/(m²·d),其中近岸营养盐含量充足,浮游植物生长旺盛,初级生产力水平较高。大连海事大学的王龙霄利用Eppley-VGPM模型对2018—2021年渤海海域净初级生产力进行遥感反演,并生成了历年渤海海域净初级生产力的时空分布图,结果显示渤海月均初级生产力变化范围为45～1500mg/(m²·d),在2月至6月呈上升趋势,在8月至次年1月呈下降趋势,其中7月最高,年平均值为924mg/(m²·d)。

昌黎县自然状态数据显示,昌黎县拥有海域面积为388.84km²,若其海域内的浮游植物初级生产力采用924mg/(m²·d)这一调查数据,则可以估算昌黎县海域的浮游植物固碳量为48.1万t/a,但考虑到"微生物碳泵"的因素,实际的碳汇量可能远小于该数量。由于借助浮游植物的光合作用被转化成的有机碳,在从上层海沉降的过程中,大部分有机物被细菌消耗并通过呼吸作用再次以二氧化碳的形式排放回海洋或大气中;另外一部分经过长期沉降过程进入沉积层,在较长时间内脱离了碳循环过程被封存下来,所以海洋深层的有机碳输出代表了海洋中真正的碳汇量。

此外,昌黎沿海滩缓潮平,很适合浅海及滩涂的水产养殖,盛产对虾、蛤、扇贝、海参以及多种鱼类,其中主导项目为海上扇贝筏式养殖,昌黎扇贝为全国农产品地理标志。至2023年底,在毗邻海域从事海上扇贝养殖登记的有416宗1.81万公顷,共拥有40余家规模以上的扇贝加工企业,年产量达到10万吨规模,接近整个河北省产量的三分之一。2010年,唐启升院士就提出"养扇贝增

第6章 昌黎县碳汇分析

加海洋碳汇"思路,在此基础上拓展形成了"渔业碳汇"的概念,并在黄渤海区域对海水养殖贝类碳汇进行了持续的试验与技术推广。对比实验表明,贝类在生长发育过程中通过吸收海水中的悬浮颗粒,经过自身同化与吸收、生物沉积等作用将碳封存在海底,进而达到固碳的作用,实现间接增汇的作用。

以下将根据养殖大型藻类和双壳贝类碳汇计量方法中的碳储量变化法以及河北省海水养殖双壳贝类固碳项目方法学,并参考岳冬冬和解绶启等关于渔业碳汇测算的研究,对昌黎县的海产养殖碳汇进行估算。主要以海水养殖贝类的碳移出量为表征,即以每年海水养殖贝类的产量、碳含量系数及碳元素和二氧化碳的分子式折算系数的乘积作为碳汇总量。结合海水养殖贝类基础参数以及数据的可获得性,提出了具体评估模型:

$$C_{贝} = \sum_{i=1}^{n} Q_i C_i P \tag{6-3}$$

$$C_i = \lambda_i (\alpha_i \beta_i + \theta_i \omega_i) \tag{6-4}$$

式中 $C_{贝}$——海水养殖贝类碳汇量;

Q_i——海水养殖贝类品种 i 的产量;

C_i——海水养殖贝类品种 i 的碳汇系数(表6-7);

P——碳和二氧化碳的转化系数为 44/12;

λ_i——海水养殖贝类品种 i 的干湿系数;

α_i——海水养殖贝类品种 i 的软组织的比重;

β_i——海水养殖贝类品种 i 的软组织的碳含量;

θ_i——海水养殖贝类品种 i 的贝壳的比重;

ω_i——海水养殖贝类品种 i 的贝壳的碳含量。

表6-7 贝类碳汇系数

项目		扇贝	蛤	牡蛎	贻贝	其他
干湿系数 λ_i/%		63.89	52.55	65.1	75.28	64.21
质量比重/%	软组织 α_i	14.35	1.98	6.14	8.47	11.41
	壳 θ_i	85.65	98.02	93.86	91.53	88.59
碳含量/%	软组织 β_i	42.84	44.9	45.98	44.4	43.87
	壳 ω_i	11.4	11.52	12.68	11.76	11.44
碳汇系数 C_i		10.17	6.4	9.59	10.93	9.72

注:数据来源:齐占会,王珺,黄洪辉,等.广东省海水养殖贝藻类碳汇潜力评估[J].南方水产科学,2012,8(1):30-35.

由统计数据可知，昌黎县的扇贝产量在整个海水养殖量中至少占比为90%，是绝对主导的海水养殖产品，因此可取扇贝的碳汇系数为10.17计算扇贝的碳汇量，并以此估算整个昌黎海域贝类碳汇量。核算结果显示昌黎县海域在2018—2022年期间的贝类碳汇量在3.14万~4.05万吨二氧化碳的规模，特别是最近两年昌黎的扇贝产量迅速增加，碳汇增长较为明显（表6-8）。

表6-8 昌黎县海水养殖产量以及碳汇量

项目	2018年	2019年	2020年	2021年	2022年
海水养殖总产量/t	85962	72190	84826	106790	118170
扇贝产量/t	83554	68860	79310	98656	107850
碳汇量/t	31440	25910	29840	37120	40580

注：数据来源：《昌黎县统计年鉴》。

研究机构通过实地调查2019年昌黎自然保护区自然生长栖息的双壳纲软体动物，核算其碳含量为391.79~414.54t，其中虾夷盘扇贝碳含量占比最大，为71.50%。由于该区域为国家级自然保护区，所以捕捞等人为活动几乎为零，因此从连续的调查结果来看，应为资源补充量和死亡持平状态，所以双壳纲软体动物的年际含碳量变化可以忽略。依此估算得昌黎海域双壳纲软体动物的碳汇总量也仅为1436~1520t，相对于海上人工养殖贝类的碳汇量可忽略不计。

我国海水养殖贝类碳汇潜力较大。根据《中国渔业统计年鉴》统计显示，2001—2021年，主要得益于海水养殖贝类规模扩大、产量增加，我国海水养殖贝类碳汇量连年增加，由期初的258.37万吨增至期末的468.33万吨。从存量来看，基于丰裕的海水贝类养殖资源禀赋，我国连续数十年为全球海水养殖贝类第一大国，且以不投饵的双壳贝类占绝对优势。从增量来看，海水养殖贝类具有增长和调优的产业优势、资源和技术基础。一是海水养殖贝类储量大，海水养殖贝类占全国海水养殖产量的70%以上，在养殖过程中，不仅可以增收和固碳，且其碳封存的周期更长。二是海水养殖贝类技术的提高，主要是海水养殖贝类养殖模式和养殖密度上的改进，如开展抗逆能力强、生长速度快的贝类品种，推广良种及种苗扩繁技术，坚持以生产育苗、设施养殖、底播养殖、生态养殖为重点。选取代表性品种，发展生态养殖业，达到在经济效益、生态效益、社会效益上的统一。三是海水养殖贝类养殖示范基地、海洋牧场的不断推进，到2020年底，国家级海洋牧场示范区规划建设达到136个，示范区的贝类碳汇量可达到250万吨，这些都为海水养殖贝类带来了巨大潜力。

6.5 昌黎县的人工碳汇展望

碳捕集利用与封存（CCUS）是指从排放源或大气中分离出二氧化碳，并将其输送到适当的地点进行利用或封存以实现二氧化碳减排的过程，包括捕集、运输、利用及封存多个环节，可广泛应用于煤电、石油化工、钢铁、水泥等行业的脱碳。自我国提出碳中和目标以来，CCUS 技术的战略定位逐步得到提升，政府陆续出台了多项政策用于支持 CCUS 的大规模发展。例如，"十四五"规划（2021—2025）中首次提及了大规模 CCUS 示范项目的发展；发改委、科技部发布指导文件，将 CCUS 纳入"1＋N 政策体系"等。随着应用场景的拓展，CCUS 技术已经成为中国碳中和技术体系的重要组成部分，是化石能源近零排放的唯一技术选择、钢铁水泥等难减排行业深度脱碳的可行技术方案、未来支撑碳循环利用的主要技术手段。

一般认为，CCUS 包含捕集、运输、利用、封存四个技术环节，各环节都包含多种技术选择，其中捕集技术主要包括燃烧前捕集、富氧燃烧技术与燃烧后捕集等；输送技术主要包括罐车运输、船舶运输和管道运输；利用技术根据工程技术手段的不同，可分为化工利用技术、生物利用技术和地质利用技术；封存技术主要分为陆地或海底的咸水层封存、枯竭油气田封存等。《中国二氧化碳捕集利用与封存（CCUS）年度报告（2023）》显示，近年来中国 CCUS 各环节技术取得显著进展，具备了二氧化碳大规模捕集、管道输送、利用与封存系统设计能力和近期实现规模化应用的基础。

首先是二氧化碳捕集技术示范项目逐渐增加。二氧化碳捕集在电力行业示范项目已超过 20 个。继锦界电厂 15 万 t/a 燃烧后二氧化碳捕集示范项目后，国家能源集团建成并投运了泰州电厂 CCUS 项目，每年可捕集 50 万吨二氧化碳，成为目前亚洲最大的煤电厂 CCUS 项目。2022 年以来，水泥与钢铁等难减排行业的 CCUS 示范项目数量明显增多。包钢集团正在建设 200 万吨（一期 50 万吨）CCUS 示范项目，预计建成后将成为国内最大的钢铁行业 CCUS 全产业链示范工程。2022 年 10 月，中建材（合肥）新能源光伏电池封装材料二期暨二氧化碳捕集提纯项目正式建成投产，成为世界首套玻璃熔窑二氧化碳捕集示范项目，年产 5 万吨液态二氧化碳。2022 年 12 月，国内印染行业首个 CCUS 项目，由中国矿业大学提供技术支持的佛山佳利达万吨级二氧化碳捕集与碳铵固碳项目正式建成投产，年捕集二氧化碳 1 万吨。

在运输方面，二氧化碳管道运输的潜力大，中国已经陆续开展了一些工程实践，2022年8月，中国首个百万吨级CCUS项目——齐鲁石化-胜利油田二氧化碳管道运输项目建成投产，管道全长109km，设计最大输气量为170万tCO_2/a。2022年11月，中国石化与壳牌、中国宝武、巴斯夫签署合作备忘录，将在华东地区共同启动中国首个开放式千万吨级CCUS项目。该项目将收集来自长江沿线工业企业的二氧化碳，通过漕船集中运输至二氧化碳接收站，再通过管线输送至陆上或海上封存点，为邻近工业企业提供第三方一体化二氧化碳减排方案。

中国二氧化碳化学和生物利用技术与国际发展水平基本同步，整体上处于工业示范阶段。在制备高附加值化学品方面，二氧化碳重整制备合成气和甲醇技术较为领先。中国科学院大连化学物理研究所和中国中煤能源集团有限公司在内蒙古鄂尔多斯立项开展10万t/a二氧化碳加氢制甲醇工业化项目。二氧化碳合成化学材料技术已实现工业示范，如合成有机碳酸酯、可降解聚合物和氰酸酯/聚氨酯，以及制备聚碳酸酯/聚酯材料等。在二氧化碳矿化利用方面，钢渣和磷石膏矿化利用技术已接近商业应用水平。包钢集团开展了碳化法钢渣综合利用产业化项目，利用二氧化碳与钢渣生产高纯碳酸钙，每年可利用钢渣10万吨，成为全球首套固废与二氧化碳矿化综合利用项目。国内二氧化碳生物利用方式主要为二氧化碳微藻养殖并制备高附加值产品，例如在2022年1月，浙江大学与华润集团合作在华润电力（海丰）有限公司建成国内首个立柱式微藻光合反应器减排转化利用燃煤电厂烟气二氧化碳的工程示范。

在二氧化碳地质利用方面，中国二氧化碳地浸采铀技术发展水平较高，已接近或达到商业应用水平；强化深部咸水开采技术已完成先导性试验研究，与国外发展水平相当；强化天然气、页岩气开采，置换水合物等技术与国际先进水平仍存在一定差距，目前尚处于基础研究阶段。在封存方面，继国家能源投资集团鄂尔多斯示范项目之后，中国海油在恩平15-1海上石油生产平台建设完成了中国首个海上二氧化碳封存示范工程项目，预计高峰期每年可封存30万吨二氧化碳。

昌黎县钢铁行业的碳排放在所有行业分类中的占比达到八成以上，是最主要的碳排放源头，因此昌黎县钢铁行业的碳减排对双碳目标的实现具有非常重要的意义。2023年中国CCUS年度报告显示，除了限产能、提效能和应用低碳生产技术等措施外，2060年前我国钢铁行业约有1亿吨二氧化碳排放需要依靠碳捕集技术解决，CCUS技术是钢铁行业实现碳中和重要的保障性技术。

目前针对钢铁行业已开展的碳捕集技术主要有吸收技术、变压吸附以及矿化技术等。其中，以有机胺为吸收剂的化学吸收法技术最为成熟，已有部分示范项目运行，具体是将含二氧化碳气体通过吸收塔被吸收剂捕集，富含二氧化碳的吸收液进入再生塔，通过热蒸汽进行再生，二氧化碳从吸收液中解吸，实现分离和富集。例如河钢集团于2022年建成全球首例120万t/a富氢气体零重整竖炉直接还原氢冶金示范工程，针对竖炉煤气中的二氧化碳采用有机胺法进行捕集，竖炉煤气中的二氧化碳浓度约为6%，二氧化碳年捕集量为6万吨，采用MDEA作为吸收剂。

二氧化碳吸附技术的原理为通过在流体分子和吸附剂表面之间的范德华力选择性地将二氧化碳吸附在吸附剂表面，然后在特定条件下使二氧化碳解吸，实现二氧化碳的捕集分离。例如首钢京唐公司于2020年7月建成国内首个白灰窑烟气二氧化碳吸附捕集系统，二氧化碳回收量5万t/a。烟气首先经净化塔去除水分、二氧化硫和氮氧化物；净化后的气体进入净化塔进行二氧化碳捕集，脱附气中二氧化碳浓度可达到约94%；经过加压液化提浓处理后二氧化碳浓度达到99.8%以上，捕集的二氧化碳用于转炉工序CO_2-O_2混合喷吹。

钢渣碳化技术是将钢渣置于二氧化碳气体环境中，利用钢渣中的CaO、MgO等碱性氧化物在一定温度、湿度及压力条件下进行碳化，二氧化碳以矿物吸收的形式固定储存。最新的研究进展表明，烟气中的二氧化碳也可以直接与钢渣等碱性固废进行矿化，同时起到碳捕集与封存的双重作用。该技术在减少二氧化碳排放的同时，实现了固体废物的资源化利用，是一种具有钢铁行业特色的碳减排技术，具有良好的应用前景。2023年8月，全球首座万吨级二氧化碳直接利用工业实验示范工厂在山东省滨州市京韵泰博新材料科技有限公司投产。该项目利用钢铁、电力、水泥等行业生产过程中产生的钢渣、粉煤灰、炉渣、电石渣等大宗固废，与含二氧化碳烟气（≥10%）直接发生矿化反应，制备出高强度、高固碳率、负碳排放的矿化建材产品，每吨产品可固定0.3～0.5t二氧化碳。

尽管CCUS技术发展迅速，但当前阶段仍旧面临应用成本高昂、有效商业模式欠缺、激励和监管措施不足、源汇匹配困难等多方面挑战，距离大规模商业化运行仍有一段距离。

一是技术成本高。CCUS技术减排成本相对较高，与其他技术竞争优势不明显，经济社会尚未做好大宗商品价格上浮的准备，制约CCUS技术推广应用。加装和运行CCUS的高成本对电力、钢铁、水泥等行业造成较大压力。以煤电行业为例，加装CCUS设施的燃煤电厂发电效率会降低20%～30%，发电成本升高约60%。

二是技术需求紧迫。CCUS技术的发展在时间上面临技术锁定风险。现役燃煤电厂、水泥厂、钢铁厂等高排放行业设备服役时间较短，强制退役将引起大量资产搁浅，金额可达3.1万亿～7.2万亿元。为避免巨额资产搁浅和保证足够的资本回收时间，2030年后大量电力与工业基础设施的CCUS技术改造需求将迅速增加。为避免技术锁定，需加快技术研发和迭代升级，保证成本能耗较低的新一代二氧化碳捕集技术能够在窗口期广泛部署应用，发挥减排效益。

三是商业模式欠缺。国际经验表明，政府通过金融补贴、专项财税、强制性约束、碳定价机制等手段支持CCUS，能提高企业积极性，推动技术商业化。同时，国家出台相应监管措施，可以明确CCUS项目开发过程中的权、责、利划分，提高企业长期运营的积极性，打消公众对CCUS项目安全性和环境影响的顾虑。

四是源汇匹配不佳。中国大规模排放源主要位于东部沿海地区，化石能源资源主要分布在中西部，而适合封存的盆地主要分布在东北和西北地区。在没有全国性管网系统支撑的情况下，这种分布空间差异造成的源汇不匹配问题，极大限制了潜在二氧化碳封存容量的实际利用。而全国性管网系统的构建又面临政策、管理、经济性等多方面约束，从国家层面统筹推进将有利于破解源汇匹配不佳的难题。

6.6 昌黎县不同类型碳汇汇总

对6.1～6.5节昌黎县不同类型碳汇进行汇总，总碳汇量为222.35万吨，结果见表6-9。其中农业的碳汇量最大，占比70.97%，海洋资源的碳汇量次之，占比23.45%（表6-9）。

与昌黎县2022年碳排放量2368.55万吨相比，自然碳汇量明显抵消不了碳排放量。要想实现碳中和，需人工碳汇助力。

表6-9 昌黎县2022年不同类型碳汇量

碳汇类型		碳汇量/10^4t	占比/%
森林		11.30	5.08
农业		157.80	70.97
湿地		1.10	0.49
海洋资源	浮游植物	48.10	21.63
	贝类	4.05	1.82

第 7 章
各行业领域碳减排路径及实施方案

7.1 钢铁行业碳减排路径及实施方案

7.1.1 钢铁行业碳中和目标及路径

钢铁工业是中国国民经济重要部门之一,也是典型的资源、能源密集型行业,在能耗"双控"和"双碳"目标下,钢铁工业面临巨大压力。因此钢铁行业的绿色低碳发展是钢铁行业实现转型升级高质量发展的关键,也是中国实现碳达峰碳中和目标的重要支撑。2022 年 8 月,钢铁行业低碳工作推进委员会正式发布了《钢铁行业碳中和愿景和低碳技术路线图》(以下简称《路线图》)。该《路线图》将实施"双碳"工程按照时间节点分为四个阶段,即在 2030 年前,积极推进稳步实现碳达峰;2030—2040 年,创新驱动实现深度脱碳;2040—2050 年,实现重大突破冲刺极限降碳;2050—2060 年,融合发展助力碳中和。《路线图》也明确了中国钢铁工业"双碳"技术路径,即系统能效提升、资源循环利用、流程优化创新、冶炼工艺突破、产品迭代升级、捕集封存利用。

7.1.1.1 优化现有流程提升效能

为保证碳中和目标的实现,钢铁行业要在保障有效供给、满足有效需求的情况下,持续地压减产能,减少碳排放。此外,在现有的装备和工艺技术水平的条件下,可采取优化生产流程的措施达到降碳目的。具体可包括:①优化炉料结构,逐步提高球团矿配比,实施高球比冶炼,从源头减缓碳排放;②通过优化焦炭结构,提高入炉焦炭粒度控制标准,增强料柱骨架作用,进一步降低高炉焦比和燃料比;③根据原燃料条件的变化灵活采用不同的装料制度,增强高炉抗外围干扰能力，采用标准化的操作规程对高炉运行进行调整，确保高炉生产稳定顺行；④建设高炉大数据智能化管控系统，运用高炉冶炼机理模型、专家推理机及移动互联等先进技术，建立安全预警、生产操作优化、智能诊断、生产管理、在线监测和实时预警等业务功能，推动炼铁生产过程向数字化、网络化及智能化转型，充分利用智能化手段实现降碳目标，保障高炉长期、安全、高效、稳定、顺行生产。

7.1.1.2 提高短流程工艺炼钢比例

2022年世界钢铁协会发布报告指出，全球BF-BOF长流程的平均二氧化碳排放量为2.32t/t钢，而Scrap-EAF短流程仅为0.67t/t钢。而目前中国钢铁生产制造流程主要以传统高炉-转炉长流程为主，粗钢产量占90%，而电弧炉短流程仅占10%。可见，短流程钢铁制造流程在碳减排方面具备较大的潜力，是未来钢铁行业实现绿色低碳转型发展的重要方向。废钢-电炉工艺炼钢的原材料主要是废钢和少量铁水，以电能为主要能源冶炼粗钢。废钢经破碎或剪切、打包后装入电弧炉中，利用电极与废钢间产生的电弧热量来熔炼废钢，并配以石灰石、镍铁合金和铬铁合金等辅料，得到粗钢。由于废钢-电炉工艺较传统高炉-转炉工艺省去了焦化、烧结、球团和炼铁等需耗费大量化石燃料的工序，可大幅降低二氧化碳的排放。以河钢集团石钢公司为例，新厂区（废钢-电炉工艺）的二氧化碳排放量比老厂区（高炉-转炉工艺）削减超过52%。有研究构建了中国电炉流程双碳分析模型，从工序层面来，看电炉工序降碳潜力最大，占全流程降碳潜力的40.7%；从时间层面来看，随着各类减碳技术的推广应用，电炉流程的吨钢碳排放强度将大幅降低，并于2050年左右有望实现"近零碳"冶炼。根据《河北省加快推进钢铁产业高质量发展的若干措施》和RMI研究成果预计，2025年河北省废钢-电炉工艺炼钢占比达到10%，到2030年废钢-电炉工艺炼钢占比提升到25%。

7.1.1.3 推进氢冶炼工艺发展

2023年6月，自然资源保护协会（NRDC）发布《面向碳中和的氢冶金发展战略研究》（以下简称《研究》）。《研究》指出，氢冶金技术是用氢替代焦炭来还原铁矿石中的氧化铁，减少长流程炼钢的碳排放，是钢铁行业的重要减碳途径之一。氢冶金技术主要包括富氢高炉冶炼技术和氢基竖炉直接还原技术。其中，高炉富氢冶炼由于改造成本较低、富氢气体易获取，可操作性强，被认为是从现阶段的"碳冶金"过渡到"氢冶金"的桥梁，其潜在碳减排幅度为10%～30%。

从中长期来看，氢基直接还原工艺是最具发展潜力的低碳冶金技术之一。《研究》预计，氢基直接还原技术有望在2040年后大规模推广，先决条件是绿氢产业链的发展，包括绿色、经济、大规模氢源的获取，氢气长距离的安全储运，氢源供需的合理配置等。

富氢高炉冶炼技术是将含氢介质注入高炉中，从而减少煤/焦炭的使用和二氧化碳的排放的生产工艺。由于焦炭骨架作用的不可替代性，富氢高炉冶炼的碳减排潜力受到限制，一般认为单独富氢方式的碳减排潜力为10%～20%。但在国内90%左右生铁来自高炉-转炉长流程的背景下，为避免工艺转型过程造成现有资产的大幅减值损失，富氢高炉在实现碳达峰、碳中和目标的过渡时期具有重要推广意义。与传统高炉冶炼相比，高炉富氢将增加煤气中水蒸气含量，对焦炭气化反应行为产生不利影响。由于富氢使焦比降低、煤气成分变化，对烧结矿、球团矿等入炉原料的强度、粒度、熔滴性及低温还原粉化率、还原性等冶金性能指标提出了更高的要求。目前，高炉富氢对焦炭的置换比在0.3左右，在经济性和降低工序能耗方面还有所不足。未来，只有利用存量高炉大修机会，对炉身进行改造，通过炉身、风口喷入富氢气体，进一步将置换比提升至0.5以上，高炉富氢才可能体现出节能降碳的比较优势。

氢基直接还原是以富氢或全氢还原气为能源和还原剂，在温度还未达到铁矿石软化温度时，将铁矿石直接还原成固态海绵铁的生产工艺。使用天然气或焦炉煤气竖炉直接还原工艺，吨产品碳排放量为0.6～0.7t二氧化碳，若进一步考虑电炉环节碳排放，则吨钢碳排放量为1.0～1.2t二氧化碳，较传统长流程工艺碳排放量减少40%～50%，若能够实现稳定全绿氢供应，理论上可以实现全氢零碳冶炼。在单套规模上，竖炉装备最大生产能力为250万t/a，接近3000m^3高炉生产能力，符合钢铁生产规模化、高效化要求。环保上，由于完全避免使用焦炭、烧结矿，富氢气体或纯氢气体经净化后含硫量极低，相应冶炼环节大气污染物排放量远低于高炉长流程。但该技术需要使用高品位铁矿石资源作为原料，而全球都面临着优质高品位铁矿石资源匮乏的问题，并且高比例氢气的使用，对氢气加热炉装备制造、加热方式及用氢安全性均提出更高要求。

此外还有基于流化床的氢基直接还原技术，该技术完全以铁矿粉为原料，不再需要对矿粉进行造块。但该技术存在要求使用高品位铁矿石、产品较高的金属化率易造成黏结失流及单位产品能耗高于氢基竖炉等不足之处。未来高比例富氢或全氢的熔融还原技术若开发成熟并实现规模化应用，可以摆脱目前发展氢基直接还原技术所面临的优质铁矿石资源匮乏的限制。

7.1.1.4 推广碳捕集技术应用

碳捕集技术将二氧化碳从工业生产、能源利用等过程产生的烟气中分离和富集，并进行封存或进一步利用，是一项创新的且直接有效的碳减排措施。钢铁行业碳捕集方法目前主要采用的是化学吸收法和物理吸附法。

化学吸收法的原理是利用化学吸收剂与烟气中的二氧化碳进行化学反应，生成不稳定物质，从而实现二氧化碳的捕集，之后通过逆向反应分离出二氧化碳，并实现吸收剂的再生。例如，宝钢集团新疆八一钢铁有限公司对熔融还原炼铁炉进行改造，并对其产生的煤气利用醇胺化学吸收法进行二氧化碳捕集。捕集过程是欧冶炉煤气经过降温洗涤塔降温至45℃后，进入吸收塔内与醇胺溶液反应实现碳捕集，反应后的富液在常解塔、汽提塔内实现再生，得到的半贫液、贫液重新返回吸收塔中部和上部。脱碳后的欧冶炉煤气二氧化碳浓度低于1%，捕集的二氧化碳纯度超过99%，脱碳后的净化煤气回用于欧冶炉，降低了冶炼的燃料比和焦比，节约了冶炼成本，也提高了铁水品质。

物理吸附法的原理是利用多孔吸附剂固体与混合气体不同分子相互作用力的差异，对二氧化碳进行优先选择吸附捕集，之后通过降压或加热等方式，对二氧化碳进行解吸，并使吸附剂实现再生。例如，首钢京唐钢铁联合有限责任公司开发建设了国内首个石灰窑烟气二氧化碳捕集系统，通过对烟气的净化、吸附和浓缩可使二氧化碳浓度达到99.8%以上。捕集的二氧化碳创新性地应用于转炉二氧化碳-氧气混合喷吹，提高了转炉煤气的质量，增加了冶金搅拌动能，降低了炉渣铁含量，同时可实现转炉冶炼的吨钢二氧化碳排放减少18.23kg。

7.1.2 钢铁行业碳减排实施方案

2022年6月19日，河北省人民政府发布了《河北省碳达峰实施方案》，方案在推动钢铁行业碳达峰行动中提出除严控产能外，还要求推进钢铁行业短流程改造，提升废钢资源化利用水平，加快清洁能源替代；推广高效节能降碳技术，鼓励钢化联产，试点示范富氢燃气炼铁，推动低品位余热供暖发展。在此大背景下，昌黎县的各钢铁企业需加大行动，通过加强能耗管理、更新生产设备以及采用低碳冶炼技术等逐步降低自身的碳排放水平。

7.1.2.1 高质量完成钢铁企业全工序超低排放改造

钢铁企业超低排放是指对所有生产环节（含原料场、烧结、球团、炼焦、炼铁、炼钢、轧钢、自备电厂等，以及大宗物料产品运输）实施升级改造，大气污染物有组织排放、无组织排放以及运输过程满足相应要求。2019年5月,生态环境部等五部委曾联合印发《关于推进实施钢铁行业超低排放的意见》,意见指出到2025年底前,重点区域钢铁企业超低排放改造基本完成,全国力争80%以上产能完成改造。截至2023年底,宏兴钢铁环保提升改造累计投入专项资金34.05亿元,针对厂区有组织排查点、无组织排查点、清洁运输及无组织管控平台、CEMS、DCS控制系统等方面进行超低排放改造。正在建设或完工的项目包括两座日产600t麦尔兹石灰窑项目、球团竖炉超低排放改造项目、烧结机技改升级项目、联合置换升级改造项目、65万t/a钢渣综合资源利用项目、1260m³高炉现有老旧热风炉节能环保升级改造等,在此基础上各钢铁企业继续深入超低排放改造工作。

宏兴钢铁置换200万t/a链箅机-回转窑球团生产线项目。为更好推进宏兴钢铁节能减排和提高产品质量,解决现有竖炉焙烧球团生产线单机能力小、加热不均、对原料适应性差的缺点,规划通过淘汰现有4台10m²竖炉,建设1条200万t/a链箅机-回转窑球团生产线。项目完成后可削减颗粒物、二氧化硫、氮氧化物排放量分别不少于171.902t/a、255.47t/a、290.036t/a。链箅机-回转窑可用燃料种类较多,可以使用天然气、高热值煤气、重油以及煤等多种燃料,电耗和燃料单位消耗低,污染排放易于控制。为此规划与之配套的天然气储备项目,采用天然气作为200万吨链箅机-回转窑焙烧燃料,符合我国能源利用和发展政策,达到减碳目的。

安丰钢铁规划3×600t/d麦尔兹并流蓄热式石灰窑二期项目。安丰钢铁拆除现有10座年总石灰生产能力63万吨的石灰竖窑,采用国际先进的意大利麦尔兹石灰窑技术,建设3×600t/d麦尔兹并流蓄热式石灰窑生产线及配套设施项目。由于麦尔兹石灰窑这种竖窑采用了并流蓄热系统,废热得到了充分利用,节能效果显著,热耗低;技改前年产63万吨石灰,吨石灰能耗为134.02kg;技改后年产60万吨石灰,吨石灰能耗为108.9kg,吨石灰能耗可由原来的134.02kg降到108.9kg。

新建专用铁路线。为提高大宗物料铁路运输比例,减少公路运输扬尘,以及汽车油料燃烧产生的尾气和二氧化碳排放,宏兴钢铁规划投资56925.9万元在昌黎县朱各庄镇实施"秦皇岛宏兴钢铁有限公司铁路专用线工程"。项目实施后,运量为530万t/a,其中煤炭70万t/a、焦炭160万t/a、石灰石矿100万t/a、铁矿石100万t/a,发送钢材100万t/a。

建设环保管控治一体化平台。一体化平台系统可将所有有组织、无组织监测和治理设施均实现联网，对全公司所有涉及无组织排放实行 TSP 监控、空气质量监控、高清视频监控等有效监控，实现全厂有组织、无组织、物流运输及门禁系统管控信息化、数据化、智能化。通过全天候在线监控企业污染物排放情况及污染处理设施运行情况，构建全方位、多层次、全覆盖的企业环境监测网络，实现企业各类污染物的污染预防、达标排放，提高环境管理工作效率，对监测数据进行深度挖掘与应用，以更精细的动态方式实现企业环境管理和决策的智慧化。

宏兴钢铁通过实施超低排放改造，可显著促进公司环保治理水平的大幅提高：与改造前相比，颗粒物、二氧化硫、氮氧化物分别可下降 462.99t/a、297.99t/a、1198.54t/a，下降比例分别为 19.59%、64.31%、78.17%。大气污染物总体下降比例为 47.06%。改造后可减少区域污染物排放，改善周边环境质量，促进企业绿色发展，获得更加良好的社会形象。长远来看，超低排放达标还将会对企业盈利形成长期支撑的"保护伞"，在绩效评级、重污染天气减排停限产等方面都提供了一定的优惠政策，比如差异化电价和水价、重污染应对期间停限产、治理设施购置税减免、环境保护税减免等。

7.1.2.2 深入开展兴国精密高炉富氢冶炼应用示范项目

氢冶金是利用氢代替碳作为冶金过程的燃料和还原剂，反应产物是水，与传统的碳冶金相比可从根本上减少碳排放，是革命性的钢铁生产技术，可彻底实现冶金行业产业升级，实现清洁生产的目标。对于发展氢冶金，国家层面已发布一系列政策文件，强化了氢冶金领域的顶层设计。《2030 年前碳达峰行动方案》《工业领域碳达峰实施方案》《钢铁行业节能降碳改造升级实施指南》《氢能产业发展中长期规划（2021—2035）》等国家层面政策均大力推动氢冶金技术创新研发和示范应用，为我国乃至全球钢铁行业探索先进可靠的技术方案。目前《河北省工业领域碳达峰实施方案》在关于钢铁行业碳达峰行动中要求，到 2030 年富氢碳循环高炉冶炼、氢基竖炉直接还原铁等技术要取得突破应用。

目前，特大型钢铁企业为了响应国家"双碳"战略部署，都正在开展一系列极具竞争力的氢能冶金项目。例如，中国钢研科技集团有限公司于 2023 年 3 月进行两座高炉喷氢试验，吨铁最高喷氢量 $60m^3$；中国宝武钢铁集团有限公司建设湛江百万吨级直接还原氢冶金项目以及鞍钢集团开发的万吨级流化床氢气炼铁技术示范，均预计在 2024 年投运。昌黎县兴国精密机件有限公司与上海大学合作立项的"高炉富氢低碳冶炼关键工艺技术研究与示范（21DZ1208900）"项目获得上海市首批双碳专项项目 1000 万的经费支持，用以建设高炉富氢低碳技术研发试验系统平台，共同研究先进的氢冶金技术。目前该中心建造了我国首台套以"40m³可解剖试验炉"为核心的半工业化试验系统，形成车载高压供氢-卸压喷吹-氢冶金联用平台，完成了我国首次以纯氢为喷吹气源进行高炉富氢冶炼技术开发试验，获得了钢铁生产中大规模安全使用氢气的经验。以目前兴国精密拥有的450m³铸造高炉进行富氢冶炼按照降低焦比10%以上、减少二氧化碳排放量10%以上计算，每吨铁可节省焦炭成本约100元，减少二氧化碳排放约143kg，公司年降低二氧化碳排放约84942t。在此基础上积极谋划绿色制氢、储氢附属项目，其主要是利用光伏发电等绿色能源建设制氢，项目计划投资1.78亿元，建成后单日可产氢30万m³。总体规划的"30万m³/d可再生能源电解水制氢-450m³高炉富氢冶炼-炉顶煤气循环"工业化应用示范项目，可实现制氢-氢气储输-富氢冶金-碳捕集循环的全链条技术创新，预计可实现吨铁降碳30%~50%。

7.1.2.3 规划建设碳中和示范区

《河北省工业领域碳达峰实施方案》提出要打造一批绿色低碳工业园区，到2025年，通过已创建的绿色工业园区实践形成一批可复制、可推广的碳达峰优秀典型经验和案例。到2030年，累计创建省级及以上绿色园区30家。宏兴钢铁以此规划建设碳中和示范区，占地40亩，内设环保、能源、生产管控大厅和低碳展示中心。项目投入使用后，通过能源管控系统，对建筑节能、设备节能、可再生能源发电进行智慧管控，根据环境自动控制耗能设备的使用，达到节能运行的目的。

碳中和示范区的一个规划项目是蓝凯新能源项目，其主要是利用钢铁厂内部屋顶、车棚和料棚的上部闲置空间安装太阳能光伏发电系统，将太阳能转换成电能，通过升压站把电压升压到220kV，将电力输送至变压站，直供给宏兴钢铁进行使用。预计设备全部运行后，年平均发电量可达1300万千瓦时，同燃煤火电站相比，每年可节约标准煤5242.68t。并以此为基础，在更大范围内利用在厂区或周边空间安装太阳能光伏发电系统，减少对公共电网的依赖，降低间接碳排放。

推进实施"西热东输"工程。"西热东输"供热工程是将位于昌黎县西部的安丰钢铁公司、宏兴钢铁公司的工业余热，引入东部的县城用于居民冬季取暖。工程总投资5.62亿元，包括新建热力管道40.3km，建设中继泵站1座、换热首站2座，工程完工后，将形成多热源枝状管网供热系统格局，实现县城部分区域低碳清洁供热。投入使用后，预计每年节约煤炭使用量 8.63 万吨，减排二氧化碳 19.09 万吨、二氧化硫 2466.72t、氮氧化物 326.49t。

7.2 建材行业碳减排路径及实施方案

7.2.1 建材行业碳中和目标及路径

建材行业是国民经济和社会发展的重要基础产业，也是工业领域能源消耗和碳排放的重点行业。为深入贯彻落实党中央、国务院关于碳达峰碳中和决策部署，切实做好建材行业碳达峰工作。"十四五"期间，建材产业结构调整取得明显进展，行业节能低碳技术持续推广，水泥、玻璃、陶瓷等重点产品单位能耗、碳排放强度不断下降，水泥熟料单位产品综合能耗水平降低 3% 以上。"十五五"期间，建材行业绿色低碳关键技术产业化实现重大突破，原燃料替代水平大幅提高，基本建立绿色低碳循环发展的产业体系。确保 2060 年前建材行业实现碳中和。

7.2.1.1 强化总量控制

建材行业引导低效产能退出。修订《产业结构调整指导目录》，进一步提高行业落后产能淘汰标准，通过综合手段依法依规淘汰落后产能。发挥能耗、环保、质量等指标作用，引导能耗高、排放大的低效产能有序退出。鼓励建材领军企业开展资源整合和兼并重组，优化生产资源配置和行业空间布局。鼓励第三方机构、骨干企业等联合设立建材行业产能结构调整基金或平台，进一步探索市场化、法治化产能退出机制。

防范过剩产能新增。严格落实水泥、平板玻璃行业产能置换政策，加大对过剩产能的控制力度，坚决遏制违规新增产能，确保总产能维持在合理区间。加强石灰、建筑卫生陶瓷、墙体材料等行业管理，加快建立防范产能严重过剩的市场化、法治化长效机制，防范产能无序扩张。支持国内优势企业"走出去"，开展国际产能合作。

完善水泥错峰生产。分类指导，差异管控，精准施策安排好错峰生产，推动全国水泥错峰生产有序开展，有效避免水泥生产排放与取暖排放叠加。加大落实和检查力度，健全激励约束机制，充分调动企业依法依规执行错峰生产的积极性。

7.2.1.2 推动原料替代

逐步减少碳酸盐用量。强化产业间耦合，加快水泥行业非碳酸盐原料替代，在保障水泥产品质量的前提下,提高电石渣、磷石膏、氟石膏、锰渣、赤泥、钢渣等含钙资源替代石灰石比重,全面降低水泥生产工艺过程的二氧化碳排放。加快高贝利特水泥、硫(铁)铝酸盐水泥等低碳水泥新品种的推广应用。研发含硫硅酸钙矿物、黏土煅烧水泥等材料,降低石灰石用量。

加快提升固废利用水平。支持利用水泥窑无害化协同处置废弃物。鼓励以高炉矿渣、粉煤灰等对产品性能无害的工业固体废物为主要原料的超细粉生产利用,提高混合材产品质量。提升玻璃纤维、岩棉、混凝土、水泥制品、路基填充材料、新型墙体和屋面材料生产过程中固废资源利用水平。支持在重点城镇建设一批达到重污染天气绩效分级 B 级及以上水平的墙体材料隧道窑处置固废项目。

推动建材产品减量化使用。精准使用建筑材料,减量使用高碳建材产品。提高水泥产品质量和应用水平,促进水泥减量化使用。开发低能耗制备与施工技术,加大高性能混凝土推广应用力度。加快发展新型低碳胶凝材料,鼓励固碳矿物材料和全固废免烧新型胶凝材料的研发。

7.2.1.3 转换用能结构

加大替代燃料利用。支持生物质燃料等可燃废弃物替代燃煤,推动替代燃料高热值、低成本、标准化预处理。完善农林废弃物规模化回收等上游产业链配套,形成供给充足稳定的衍生燃料制造新业态,提升水泥等行业燃煤替代率。

加快清洁绿色能源应用。优化建材行业能源结构,促进能源消费清洁低碳化,在气源、电源等有保障,价格可承受的条件下,有序提高平板玻璃、玻璃纤维、陶瓷、矿物棉、石膏板、混凝土制品、人造板等行业的天然气和电等使用比例。推动大气污染防治重点区域逐步减少直至取消建材行业燃煤加热、烘干炉(窑)、燃料类煤气发生炉等用煤。引导建材企业积极消纳太阳能、风能等可再生能源,促进可再生能源电力消纳责任权重高于本区域最低消纳责任权重,减少化石能源消费。

提高能源利用效率水平。引导企业建立完善能源管理体系,建设能源管控中心,开展能源计量审查,实现精细化能源管理。加强重点用能单位的节能管理,严格执行强制性能耗限额标准,加强对现有生产线的节能监察和新建项目的节能审查,树立能效"领跑者"标杆,推进企业能效对标达标。开展企业节能诊断,挖掘节能减碳空间,进一步提高能效水平。

7.2.1.4 加快技术创新

加快研发重大关键低碳技术。突破水泥悬浮沸腾煅烧、玻璃熔窑窑外预热、窑炉氢能煅烧等重大低碳技术。研发大型玻璃熔窑大功率"火-电"复合熔化，以及全氧、富氧、电熔等工业窑炉节能降耗技术。加快突破建材窑炉CCUS，加强与二氧化碳化学利用、地质利用和生物利用产业链的协同合作，建设一批标杆引领项目。探索开展负排放应用可行性研究。加大低温余热高效利用技术研发推广力度。加快气凝胶材料研发和推广应用。

加快推广节能降碳技术装备。每年遴选公布一批节能低碳建材技术和装备，到2030年累计推广超过100项。水泥行业加快推广低阻旋风预热器、高效烧成、高效篦冷机、高效节能粉磨等节能技术装备，玻璃行业加快推广浮法玻璃一窑多线等技术，陶瓷行业加快推广干法制粉工艺及装备，岩棉行业加快推广电熔生产工艺及技术装备，石灰行业加快推广双膛立窑、预热器等节能技术装备，墙体材料行业加快推广窑炉密封保温节能技术装备，提高砖瓦窑炉装备水平。

以数字化转型促进行业节能降碳。加快推进建材行业与新一代信息技术深度融合，通过数据采集分析、窑炉优化控制等提升能源资源综合利用效率，促进全链条生产工序清洁化和低碳化。探索运用工业互联网、云计算、第五代移动通信（5G）等技术加强对企业碳排放在线实时监测，追踪重点产品全生命周期碳足迹，建立行业碳排放大数据中心。针对水泥、玻璃、陶瓷等行业碳排放特点，提炼形成10套以上数字化、智能化、集成化绿色低碳系统解决方案，在全行业进行推广。

7.2.1.5 推进绿色制造

构建高效清洁生产体系。强化建材企业全生命周期绿色管理，大力推行绿色设计，建设绿色工厂，协同控制污染物排放和二氧化碳排放，构建绿色制造体系。推动制定"一行一策"清洁生产改造提升计划，全面开展清洁生产审核评价和认证，推动一批重点企业达到国际清洁生产领先水平。在水泥、石灰、玻璃、陶瓷等重点行业加快实施污染物深度治理和二氧化碳超低排放改造，促进减污降碳协同增效，到2030年改造建设1000条绿色低碳生产线。推进绿色运输，打造绿色供应链，中长途运输优先采用铁路或水路，中短途运输鼓励采用管廊、新能源车辆或达到国六排放标准的车辆，厂内物流运输加快建设皮带、轨道、辊道运输系统，减少厂内物料二次倒运以及汽车运输量。推动大气污染防治重点区域淘汰国四及以下厂内车辆和国二及以下的非道路移动机械。

构建绿色建材产品体系。将水泥、玻璃、陶瓷、石灰、墙体材料、木竹材等产品碳排放指标纳入绿色建材标准体系，加快推进绿色建材产品认证，扩大绿色建材产品供给，提升绿色建材产品质量。大力提高建材产品深加工比例和产品附加值，加快向轻型化、集约化、制品化、高端化转型。加快发展生物质建材。

加快绿色建材生产和应用。鼓励各地因地制宜发展绿色建材，培育一批骨干企业，打造一批产业集群。持续开展绿色建材下乡活动，助力美丽乡村建设。通过政府采购支持绿色建材促进建筑品质提升试点城市建设，打造宜居绿色低碳城市。促进绿色建材与绿色建筑协同发展，提升新建建筑与既有建筑改造中使用绿色建材，特别是节能玻璃、新型保温材料、新型墙体材料的比例，到2030年星级绿色建筑全面推广绿色建材。

7.2.2 建材行业碳减排实施方案

7.2.2.1 能源结构低碳化发展

昌黎县在能源结构低碳化发展方面主要研发推广清洁能源利用技术，加快能源结构调整。积极研发绿色能源、清洁能源、可再生能源生产建筑材料产品的工艺技术及装备，大力推广光伏发电、风能、地热等可再生能源技术、氢能等非化石能源替代技术以及生物质能、储能等技术，不断优化建筑材料行业能源消费结构方面。昌黎县要着力提高光伏玻璃、风电叶片等新能源产品供给能力，为我国新能源发展和能源结构调整作出更大贡献。

2025年，河北省力争全省光伏发电装机总规模达到6000万千瓦，风电装机总规模达到4600万千瓦，煤炭消费量较2020年下降10%左右，"十五五"时期煤炭消费占比持续降低。昌黎县风电项目已完成立项审批，预计总安装容量199.5MW，年发电量为455538.3MW·h，同步配置磷酸铁锂电池储能系统，设计容量40MW/80MW·h。项目风场分布于昌黎县刘台庄镇、团林乡、荒佃庄镇、泥井镇，升压站位于刘台庄镇。项目总投资124405.13万元，建成后每年可为电网提供清洁电能455538.3MW·h。按照火电煤耗每千瓦时耗标准煤301.5g计算，投运后每年可节约标准煤约137344.8t，每年可减少二氧化碳排放量约377185.71t、二氧化硫排放量约45.55t、氮氧化物排放量约68.33t。

能源结构进一步低碳化发展可优化建筑材料行业能源消费结构，逐步提高使用电力、天然气等清洁能源的比重。鼓励企业积极采用光伏发电、风能、氢能等可再生能源技术，研发非化石能源替代技术、生物质能技术、储能技术等，并在行业推广使用。

7.2.2.2 建材低碳技术的研发

建筑材料的研发与使用问题已越来越被政府和建筑行业所重视，我国政府适时制定了相关的规划，将建筑业列为节能与环保的重点行业。而建材行业作为自然资源消耗量大、能耗高，土地破坏多，废气、粉尘排放量大，对大气污染严重的行业，节能问题更是重中之重。因此，研发低碳技术已成为主要发展方向和趋势，对于落实科学发展观和构建资源节约型社会具有重要的现实意义。

根据《河北省工业领域碳达峰实施方案》建材行业降碳标准中规定加快全氧、富氧、电熔等工业窑炉节能降耗技术应用，推广水泥高效篦冷机、高效节能粉磨、低阻旋风预热器、高效节能风机。计划到2025年，通过设施的改进水泥熟料单位产品综合能耗水平稳中有降。到2030年，原燃料替代水平大幅提高，突破玻璃熔窑窑外预热、窑炉氢能煅烧等低碳技术，在水泥、玻璃、陶瓷等行业改造建设一批减污降碳协同增效的绿色低碳生产线，实现窑炉CCUS技术产业化示范。

昌黎冀东水泥有限公司为推进绿色制造，淘汰落后产能，促进工业节能降耗，推出工业领域降碳减污行动方案。2022年改造了循环风机和窑头、窑尾罗茨风机，并更换了空压机。循环风机改造是拆除原有循环机的上、下壳体、出风口、入口调节阀门以下非标装置，以及风机润滑管路等，更换高效循环风机。原风机按照年运转6120h，每千瓦时按0.5元计算，改造完成后功耗按照降低375kW·h，年节约电量约229.5万千瓦时，年节约电费114.75万元。窑头、窑尾改造罗茨风机是将原有两台罗茨风机（一台ZG150，一台ZG200）拆除，更换为两台磁悬浮鼓风机。改造后，按照年平均运行7200h估算，年节约电量为25.5万千瓦时，电费按照0.5元/(kW·h)计算，年节约电费为12.7万元。购置的1台新型双级压缩变频水泥空压机，预测每吨可降低系统电耗0.41kW·h。

湖北京兰（永兴）水泥有限公司改造项目中，采用外循环立磨系统工艺，将立磨的研磨和分选功能分开，系统气体阻力降低5000Pa，通风能耗和电耗降低，粉磨系统电耗降低3~4kW·h/d，能源利用效率大幅提升。系统产量提升约10%，系统电耗降低4.47kW·h/d，年节约电量约756万千瓦时，折合年节约标准煤2457t，减排二氧化碳6812t/a。

泰安中联水泥有限公司5000t/d新型干法水泥工程项目中，采用带中段辊破的列进式冷却机节能技术，该技术是在冷却机中段设置了高温辊式破碎机，使大块红料得到充分破碎，落入到第二段篦床冷却后，以较低的温度排出，热回收效率高，可降低烧成系统热耗，平均每吨熟料节约标准煤2kg。该系统运行稳定，年节约标准煤4108t，减排二氧化碳1.14万t/a。

新型水泥熟料冷却技术及装备，采用新型前吹高效篦板、高效急冷斜坡、高温区细分供风、新型高温耐磨材料、智能化"自动驾驶"、新型流量调节阀等技术，热回收效率高，输送运转率高，磨损低。在涞水冀东水泥有限公司箅冷机改造项目中，吨熟料工序电耗下降2.57kW·h，每年可节电370万千瓦时，折合标准煤1202.5t，工序标准煤耗下降2.81kg/t熟料，每年可节约5100t标准煤当量，余热发电年增加发电量570万千瓦时，折合标准煤1852.5t。综合年节约标准煤8155t，减排二氧化碳2.26万t/a。

全国在建材减污降碳应用方面可采用水泥生料助磨剂技术，该技术适用于建材行业新型干法水泥窑生料粉磨、分解和烧成工序节能技术改造。水泥生料助磨剂技术是将助磨剂按掺量0.12~0.15比例添加在水泥生料中，改善生料易磨性和易烧性，在水泥生料的粉磨、分解和烧成中可以助磨节电、提高磨窑产量、降低煤耗、降低排放、改善熟料品质，预计每年节约标准煤43万吨。

根据生态环境部发布的《减污降碳协同增效实施方案》中第八条规定，推进工业领域协同增效，鼓励重点行业企业探索采用多污染物和温室气体协同控制技术工艺，开展协同创新，推动CCUS技术在工业领域的应用。水泥生产中伴随着二氧化碳排放的化学反应，水泥生产中65%的碳排放都在石灰石转化为生石灰的过程中，是产品制造中不可或缺的一部分。因此，钢铁、水泥等难减行业依靠能源替代等方法无法实现完全脱碳，也需要CCUS技术进行末端处理加以去除。

7.2.2.3 加强全过程节能管理

建材行业在全过程节能管理方面涉及了坚持节约优先，加强重点用能单位的节能监管，严格执行能耗限额标准，树立能效领跑者标杆，推进企业能效对标达标。建立企业能源使用管理体系，利用信息化、数字化和智能化技术加强能耗的控制和监管。在水泥、平板玻璃、陶瓷等行业，开展节能诊断，加强定额计量，挖掘节能降碳空间，进一步提高能效水平。把不断挖掘节能减排潜力，不断提高资源能源利用效率和原燃材料替代率作为一项始终坚持的重要任务。坚持创新驱动，研发应用以减量、减排、高效为特征的减污降碳新工艺、新技术、新产品，以提高原燃材料替代率并兼具经济性为要求的低劣质原料及废弃物利用、建筑材料产品循环利用等技术，以及碳吸附、碳捕集、碳储存等功能型技术，推动循环经济、低碳经济、生态经济在行业全流程的广泛应用。以供需调节为着力点，在政府部门指导下，加强与能源生产供给、可替代原燃材料及废弃物产出体系等部门机构的协调统筹，积极争取天然气等清洁能源、区域内产业布局及废弃物供给等方面配套支持力度，形成能够满足建筑材料工业低碳发展的政策环境、市场环境、社会环境。

根据生态环境局发布的《河北省减污降碳协同增效实施方案》第十九条和第二十条规定，开展产业园区减污降碳协同创新。鼓励各类产业园区根据自身主导产业和污染物、碳排放水平，积极探索推进减污降碳协同增效，支持开展减污降碳协同增效试点园区建设。充分考虑园区企业产业链衔接，土地等资源能源集约节约利用，优化园区空间布局。大力推广使用新能源，建设集中供汽供热或清洁低碳能源中心，支持发展光伏建筑一体化、多元储能、高效热泵、余热余压利用、智慧能源管控系统等，促进园区能源系统优化和梯级利用。加大园区污水、垃圾集中处理和再生水利用设施建设力度，推广建设涉VOCs"绿岛"项目，开展危险废物集中收集转运、利用处置试点，提升园区污染治理和资源综合利用水平。建立企业减污降碳协同创新的政策激励机制和指标体系，推动重点行业企业开展减污降碳协同增效试点工作。聚焦低污染与低碳排放、节能与能效提升、节水与水效提升、资源综合利用等关键领域，鼓励企业采取工艺改进、能源替代、节能提效、综合治理等措施实施绿色改造工程，实现生产过程中大气、水和固体废物等多种污染物以及温室气体大幅减排，推动污染物和碳排放均达到行业先进水平。优选一批具备条件的企业开展减污降碳协同创新行动，支持探索深度减污降碳路径，打造"双近零"排放标杆企业。

昌黎县鼓励各类产业园区根据自身主导产业和污染物、碳排放水平，积极探索推进减污降碳协同增效方案。倡导各类产业园优化园区空间布局，大力推广使用新能源，园区能源系统优化和梯级利用、水资源节约高效循环利用、废物综合利用。同时升级改造污水处理设施和垃圾焚烧设施，提升基础设施绿色低碳发展水平。为营造良好的减污降碳环境，国家各部门联合发布降碳政策支持行业发展（表7-1）。

表7-1 我国减污降碳政策

时间	发布机构	减污降碳政策文件
2024年2月1日	国家发展和改革委员会	《碳排放权交易管理暂行条例》
2023年8月1日	秦皇岛市人民政府	《秦皇岛市关于大力推进绿色建筑发展的实施意见》
2023年3月29日	河北省工业信息化厅等	《河北省工业领域碳达峰实施方案》
2023年2月7日	河北省生态环境厅、河北省发展改革委等	《河北省减污降碳协同增效实施方案》

续表

时间	发布机构	减污降碳政策文件
2022年12月1日	工信部	《国家工业和信息化领域节能技术装备推荐目录(2022年版)》
2022年11月2日	生态环境部、发展和改革委员会等	《建材行业碳达峰实施方案》
2022年7月7日	生态环境部、发展和改革委员会等	《工业领域碳达峰实施方案》
2022年6月13日	生态环境部、国家能源局等	《减污降碳协同增效实施方案》
2022年2月11日	工信部、生态环境部等	《高耗能行业重点领域节能降碳改造升级实施指南(2022年版)》 《水泥行业节能降碳改造升级实施指南》

7.3 热电行业碳减排路径及实施方案

我国电力行业碳排放量增长有效减缓。根据《中国电力行业年度发展报告2023》显示，2022年，全国单位火电发电量二氧化碳排放约 $824g/(kW \cdot h)$，比2005年降低21.4%；全国单位发电量二氧化碳排放约 $541 g/(kW \cdot h)$，比2005年降低36.9%。从2006年到2022年，电力行业累计减少二氧化碳排放量约247.3亿吨。其中，非化石能源发展、降低供电煤耗、降低线损率减排贡献率分别达到57.3%、40.5%、2.2%。截至2022年底，全国碳排放权交易市场（发电行业）碳排放配额（CEA）累计成交量2.30亿吨，累计成交额超过104.75亿元。其中，2022年合计成交量0.51亿吨，合计成交额超过28.1亿元，综合成交均价55.30元/t。

我国电力需求还处在较长时间的增长期。双循环发展新格局带动用电持续增长，新旧动能转换，传统用电行业增速下降，高技术及装备制造业和现代服务业将成为用电增长的主要推动力量。新型城镇化建设将推动电力需求刚性增长，能源转型发展呈现明显的电气化趋势，电能替代潜力巨大。综合考虑节能意识和能效水平提升等因素，预计2025年、2030年、2035年我国全社会用电量分别为9.5万亿千瓦时、11.3万亿千瓦时、12.6万亿千瓦时，"十四五""十五五""十六五"期间年均增速分别为4.8%、3.6%、2.2%。预计2025年、2030年、2035年我国最大负荷分别为16.3亿千瓦、20.1亿千瓦、22.6亿千瓦，"十四五""十五五""十六五"期间年均增速分别为5.1%、4.3%、2.4%。

有学者通过对"十四五"及中长期电源发展设置了新能源、核电不同发展节奏的三种情景进行研究发现：情景一是新能源加速发展，2030年电力行业碳排放达峰，投资最省；情景二是核电＋新能源加速发展，2028年电力行业碳达峰，投资比情景一高0.6万亿元；情景三新能源跨越式发展，2025年电力行业碳达峰，投资比情景一高1.6万亿元，但"十四五"期间主要依赖电化学储能技术成熟度，具有不确定性。综合分析后，推荐情景二，2030年前实现电力行业碳达峰，力争在2028年达成，峰值规模在47亿吨左右。

"十四五"期间，为保障电力供应安全，需要新增一定规模煤电项目。水电、核电项目建设工期长，一般需要5年左右，"十四五"期间新投产规模比较确定，预计到2025年水电达到4.7亿千瓦（含抽水蓄能0.8亿千瓦），核电0.8亿千瓦。新能源按照年均新增0.7亿千瓦考虑，到2025年风电达到4.0亿千瓦，太阳能发电达到5.0亿千瓦。由于新能源可参与电力平衡的容量仅为10%～15%，为保障电力供应安全，满足电力实时平衡要求，"十四五"期间，需新增煤电1.9亿千瓦。考虑退役情况，到2025年煤电装机达到12.5亿千瓦。

"十五五"中后期，电力行业实现碳排放达峰，并逐步过渡到稳中有降阶段。"十五五"期间，新能源年均新增1.2亿千瓦，核电年均增加8～10台机组。预计2030年左右煤电装机达峰，电力行业碳排放于2028年达峰。"十六五"期间，电动汽车广泛参与系统调节，进一步支撑更大规模新能源发展。新能源年均新增2.0亿千瓦，核电发展节奏不变。新能源、核电、水电等清洁能源发电低碳贡献率分别为58%、20%、22%，电力行业碳排放进入稳中有降阶段。

碳达峰碳中和目标的实现将推高发电成本。考虑规模化发展及技术进步，核电、新能源及储能设施的建设成本呈加速下降趋势。但由于新能源属于低能量密度电源，为满足电力供应，需要建设更大规模的新能源装机，导致电源和储能设施年度投资水平大幅上升，据测算，"十四五""十五五""十六五"期间，电源年度投资分别为6340亿元、7360亿元、8300亿元（"十一五""十二五""十三五"期间，电源年度总投资分别为3588亿元、3831亿元、3524亿元）。相比2020年，2025年发电成本提高14.6%，2030年提高24.0%，2035年提高46.6%。

重大技术创新助力电力行业实现碳中和目标。诸如碳中性气体、液体燃料取得重大突破，包括氢、氨和烃类等载体可以长期储存电力或用于发电，将大范围替代火电机组，增加系统转动惯量，保障大电网稳定运行，电力生产进入低碳、零碳阶段，并辅以碳捕集、林业碳汇，实现电力行业碳中和。实现碳中和，将以新型电力系统为基础平台，特高压输电技术、智能电网技术、长周期新型储能技术、氢能利用技术、碳捕集技术等绿色低碳前沿技术创新为依托，共同推进目标实现。

7.3.1 热电行业碳中和目标及路径

2021年国务院印发《"十四五"节能减排综合工作方案》，提及要实施清洁电力和天然气替代。推广大型燃煤电厂热电联产改造，充分挖掘供热潜力，推动淘汰供热管网覆盖范围内的燃煤锅炉和散煤。加大落后燃煤锅炉和燃煤小热电退出力度，推动以工业余热、电厂余热、清洁能源等替代煤炭供热（蒸汽）。到2025年，非化石能源占能源消费总量比重达到20%左右。推广绿色电力证书交易，全面推进电力需求侧管理。推行合同能源管理，积极推广节能咨询、诊断、设计、融资、改造、托管等"一站式"综合服务模式。

昌黎县已经在2019年落实淘汰35t/h及以下燃煤锅炉，提出深度推进煤改气、煤改电工程。昌黎县注重培育新兴产业，并努力推动其作为该县未来发展的主导动力，提出全力推进节能环保、新材料、新能源、生命健康和高端装备制造等新兴产业项目，并以此树立经济增长新聚点，逐渐完成产业结构优化和实力过硬的绿色经济转型（表7-2）。涉及热电领域发展，该县提出要制定出台大气污染防治"1+1+18"政策体系，持续推进"削煤、减排、抑尘、治矿、增绿"五大攻坚行动。具体落实举措包括：将两大热源厂供热面积提升到780万平方米；积极推进管道天然气全域覆盖；推广落实城区集中供热、清洁取暖集中供热以及电厂余热利用等。

截至2023年，昌黎县已有新天、凯润、国能3家企业投资的4个风电、1个生物质项目并网发电，总装机容量262.5MW。2024年以来，昌黎县新批复陆地风电项目4个、陆地光伏项目1个，总投资32.2亿元，装机容量540MW。2024年昌黎县计划全力推进重大新能源项目2个。其中，与金风集团合作深海风电项目总规模500MW；与河北华电、国电电力、国华、中电建4家企业合作180万千瓦海上光伏项目等。

表7-2 昌黎县绿色热电项目

领域	项目名称
现有运行项目	
生物质发电	国能昌黎生物发电公司35MW生物质热电联产及新能源展示中心工程
风、光发电	200MW风力发电项目、1800MW海上光伏项目
热电改造	昌黎县一号热源厂热电联产工程
清洁供热	昌黎县清洁取暖集中供热及电厂余热利用工程
清洁供热	钢铁企业余热利用供暖项目

续表

领域	项目名称
未来规划项目	
新能源发电	首个风电项目大滩风电建成投产
风力发电	昌黎七里20MW风电项目
生物质发电	国能生物质发电和凯润风电(一期)等项目建成投产
科技创新	中关村生命园昌黎科创基地项目

生物质高效能热电联产系统包括生物质供应装置、蒸汽发生装置和蒸汽发电机组，所述生物质供应装置通过输送带将生物质燃料输送至所述蒸汽发生装置内燃烧来产生蒸汽，所述蒸汽发生装置包括生物质燃烧器、蒸发器和蒸汽产生器，所述生物质燃烧器为蒸发器提供热气使蒸发器内的原料水蒸发为水蒸气，所述蒸发器与蒸汽产生器连接，将蒸发器产生的水蒸气输入蒸汽产生器内，所述蒸汽产生器的水蒸气输出口通过输送管与蒸汽发电机组的汽轮机连接（图7-1）。

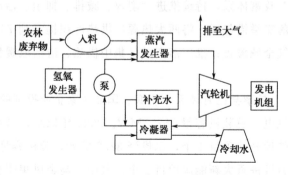

图7-1　生物质发电工作原理示意图

[图片来源：别如山，兰祯. 生物质能应用技术现状及发展趋势（续）[J]. 工业锅炉，2023 (6)：1-6.]

余热发电是指利用生产过程中多余的热能转换为电能的技术，余热发电不仅节能，还有利于环境保护（图7-2）。它利用废气、废液等工质中的热或可燃质作热源，生产蒸汽用于发电。目前利用余热发电的行业主要有：玻璃窑余热发电、水泥窑余热发电、钢铁行业余热发电、化工行业余热发电、有色金属行业余热发电等。

2023年11月，国家节能中心为加快节能新技术推广，提高锅炉烟气余热利用率，减少空预器堵塞问题，组织召开"三维内外肋片管高效换热技术"评价

第 7 章 各行业领域碳减排路径及实施方案

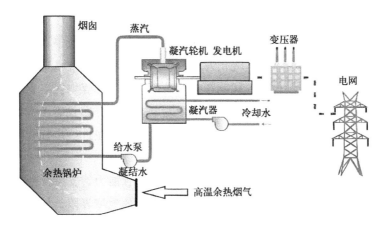

图 7-2 电厂余热利用工艺流程

[图片来源：邹道安，光旭. 大型火电厂余热深度利用技术分析研究[J].
电力勘测设计，2023（12）：55-60.]

会。三维内外肋片管高效换热技术采用新型加工工艺和独特的肋片设计，实现了肋片与基管的一体化以及换热介质的充分湍流，在提高换热效率的同时，增强了换热管的抗积灰和防结垢能力。该技术在电厂的应用有效解决了空气预热器低温腐蚀、积灰和硫酸氢铵堵塞问题，降低了排烟温度和烟风阻力，锅炉效率明显提高，节能降碳效果显著，机组运行稳定性、安全性和经济性明显提升。作为一项创新的换热技术，该技术可以广泛应用于空冷岛、冷凝器、蒸发器等领域，具有广阔的应用前景，推广价值巨大。专家组建议，加快该技术产品的推广应用，更好地发挥先进技术的节能降碳作用（图 7-3）。

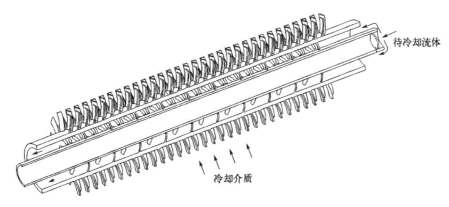

图 7-3 三维内外肋片管

（图片来源：专利——三维肋片换热管的制作方法）

7.3.1.1 电力行业

一是构建多元化能源供应体系,形成低碳主导的电力供应格局。坚持集中式和分布式并举,大力提升风电、光伏发电规模。安全有序发展核电,合理布局适度发展气电。按照"控制增量、优化存量"的原则,发挥煤电托底保供作用,适度安排煤电新增规模。因地制宜发展生物质发电,推进分布式能源发展。昌黎县基于前期生物质发电基础以及风力、余热发电的优势,在进一步优化电力能源结构的同时,注提升现有新能源电力的利用效率。

二是发挥电网基础平台作用,提高资源优化配置能力,支持部分地区率先达峰。优化电网主网架建设,打破省(市、县)之间的地域界限,鼓励建设跨区跨省输电通道,建设先进智能配电网,提高资源优化配置能力。针对大规模可再生能源发电并网带来的新要求,根据不同地区可再生能源资源禀赋差异、机组结构差异等特点,加强跨区域的电力传输设施建设。重点推动超远距离特高压技术、特高压柔性直流技术、海底电缆技术等的创新和研发,提高大范围电力配置的能力和效率。优化电力运行计划和传输调度机制,开发适应昌黎县电力系统特点的电网互联调度平台,保障电力供给与需求的匹配,满足可再生能源发展的需求。加强跨区域电网的互联互通,实现跨区域的多能互补,扩大电网平衡区域,增加系统的灵活性,提升传输通道的总容量和利用效率,增强可再生能源消纳能力。在国家及省市大电网不断建设发展的同时,推动以分布式(县、乡镇)可再生能源为基础的微电网发展。重点提高微电网对可再生能源的分散开发利用,优化配置可再生能源资源,为整个电网体系的灵活发展提供助力。

三是大力提升电气化水平,服务全社会碳减排。深入实施工业领域电气化升级,大力提升交通领域电气化水平,积极推动建筑领域电气化发展,加快乡村电气化提升工程建设。

四是大力实施管理创新,推动源网荷高效协同利用。多措并举提高系统调节能力,提升电力需求侧响应水平。推动源网荷储一体化和多能互补发展,推进电力系统数字化转型和智能化升级。

五是大力推动技术创新,为碳中和目标奠定坚实基础。结合县域特征,合理推动抽水蓄能、储氢、电池储能、固态电池、锂硫电池、金属空气等新型储能技术跨越式发展。促进低碳化发电技术广泛应用与智能电网技术迭代升级,加大前瞻性降碳脱碳技术创新力度。

六是强化电力安全意识,防范电力安全重大风险。强化新能源发电出力的随机性和间歇性给电力供应安全、电力电子设备的广泛接入给大电网安全运行、技术创新存在不确定性等带来的风险识别。加强应急保障体系建设，防范电力安全重大风险。

7.3.1.2 供热行业

采用清洁能源，通过替换传统的燃煤锅炉，提倡改用清洁能源如天然气、生物质能源、太阳能等作为供热燃料，可以显著减少碳排放。

提高能效：通过改善供热系统的能效，减少能源的消耗，从而降低碳排放。例如，使用高效的热力循环系统、改进输配热管道、提高设备热利用率等。

热源优化：对供热系统进行优化设计，选择适合地区气候条件和能源供应的热源。例如，可以尝试利用地源热泵或者太阳能供热系统，减少对传统燃煤的依赖。

智能控制与管理：采用智能化的供热控制系统，通过实时监测和优化供热运行状态，减少能源浪费和碳排放。例如，根据用户需求和室内温度变化合理调节供热设备的运行状态，避免不必要的能源消耗。

7.3.2 热电行业碳减排实施方案

7.3.2.1 电力行业

积极发挥碳市场低成本减碳作用，加快建设全国统一电力市场，持续深化电力市场建设。推动全国碳市场与电力市场协同发展。电力行业的中长期低碳转型，伴随长期的大规模投资资金需求，规模远大于现有的投资水平，这也将是推动中国经济结构优化调整的重要因素，绿色发展将成为经济转型的新动能。要发挥绿色金融体系的作用，通过政策、产品、市场、技术方面的创新，助力实现碳中和目标。

体系顶层设计方面，尽快制定和完善绿色金融政策体系，推动绿色债券市场建设及开放，加大绿色信贷尤其是碳减排方向的贷款投放引导；积极培育多元化的投资者，拓宽绿色经济的投融资渠道；探索运用政府补贴、税收优惠、信用担保等多种政策手段，为相关企业提供金融支持；鼓励相关的投资基金以可再生能源技术为重要领域，推动可再生能源技术的发展和成果转化，为大规模的可再生能源基础设施建设提供保障。

产品和市场创新方面，加快绿色金融制度创新，推动绿色金融市场建设，尤其是绿色金融离岸市场建设；丰富和完善绿色金融产品，开发多样化的绿色金融工具，引导地方绿色资本、跨国绿色投资等合理有序进入可再生能源领域，推动金融资本对可再生能源企业和技术的多元化支持,为实现"双循环"的新发展格局奠定基础。

推进碳排放权交易和碳金融市场的深度融合,进一步完善碳市场的运行规则和监管制度,引导通过碳指数、碳期货、碳基金、碳租赁等多样化的金融工具,提升碳交易市场的定价能力,增强交易效率,吸引更多社会资本运用市场化的手段,保障电力行业低碳转型的投资需求。

实施重点领域节电行动,提倡:①机关事业单位带头节电。党政机关、事业单位等公共机构要率先垂范,从规范用电制度、加强节电管理、合理使用办公设备、加强空调运行管理、实施用电设备节能改造、推广可再生能源利用、推行用能定额管理等方面开展节电宣传和落实节电行动。②国有企业主动节电。国有企业主动扛起节约用电责任担当,加强日常节电管理制度落实、加强办公生产科学高效用电、加强空调设备合理节约用电、加强节能技术改造力度、加强错峰避峰用电。③工业企业节电增效。工业企业特别是重点用能企业要积极响应并参与节约用电行动,合理安排生产经营计划,科学调整用电负荷,推广运用先进适用节能技术和产品,加大节能技术改造力度,降低非生产用电负荷,开展职工宣传培训,加强节电管理,提高用电效率。④商业企业科学用电。指导大型商业综合体、商场、超市等公共商业场所开展绿色商场、绿色饭店创建,严格执行公共建筑空调温度控制标准,根据营业时间和人流量等科学优化照明、电梯、灯箱广告等用电管理。⑤公共交通合理用电。优化轨道、公交车辆调度,匹配最佳承载力,削减空驶里程,提高运行效率。加强地铁站、高铁站、汽车站、机场等交通场站节电管理,合理优化空调温度和照明开启数量。引导营运电动车辆合理用电,推动老旧运营电动车辆报废更新换代,倡导利用夜间负荷低谷充电。⑥数据中心和通信设施高效用电。合理控制机房温度,避免过度散热,优化设备设施及其运行负载管理,加强运维人员节电意识,避免设施设备无效或低效运行。⑦城市景观照明适度用电。严格控制媒体墙、"灯光秀"等超高能耗、超大规模、过度亮化、造成光污染的景观照明项目建设运行。在确保城市道路、桥梁、广场、公园等功能照明正常运行,保障人民群众生产生活照明需要的前提下,适度减少公共照明,合理调整路灯开闭灯时间和亮灯方式。严格控制装饰性景观照明,加强广告用电管理。⑧各类学校倡导节电。减少节假日及非课间用电,高效使用教学设备和照明设备,合理控制办公室、教室、宿舍和其他室内场所空调温度,积极开展节约用电宣传教育,培养师生节电习惯。⑨社区家庭节约用电。结合绿色社区、绿色家庭建设,发挥社区、物业力量,加大宣传引导力度,树立家庭节约用电意识，鼓励城乡居民使用节能灯具和家电，合理减少大功率电器使用频次，尽量避峰用电，促进形成勤俭节约、节能环保、绿色低碳、文明健康的生活方式。

7.3.2.2 供热行业

余热利用还有一些技术问题需要攻克。例如地域不匹配问题。比如用热的用户在城市，但一般热电厂离城市有一定的距离，因此，长距离输送成为余热利用的一道难题，不少企业正在尝试相关的技术攻关。

一是把供热低碳转型纳入构建以新能源为主体的新型能源系统统筹考虑，明确转型时间表、路线图，争取在一定时间内实现县域内供暖低碳转型。首先，通过提高新建建筑节能标准，发展超低/近零能耗建筑，开展既有建筑深度节能改造，从而大幅减少建筑本体的供热负荷；其次，重构供热热源和供热方式，采用更多低碳、零碳热源，随着电力系统中零碳电力占比的提升，不断提高电热泵供热市场份额，从而减少供热系统碳排放；再次，应用新一代信息技术发展智慧供热，支持供热传统基础设施转型升级，提升供热系统节能减排效果、经济效益及供热安全水平。到碳中和时代，建筑运行的用能品种将主要是电力和热力，若完全可以实现零碳电力，建筑运行阶段是否能实现碳中和，将取决于是否能实现零碳供热。

二是出台优惠政策，鼓励可再生能源供热发展。尽管国家已出台一些可再生能源供热支持政策，但县域内仍然缺乏具体细化的落地措施，中央层面尚无对可再生能源供热的财税、价格优惠政策。建议先将可再生能源供热纳入国家可再生能源发展规划，明确可再生能源供热发展目标；将其作为适宜地区城市能源规划的重要内容，做好可再生能源与城市能源、区域能源体系的衔接和融合；加强多种可再生能源或可再生能源与常规能源的系统集成技术的技术研发和试点示范；支持可再生能源供热特许经营，出台供热价格、财税、投融资等经济激励政策，比如：减免地热能资源税，提高可再生能源供热项目的市场竞争力；强化技术支撑，建立健全各类可再生能源供热技术及设备的标准。

三是调整天然气价格政策，鼓励以电代气。目前，天然气采暖相对电热泵采暖而言，存在供气保障、成本较高等挑战。在能源低碳转型的大趋势下，可以预见未来天然气的能源消费市场空间将不断压缩，盲目大规模建设天然气采暖相关基础设施将带来资产沉没风险。为了建筑领域碳排放尽早达峰，应鼓励居民炊事、卫生热水、采暖等建筑用能以电代气，在现有天然气阶梯价格基础上，实行更严格的天然气阶梯价格政策。

四是调整供热计量政策，健全热计量体系。未来供热将从传统的粗放式管理向精细化、信息化、智能化、精准供热方向转变，智慧供热离不开供热系统的源、网、站、末端建筑全面的热计量配置。虽然我国北方采暖城镇热计量收费政策已实施10多年，投资巨大，但效果欠佳，有必要及时评估和调整既有的热计量收费政策。热计量是供热系统碳排放测算的必备基础手段，也是供热系统效果评价的重要依据。在碳达峰、碳中和背景下，供热系统热计量的本质不能仅局限于用户侧的热计量收费，而应着眼于供热系统各环节的全面热计量，以满足用户热舒适度需求为目的，建立一套用户易接受、企业易管理、政府易监管的热计量体系。热计量不等于分户热计量，也可以是分楼栋热计量，具体需根据热计量用户的特点、效果、经济性等多种因素确定。

五是加强技术研发示范，创新供热应用模式。目前，全国供热系统面临设备设施老化压力，全面提升供热系统技术与装备水平是缓解供热行业成本压力、提升供热系统效率、实现供热低碳转型的重要支撑。应积极推进供热新技术、新设备、新材料的研发、示范及推广，继续大力开发工业余热、跨季节储热、多能互补的低温区域供热系统等新型低碳、零碳集中供热技术，完善室内温控、末端分户调节装置、楼宇和热力站智能调控计量装置等供热系统智能感知设备，发展以一次可再生能源电力为主的电热转换技术，开发新型保温绝热材料；实施地热能供热、核能供热等重大项目建设和重点项目推广；探索应用多能互补、小微热力管网互联互通、小型热力站为特征，以保障用户末端供热质量为调度目标的新型集中供热系统。

7.4 环境治理行业碳减排路径及实施方案

7.4.1 环境治理行业碳中和目标及路径

2022年6月，住房和城乡建设部、国家发展改革委联合印发了《城乡建设领域碳达峰实施方案》（以下简称《方案》），将城镇污水处理、生活垃圾处理低碳化作为城乡建设领域碳达峰的一项重要任务。该《方案》要求全面实施污水收集处理设施改造和城镇污水资源化利用行动，到2030年全国城市平均再生水利用率达到30%；同时推行垃圾分类和减量化、资源化，完善生活垃圾分类投放、分类收集、分类运输、分类处理系统，到2030年城市生活垃圾资源化利用率达到65%。

城镇污水的处理过程中,污水在不同的处理单元所产生的直接碳排放气体有所区别,其中,二氧化碳主要在生物处理单元及污泥处理单元中产生;甲烷在所有处理流程中均有产生;一氧化二氮主要产生自活性污泥单元,方式为硝化及反硝化。三种气体所产生的量与进水水质、处理过程、处理工艺均息息相关。

7.4.1.1 源头控制

通过降低进入污水管渠设施和污水处理厂的污水量和污染物总量可以有效地减少污水处理所需消耗和直接碳排放量。采取雨污分流、源分离技术保证进水中更多的有机物可以作为原水碳源用于后续的脱氮除磷,从而减少碳源投加,降低间接碳排放;还可采取污水管渠断面、坡度优化降低死区厌氧环境等方式,例如在有条件的地方可利用地形高差实现进行跌水曝气充氧,可以节省传统风机曝气所需的电耗,降低间接碳排放。

7.4.1.2 过程优化

首先是注重机械设备的节能。通过碳排放核算统计可知,污水处理最主要的碳排放源头是设施的能耗,这主要来自风机、水泵等。传统污水处理厂在运行过程中为满足生化池正常需求,鼓风曝气机需持续运转,但是污水处理厂进水水质和水量并不是固定的,所需消耗的氧量也会相应地发生变化,因此存在能源浪费的情况。可以使用高效曝气泵、微气泡曝气头等提升设备的运行效率,并使用变频水泵将溶解氧和风机气量进行联动控制,保证生化反应所需溶解氧的同时最大程度地节省曝气能;同时可采取数学模型技术构建运行条件、污染物去除效率、温室气体生成三方关系式,反馈控制优化,保证出水达标率的同时降低污水处理厂运行能耗和成本,达到节能减排的目的。

其次是药剂的精准添加。目前,污水处理厂需要投加碳源(甲醇、乙酸、乙酸钠)、除磷药剂(絮凝剂 PAM、混凝剂 PAC),特别是消毒工艺中次氯酸钠的使用,不仅其自身排放因子巨大,且使用量往往较多,这无疑提高了间接碳排放量。因此优化药剂投加系统,对加药量进行精确控制,可以降低药耗造成的间接碳排放。例如,很多污水处理厂进水浓度存在低碳/氮现象,在反硝化脱氮过程中,需要投加碳源,部分污水处理厂需要通过增加碳源使用量以实现提高出水水质的要求。有研究针对某地污水处理过程反硝化碳源的动态需求,提出基于在线实时监测碳源投加量的智能控制系统,在污水处理厂经过 4 个月生产性试验,结果显示乙酸钠使用量降低 21.2%;通过将人工手动加药改造为 P-RTC 自动加药装置,建立能够协同生物与化学除磷的动态控制系统,吨水药剂消耗降低约

17%，提高了除磷效果，同时污泥产量减少了 30%。

再次在污泥处理单元中，应尽量减少剩余污泥在厂区内堆放时间，及时进行处理、处置，减少污泥处理处置量，降低处理和场外运输消耗。当前污泥的处置中，卫生填埋存在填埋气的收集泄漏问题；堆肥存在一定的厌氧生境而产生甲烷等直接排放；建材利用由于污泥成分的复杂性使得其产品始终备受质疑；厌氧发酵沼气发电利用，污泥中的有机物一部分甲烷化收集燃烧变为二氧化碳，剩余部分仍存在最终处置问题；干化焚烧由于高温及厌氧生境的缺乏使得污泥中有机物大都燃烧后转为二氧化碳。从直接碳排放角度来看，干化焚烧为当前最具直接碳减排效应的污泥处置方式。在尾水环节，污水的再生利用可减少尾水排入水体产生直接碳排放，还将极大地减少自来水供水量，具有较好的碳减排效应。从用途上看，再生水多用作绿化用水、路面冲洗水、环境景观用水、河道生态补水、工业企业用水等，其中从直接碳减排来看，再生水用作绿化用水具有更佳的碳减排效应。

7.4.1.3 低碳能源

综合利用光伏发电、污水中的热能以及污泥热电联产等清洁能源作为污水处理厂运行过程中电能的补充，从而减少对传统能源的依赖是污水处理厂节能的重要措施，也是促进降低碳排放的有效手段。

污水处理厂可采用水源热泵技术，城市污水一般来源相对稳定、水温恒定，水源热泵即借助少量电能驱动内部热泵做功，将污水中低品位的热源，通过热泵机组转化为高品位能源的措施。例如冬季污水的温度要远高于环境温度，污水源热泵可通过将污水的热量回收进行供热，充分利用污水余温热能，保证污水系统碳中和实现，并可对外输出能量。如青岛市海泊河污水处理厂污水源热泵运用到周边小区进行供热，与传统能源系统比较，污水源热泵全年二氧化碳排放量减少约 7.41t。

(1) 光伏发电的运用　污水处理厂中的预处理池、二级生化池（厌氧、缺氧）、二沉池、深度处理池及综合楼等建筑物具有较大的占地面积，这为光伏发电技术提供了有利的基础条件。光伏发电产生的电能是一种重要的清洁能源，不仅可以降低污水处理厂能耗支出，同时污水处理构筑物被光伏组件遮挡后，可以对污水处理设施进行有效封闭，抑制水池内部分藻类的生长，提高污水处理效率和水质。例如有污水处理厂在活性砂滤池、二氧化氯消毒池和水解酸化池构筑物（面积约 $125m^2$）上部布置光伏发电系统，按照 20 串、4 并连接方式进行方阵布局安装，每年发电量约 15 万千瓦时，相当于可减少二氧化碳排放量约 12.2t，有效降低了污水处理厂的电能成本。

(2) 污泥热电联产的运用　我国常用的污泥处理工艺主要有脱水-填埋、生物堆肥、厌氧消化和干化焚烧。可以将污水与餐厨垃圾、农业有机垃圾进行协同发酵处理，发酵混合液经固液分离后的沼液进行厌氧产甲烷，通过厌氧发酵产甲烷热电联产进行能源回收，从而降低碳排放，有机固体可进一步发酵制作有机肥，实现减污降碳协同增效。有研究通过全生命周期评价比较污泥填埋和污泥-餐厨垃圾共消化热电联产，其中污泥热电联产技术碳中和率可达到133%，经济效益是污泥填埋的1.6倍。

城市生活垃圾产生量的不断增加和原生生活垃圾"零填埋"目标都表明固体废物行业存在较大温室气体减排空间。当煤炭、钢铁、水泥等重点行业碳排放明显削减后，固体废物行业的温室气体排放比例将显著增加，控制这部分碳排放将会成为"碳中和"不可忽视的部分。

(3) 高效回收利用填埋气　目前我国的城市生活垃圾大部分还是采用卫生填埋方式进行处置。填埋场中有机物通过微生物降解和反应后会生成填埋气，其主要成分就是甲烷和二氧化碳。因此，回收利用填埋气既能防止填埋气对周边环境产生污染，又能通过降低化石燃料的消耗量减少温室气体的排放。研究显示，横向集气井具有最高的填埋气收集效率（接近90%），而膜下收集则由于其高密闭性可有效提高收集效率而在未来有较大的发展潜力。未来持续优化填埋场覆盖层效能，创新高效收集、提纯填埋气等技术，将为城市生活垃圾填埋过程带来较大的碳减排效益和经济效益。

(4) 焚烧技术性能的优化创新　如今，垃圾焚烧处理逐渐成为我国生活垃圾处理的主流技术，高效分离厨余垃圾、提高焚烧发电效率、回收利用焚烧余热和综合利用炉渣灰分等方式都可以在一定程度上减少垃圾焚烧过程的温室气体总排放。有研究对垃圾焚烧发电过程中的碳减排进行计算，将焚烧发电过程产生的碳排放考虑在内，得到1t垃圾采用焚烧发电方式的碳减排量约为1.8t二氧化碳当量。双碳背景下，垃圾焚烧行业在优化焚烧工艺设施如研发高参数大型炉排、提高电厂热能利用和发电效率、综合利用焚烧炉渣、解决焚烧过程中"三废"问题等方面，仍面临着新的机遇和挑战。

(5) 厨余垃圾厌氧消化处理　厨余垃圾是城市生活垃圾的重要组成部分，通过垃圾分类有效收集厨余垃圾进行厌氧消化进而高效资源化是迈向"无废城市"的重要一步。厌氧消化工艺可以在厌氧菌的作用下将厨余垃圾中的有机质转化为甲烷，从而实现资源化利用，且该过程二次污染小，可以同时实现减量化、资源化和无害化目标。目前的厌氧消化工艺仍存在沼渣处理和高浓度氨氮沼液的问题亟待解决,探索厨余垃圾协同处理技术,如与好氧堆肥或热碱后处理等工艺协同,研究沼渣处理方式等,是提升厨余垃圾资源化利用率的突破点。

(6) 生活垃圾的分类回收综合利用 可回收物尤其是其中废纸和废塑料的回收利用,是降低生活垃圾处理处置行业温室气体排放的一条有效途径。有研究认为每回收利用1t废纸可带来3.93t二氧化碳当量的碳减排量,约为其焚烧处理最大碳减排量的10倍;将低值可回收物高值化也是提升可回收物资源利用率的有效路径,如利用废弃塑料增强钢筋混凝土的抗剪切性能。此外,通过将垃圾处理设施集中布局在一个区域内,可以实现资源的协同利用、能源回收和环境保护的目标,是实现"零碳""负碳"目标的最终途径,具有巨大的碳减排潜力。

7.4.2 环境治理行业碳减排实施方案

《河北省城乡建设领域碳达峰实施方案》要求推进生活污水和生活垃圾资源化利用。加快城镇生活污水处理和再生水利用设施建设,强化运行管理,到2025年全省市县平均再生水利用率达到60%以上。完善生活垃圾分类投放、分类收集、分类运输、分类处理系统,加强垃圾焚烧发电设施智能化运行管理,保持全省原生生活垃圾零填埋、全焚烧,2030年前城市生活垃圾资源化利用比例达到65%以上。

结合昌黎县污水处理现状,现有的两座生活污水处理厂基本可满足现有城区的污水产生量,可适当扩大污水管网覆盖区域,加强污水处理各工序的精细化运行管理,降低能耗提升处理效率。目前昌黎县贾河与中心城区污水处理厂出水主要指标执行《地表水环境质量标准》(GB 3838—2002)Ⅳ类标准,主体工艺采用MBR工艺,规划要求为吨水投资1700元,进一步将出水水质由地表Ⅳ类提升至地表Ⅲ类。河北昌黎工业园区北园新建2座污水处理厂,主要接纳工业区污水,满足园区企业发展的新增污水量。靖安镇、荒佃庄镇各建设1座二级污水处理厂,处理工业产业园废水,处理达标后尽可能就地回用;其余各建制乡、镇应打破行政界线,分散处理,就近排放,集中建设小型污水处理设施,使污水达标排放。

此外,安丰钢铁厂区规划内部污水处理项目占地60亩,地表水处理能力12万立方米。水处理设施以滦河水为设计水源,经过混凝、沉淀、降硬度、过滤制备成生产及消防水,制水过程中产生的反洗废水、压滤机滤后水等全部回收利用,水处理区域无废水外排。宏兴钢铁规划内部污水处理项目占地约25亩,新建1座提升泵站,采用有压重力流输水方式,从引滦主干渠倒虹吸附近取水引至蓄水池，并依托现有污水处理厂，购置闭式高效密度澄清器及高精度过滤器等设备，对现有污水处理设施进行改造，满足引入原水预处理要求。本项目建成后，实现区域地表水替代地下水，循环工业园区各钢铁企业全部实现污水零排放。

2022年11月，国家发展改革委等部门印发《关于加强县级地区生活垃圾焚烧处理设施建设的指导意见》，对于京津冀及周边具备条件的县级地区，意见指出到2025年要基本实现生活垃圾焚烧处理能力全覆盖；要加快发展以焚烧为主的垃圾处理方式，适度超前建设与生活垃圾清运量增长相适应的焚烧处理设施；开展辖区内生活垃圾与农林废弃物、污泥等固体废物协同处置，实现处理能力共用共享，提升项目经济性。

目前昌黎县的生活垃圾填埋场已接近设计的使用年限，结合文件要求在现有的朱各庄填埋场西侧规划生活垃圾焚烧发电项目，计划投资4.39亿，占地305亩。在碳减排视角下，采用焚烧法处理城市生活垃圾，避免了这部分垃圾在填埋场堆放过程中分解释放温室气体（主要成分为甲烷CH_4）；而且利用垃圾焚烧锅炉产生的过热蒸汽供汽轮发电机组发电，还可以避免相应电量由火力发电导致的温室气体排放，因此垃圾焚烧发电项目具备双重减排效应，还可以开发为国家核证自愿减排量（CCER）项目，将来参与碳市场交易。根据《2022中国城市生活垃圾处理碳排放研究报告》中的调查数据，2022年全国城市生活垃圾卫生填埋的净排放强度为$0.43tCO_2/t$，而焚烧发电的净排放强度仅为$0.09tCO_2/t$，显著低于填埋的碳排放，其原因主要在于焚烧发电产生的碳抵消量较大程度上冲抵了其产生的碳排放量。有研究对配置的1台600t/d机械焚烧炉＋1台15MW抽凝式高转速汽轮发电机组，汽轮机的最大供热量为20t/h的热电联产项目进行了碳减排效益分析。结论认为垃圾焚烧发电厂作为替代传统垃圾填埋方式具有较好的碳减排效果，吨垃圾碳减排量为0.15t二氧化碳，其中替代传统火电的碳排放的贡献为52%，替代原本填埋场甲烷的排放贡献为48%；若能对外供热，碳减排效益将进一步提升。

此外，昌黎县规划钢渣综合利用项目，建设一条占地87亩的高掺量固废制砖生产线，预计可年处理钢渣60万吨，主要生产路面骨料和高性能透水砖；以及一条占地51.5亩的建筑垃圾处理项目，年处理建筑垃圾并产再生骨料150万吨，主要用于制砖、产干混砂浆和水泥等，可对城区所有建筑垃圾全部进行处理。

《河北省城乡建设领域碳达峰实施方案》要求推进农村生活垃圾污水治理低碳化。严格执行河北省农村生活污水排放标准，推动农村生活污水就近就地资源化利用。因地制宜推广小型化、生态化、分散化的污水处理工艺，推行低能耗、低成本的运行方式。因此昌黎县的农村生活垃圾和生活污水的治理需遵循以下相应原则。

首先是雨污分离，尽收排污。持续推进雨污分流改造工作，严禁地下水、地表水和雨水进入污水管网。完善各村的污水管网，对化粪池漏损或直排的农户在条件允许的情况下采用一体化玻璃钢化粪池或砖砌化粪池进行改造，对新建房屋的农户进行统一接户或对自行接入污水管网的农户应在有关单位验收许可后才能排污，提高总体接户率。其次是源头控制。对于外来人口居住密集的村庄，应要求出租房统一配备标准化隔油池，对于村内农户自办的农家乐必须配备标准化隔油池，对于零散流动性烧烤夜摊应要求配备简易污废水收纳装置，不得随意倾倒，收纳的污废水必须经过标准化隔油池后方能接入污水管网，并根据相关要求定期维护清掏隔油池，将油污影响降至最低；对于制酒、豆腐制品、番薯粉等农副产品加工作坊，成规模盈利的必须配备初步污废水处理设施，过滤掉污废水中不利于污水设施正常运行的物质，对于零散家庭作坊应配备简易隔离装置，将影响降至最低。

昌黎县农村的污泥处理处置应从自身特点出发，遵循因地制宜的基本思路和原则，采用适宜的技术。首先是结合实际兼顾循环经济。根据产生的污泥的性质、土地资源和接纳能力、经济条件和技术水平等条件来选择具体的污泥处置工艺和技术路线。对污泥中含有大量植物生长所必需的肥分微量元素及土壤改良剂（有机腐殖质）要充分利用，但在作农田林地利用前，应进行堆肥处理以杀死病菌及寄生虫卵，同时还应去除这些有害物质。其次要协调发展。先发展污泥处理处置成熟、可靠程度高、运行维护管理简单、可实施性强的技术。规划建议昌黎县农村污水独立处理设施产生的剩余污泥首先应回流至工艺前端进行厌氧消化，经消化稳定后的污泥基本实现了稳定化和无害化，可就地采取林地利用、农田利用、园林绿化等农业利用方式进行处置，实现资源化利用。同时可根据实际情况，采用移动式农村污泥处理设备进行现场污泥处理并使其资源化利用。移动式污泥压干机可就地完成污泥入料、污泥脱水、泥饼卸载与输送等全部污泥处置流程，现场抽泥脱水后，经发酵用作绿化有机肥。

7.5 食品加工行业碳减排路径及实施方案

7.5.1 食品加工行业碳中和目标及路径

7.5.1.1 建立健全食品产业碳排放机制

建立健全食品产业各环节的碳排放标准，制定统一的细分行业碳排放标准，发挥政府的宏观调控作用，做到有法可依，有制度保障。协调产业链上中下游的衔接与配合，对碳排放达标的企业采用减税、补贴等直接的手段进行经济干预，通过设立更完善的污染排放权交易市场，扩大交易品种等来促进食物产业的低碳经济发展。

7.5.1.2 加快推进主体企业技术创新

创新是食品产业实现"双碳"目标的核心驱动力，也是保持竞争优势的关键。产业链条上的主体要顺应经济发展趋势，探索多种创新模式，加强与科研院所和地方高校合作，加大对专业科技人才、核心技术人才的培育和引进。同时，积极引进先进技术和设备，调整产业结构，促进设备更新换代，结合新技术，充分发挥信息技术、生物技术、物联网技术、现代物流、包装技术等共性和关键技术作用，实现先进科技在食品产业链各个环节的推广和应用。

食品加工企业是当前我国食品产业链的核心企业，其处在产业链的中间区位且整体集中度较高，对产业链和供应链的掌控能力最强，向前能对农产品生产环节进行有效控制，向后能与市场进行有效联结。因此，可以通过提升加工制造环节的低碳产业集群，影响和带动上下游各环节"向绿同行"。其中，政府部门的监管不能缺失，政府通过对加工企业监管，可以在一定程度上控制碳排放水平，也能节约监管成本。从绿色到智造，再到碳中和，食品生产的碳中和目标不断进阶，低碳产业集群不断升级，也推动供应链走向绿色、低碳、可追溯、易协作。

7.5.1.3 加强全过程节能管理

追踪食品产业链的碳足迹可以发现，其碳排放过程无处不在，各个环节都存在着直接或者间接的碳排放。如果整个环节能够做到有效控制监管，将大大降低整个产业链的碳排放。因此政府监管不能缺位，要通过控制龙头企业实现前向和后向相关企业的碳排放，可以建立碳标签来追踪食品的生产周期全过程，做到产品可溯源，质量有保障。建立长效监督机制，通过立法明确各主体责任，细化监管内容和标准及相关激励与惩罚措施。食品产业各部门相互协作，提高执法效率，全周期跟踪各个环节的碳排放情况，实现产业链碳排放监管的全覆盖。

7.5.2 食品加工行业碳减排实施方案

7.5.2.1 推进绿色低碳和安全发展

推进地方特色食品生产企业创建绿色工厂，应用节水、节能、节粮的加工技术装备，推广应用清洁高效制造工艺，提升加工转化率。鼓励传统优势食品产区发展循环经济，加强果蔬皮渣、粮油麸粕、动物骨血等加工副产物的二次开发，提升资源综合利用水平。强化大气、水、土壤、固废（白色垃圾）污染防治工作，确保生态环境安全及食品安全。严格落实企业安全生产主体责任，提升本质安全水平。

昌黎县通过科学规划合理布局，在十里铺乡已初步形成了以葡萄种植产业和葡萄酒酿造产业为主、农业生态旅游为辅的新型农业产业化格局，涌现出了一批家庭酒堡和民宿产业。编制完成了葡萄酒全产业链发展规划的同时，根据风土特征确定不同区域葡萄酒产业发展重点与发展方向，划定小产区和保护范围，形成昌黎法定产区的细分。出台了《昌黎县葡萄酒产业发展扶持政策（试行）》，从全产业链各个环节扶持昌黎葡萄酒产业，葡萄酒产业园区发展引导资金单独列入财政预算，用于葡萄酒产业及园区相关产业的发展。帮助家庭酒堡进行转型升级，大力发展乡村旅游产业和葡萄酒文化产业，借助家庭酒堡的优势，打造集观光、休闲、体验于一身的全国知名小镇。

昌黎县秦皇岛鹏远淀粉有限公司利用自身资源优势，将企业生产过程中产生的余热回收再利用，谋划了粉丝加工产业园区热电联产项目。该项目计划投资8000万元，项目建成后，在促进企业节能减排的同时，将承担起周边2.6万平方米居民采暖任务。

7.5.2.2 提升数字化和智能化水平

建立5G、工业互联网、大数据等现代信息技术与地方特色食品全产业链深度融合，促进原料采收、生产加工、仓储物流等各环节数字化发展。推广数字化研发设计，推动加工工艺流程再造，锻造一批数字化车间、5G全连接工厂和智能工厂，实现柔性生产和智能制造，加快产品迭代更新，提升供给与需求适配性。

工业互联网一体化进园区"百城千园行"走进昌黎，既是推动昌黎工业互联网与实体经济深度融合的生动实践，也是深化5G技术应用，提升工业信息化赋能水平，促进企业数字化、网络化、智能化转型的重要举措。昌黎县以此次活动为契机，认真贯彻落实中央和省市相关工作部署，积极利用扶持政策，以5G+工业互联网新技术为引领，全力推动传统制造业降本提质增效，为钢铁、皮毛、葡萄酒等特色产业转型升级赋能添彩，让更多创新产品、创新项目、创新应用在昌黎县落地生根、开花结果。

7.5.2.3 绿色低碳融合发展

实施企业与商超、便利店、社区生鲜等传统渠道的合作，加强与大型电商平台产销对接，深化生产、流通、销售、服务全渠道布局，实现线上线下多元业态深度融合。科学构建地方特色食品消费需求数字预测模型，解析不同地区消费偏好以及未来消费流行趋势，引导产业链上下游合理调配研发、制造及营销资源，更好满足地方特色食品消费需求。

葡萄酒文化是一门科学，是亲民的、是可体验的。在有各自共性的前提下，葡萄酒的新旧世界有各自的文化特点。作为中国第一瓶干红葡萄酒诞生地的昌黎，拥有优越的自然禀赋，数百年的葡萄栽培历史，强大的技术力量，发达的海陆空立体交通体系和丰厚的葡萄酒历史底蕴。创造了中国葡萄酒历史上的数个第一：如中国第一家专业生产干红葡萄酒的公司、第一座绿色人文酒庄、第一个家庭酒堡，葡萄酒行业第一个地理标志保护产品等。有众多的文化资源可以去挖掘、去利用。同时将葡萄酒文化融入城市建设，利用"中国第一瓶干红葡萄酒诞生地"的优势，拓展葡萄酒展馆、规划馆等展馆功能，规划建设产区葡萄酒博物馆、葡萄酒文化中心，将城市及景区公共设施建成富含葡萄酒文化元素的景观。同时结合美丽乡村建设，加快改善葡萄酒产业园区基础设施。依托酒庄集群，不断完善"葡萄酒之旅"线路，鼓励引导酒堡、村落提档升级，在"农家乐"的基础上推出高端民宿等旅游产品，让游客来得了、玩得好、住得下，树牢全域旅游理念。

7.6 交通领域碳减排路径及实施方案

7.6.1 交通领域碳中和目标及路径

2013年，交通运输部就印发《加快推进绿色循环低碳交通运输发展指导意见》的通知，提出强化交通基础设施建设绿色循环，加快节能环保交通运输装备应用，加快集约高效交通运输组织体系建设，加快交通运输科技创新与信息化发展，加快绿色循环低碳交通运输管理能力建设的要求，可以说是低碳交通的开端。

2021年10月国务院印发《2030年前碳达峰行动方案》与《关于完整准确全面贯彻新发展理念做好碳达峰碳中和工作的意见》（以下简称《意见》），要求实施交通运输绿色低碳行动，并将运输结构优化与能源替代作为重点路径，具体提出推动运输工具装备低碳转型，构建绿色高效交通运输体系，加快绿色交通基础设施建设。《意见》中指出，持续深化工业、建筑、交通运输、公共机构等重点领域节能。对于优化路径，《意见》明确了优化交通运输结构、推广节能低碳型交通工具、积极引导低碳出行的具体举措。

2022年开年，国务院、交通部先后印发了《"十四五"现代综合交通运输体系发展规划》《"十四五"民用航空发展规划》《水运"十四五"发展规划》《公路"十四五"发展规划》《绿色交通"十四五"发展规划》等，都将进一步推进交通绿色发展作为发展重点，提出全面推动交通运输规划、设计、建设、运营、养护全生命周期绿色低碳转型，协同推进减污降碳，形成绿色低碳发展长效机制，让交通更加环保、出行更加低碳。优化调整运输结构，深入推进运输结构调整，逐步构建以铁路、船舶为主的中长途货运系统。加快铁路专用线建设，推动大宗货物和中长途货物运输"公转铁""公转水"。推广低碳设施设备，鼓励在交通枢纽场站以及公路、铁路等沿线合理布局光伏发电及储能设施。加强重点领域污染防治，落实船舶大气污染物排放控制区制度。全面提高资源利用效率，推动交通与其他基础设施协同发展，打造复合型基础设施走廊。完善碳排放控制政策，实施交通运输绿色低碳转型行动等措施。

同年，生态环境部在《中国移动源环境管理年报（2023年）》中指出，2022年各地统筹开展"车-油-路-企"行动，在推进运输结构调整、提升新生产机动车污染防治水平、规范在用机动车排放检验、强化非道路移动机械和船舶环保监管、开展车用油品质量专项检查、建立完善移动源污染治理体系等方面取得了积极成效。2023年12月，工业和信息化部、国家发展改革委、财政部、生态环境部、交通运输部五部门联合印发《船舶制造业绿色发展行动纲要（2024—2030年）》。其中提出，到2025年，船舶制造业绿色发展体系初步构建。绿色船舶产品供应能力进一步提升，船用替代燃料和新能源技术应用与国际同步，液化天然气（LNG）、甲醇等绿色动力船舶国际市场份额超过50%；骨干企业减污降碳工作取得明显成效，绿色制造水平有效提升，万元产值综合能耗较2020年下降13.5%；绿色低碳标准体系进一步完善，碳足迹管理体系和绿色供应链管理体系初步建立。到2030年，船舶制造业绿色发展体系基本建成。绿色船舶产品形成完整谱系供应能力，绿色船舶技术具备国际先进水平，绿色船舶国际市场份额保持世界领先；骨干企业能源利用效率达到国际先进水平，形成一批具有国际先进水平的绿色示范企业，全面建成绿色供应链管理体系。

2022年2月10日，《关于完善能源绿色低碳转型体制机制和政策措施的意见》中也提到要完善交通运输领域能源清洁替代政策；推进交通运输绿色低碳转型，优化交通运输结构，推行绿色低碳交通设施装备；推行大容量电气化公共交通和电动、氢能、先进生物液体燃料、天然气等清洁能源交通工具，完善充换电、加氢、加气（LNG）站点布局及服务设施，降低交通运输领域清洁能源用能成本；对交通供能场站布局和建设在土地空间等方面予以支持，开展多能融合交通供能场站建设，推进新能源汽车与电网能量互动试点示范，推动车桩、船岸协同发展。

　　国家还通过金融领域支持和推进绿色交通的落实。2021年，中国人民银行、国家发展改革委、证监会联合印发《绿色债券支持项目目录（2021年版）》，其中提到基础设施绿色升级领域中的绿色交通包含城乡公共客运和货运、铁路交通、水路和航空运输以及清洁能源汽车配套设施等领域。在各地方配合落实的实践中，强调要：一加大绿色交通领域资金投放力度，运用货币政策工具支持绿色交通低碳循环发展，实施碳效码结果差别化信贷支持，发挥保险在绿色交通中的作用等具体举措。二要充分发挥绿色融资在交通领域的作用，国家开发银行在全国银行间债券市场面向全球投资人发行150亿元"低碳交通运输体系建设"专题债券，用于支持公共交通体系建设。三是通过创设碳账户推进绿色交通发展。多家金融机构创新碳账户服务体系，通过为平台企业（居民）提供信贷产品或优惠服务，鼓励企业（居民）绿色低碳转型（出行）。

　　全球多国在交通运输领域碳减排方面给予了丰富的经验与借鉴。美国交通运输行业受限于不完善的公共交通运输体系、不到位的政府补贴政策以及不便的自行车等环保出行方式等条件，导致私家车出行碳排放量居高不下。根据美国民众家用轿车和航空出行依赖度较高的特点，施行在重点领域重点减排的措施，其中在私家车使用方面，政府积极推动新能源汽车的售卖。在航空业，通过对飞机自身质量减重、淘汰高油耗飞机和过重行李额缴费等措施降低油耗的同时，减少碳排放量。在政策制定上，美国重点优化在制定汽车燃料排放标准、促进电动车发展和推动航空净零排放等方面，其中规定在 2021—2026 年碳排放强度标准年均提高 1.5%，并将燃料排放标准收紧至每加仑（1US gal＝3.78541dm^3）汽油平均行驶约 64km。根据美国《迈向 2050 年净零排放长期战略》提出"到 2030 年售出的新能源汽车中要超过 50% 为零排放汽车，到 2050 年实现新能源的全面替代"，要将 20% 的中小学校燃油校车改为电动校车。美国政府承诺到 2030 年将航空碳排放减量 20%。日本政府施行节能环保车型购置税优惠政策，鼓励制造商增加新能源车型的生产量，同时严格车辆尾气排放标准；设计应用智能交通系统（ITS）提高燃油效率；提升公交客运服务水平，通过升级公交车辆配置和提升车辆舒适度等方式，吸引民众选择公共交通出行方式。英国政府出台交通拥堵收费政策，控制私家车出行的同时，减少污染物和碳排放。欧盟各国规定到 2035 年停止新的汽油、柴油和混合动力车型的售卖，并将此规定纳入法律层面。积极推广海运及航空业应用可持续燃料（生物和电动燃料），并预计到 2030 年可持续燃料占比为 5%～6%，到 2050 年增加到 60%～70%。

2023 年 3 月河北省财政厅制定《财政支持碳达峰碳中和政策措施》，在交通体系方面提出绿色低碳发展措施，其中提到要支持城市交通中新能源汽车的运营，并对示范城市和绿色货运配送示范城市和市县给予奖励和财政支持。《河北省科技支撑碳达峰碳中和实施方案（2023—2030 年）》提出要重点突破交通领域环保高效节能和低碳零碳技术，包括新能源载运装备（高性能电动、混动、氢燃料等新能源汽车、重卡和海运船舶）和绿色智慧交通（绿色化、数字化和智能化道路交通、轨道交通和民航系统），同时支持建设绿色低碳示范区，并在其中践行绿色低碳技术。根据 2023 年 6 月河北省生态环境厅和省交通运输厅联合印发关于《河北省工业企业"公转铁"项目碳减排量核算方法学》的文件，鉴于省内公路货车数量较多，公路货运需求较大，因此要重点关注优化公路运输结构，推进建设工矿企业铁路专用线，并大宗货物"公转铁"的新型运输模式，从而实现降碳减污协同增效。同年 12 月河北省政府多家单位联合发布《河北省工业领域碳达峰实施方案》涉及交通领域，提出要面向交通领域等行业机电设备维护升级，鼓励示范建设；加大交通运输领域绿色低碳产品供给，以推广节能与新能源车型；加重新能源车辆在公交、邮政快递、环卫和物流配送等领域的占比；开发电动重卡和氢燃料汽车新技术；完善充电换电模式，构建便利、智能、高效的充电桩系统网络；积极发展绿色智能船舶，推进老旧船只更新改造并加快新能源绿色船舶研发。方案提出"到 2030 年，当年新增新能源、清洁能源动力的交通工具比例力争达到 40% 左右，乘用车和商用车新车二氧化碳排放强度分别比 2020 年下降 25% 和 20% 以上"的发展目标。

根据相关统计数据显示，在单位运输量内，步行和自行车的碳排放量为 0，轨道交通的碳排放量为 0.7，公共汽车为 1.0，摩托车为 27.5，小型燃料汽车为 19，由此可见，摩托车和小型燃料汽车的碳排放量较多。

交通领域与其他能源应用领域不同，交通运输行业多数情况下难以直接使用风、光等清洁能源，必须将清洁能源转换成可以储存、运输的形式，使其成为交通行业能够直接使用的"绿色燃料"，才能满足深度减排以及净零排放的目标。

交通行业主要包括道路、铁路、航空和船运这四种交通方式，每一种方式对"绿色燃料"的要求都不尽相同。在完善的电力基础设施和电池技术快速进步的

第 7 章 各行业领域碳减排路径及实施方案

推动下，电能在交通行业已经得到了大规模的应用，并成为了道路和铁路交通最主要的清洁能源替代方式。然而动力电池体积大、重量大，并不适用于部分航空和船运场景，这两种交通方式需要更多地依靠氢能、氨气和生物质能等其他新能源来满足供能需求。目前提出"碳中和"实现路径：以清洁电力为基础的动力电池应用于以道路交通为主的小型、轻型交通和铁路；氢能（或氨气）应用于重型道路交通和海运等；生物质能源则主要应用于远程航空领域（图 7-4）。

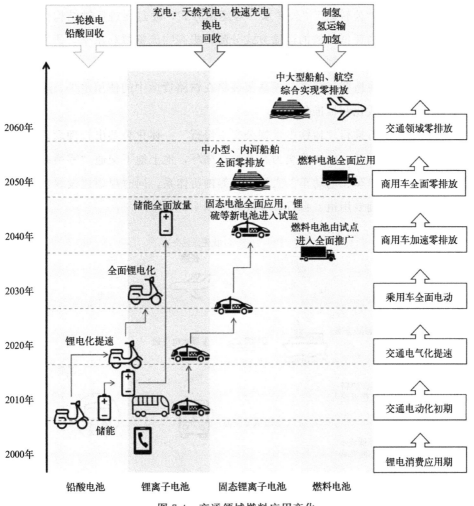

图 7-4 交通领域燃料应用变化

7.6.1.1 运输结构向低碳模式优化

低碳运输是指以降低污染物排放、减少资源消耗为目标，通过先进的物流技术和面向环境管理的理念，进行物流系统的规划、控制、管理和实施的过程。低碳交通运输是一种以高能效、低能耗、低污染、低排放为特征的交通发展方式。其核心在提高交通运输的能源效率，改善交通运输的用能结构，优化交通运输的发展方式。目的在于使交通基础设施和公共运输体系最终减少以传统化石能源为代表的高碳能源的高强度消耗。

目前，昌黎县交通运输结构以高碳排放的公路为主，因此优先考虑推动联运式运输模式，加速轨道公共交通甚至水路对公路的转移。物流货运领域提倡多式联运发展，提倡"公转铁""公转水"等运输方式，通过促进运输结构优化提升铁路、水路等低消耗低排放的运输方式分流，提高物流资源利用率；研发或引进先进物流技术，合理规划物流运输整体流程，实现全过程信息化；投建多式联运枢纽建设，升级改造联运装备，提高集装箱在铁路货运中的使用水平，尽快实现促进集装化、厢式化和标准化。

居民城市出行推行"地铁＋常规公交＋慢行"一体化公共出行理念，即轨道交通为主体的大循环，地面公交为补充的小循环，地上地下交通"零换乘"的双循环体系，共享单车、电动车、人行步道等慢行体系，同时规划建设绿色生态廊道、城市慢行通勤专用道、自行车存放点（图7-5）。

图7-5 低碳出行发展历程

7.6.1.2 交通工具耗能零碳化

加大推广交通领域电力和替代燃料，2020年国务院办公厅关于印发《新能源汽车产业发展规划（2021—2035年）》的通知中提出：自2021年起，国家生态文明试验区、大气污染防治重点区域的公共领域新增或更新公交、出租、物流配送等车辆中新能源汽车比例不低于80%，到2025年，我国新能源汽车新车销售量达到汽车新车销售总量的20%左右。进一步实施购置补贴、税收优惠、双积分制等政策，加大充电桩、换电站等基础设施建设投资力度，从供给与需求两方面推动交通工具电动化转变。加快氢燃料、氨能、光伏等技术的自主突破，进一步完善能源产业链，明确氢能源在特定交通场景中应用路径和推广目标，加速产业规模化发展，实现重卡、水运、航空等运输领域的能源替代。

7.6.1.3 能效标准更加严格

不断提升汽车能效标准，倒逼汽车行业加快淘汰、实现产业升级。在短期燃油车仍然是我国主要交通方式，汽车保有量已经达到世界平均水平，但至少有十分之一未达到国家机动车尾气排放标准，因此提高汽车内燃机排放标准将会大幅降低污染物排放和能源消耗。根据相关政策，2021年7月起实施重卡燃油车国六排放标准，其碳氢化合物和一氧化碳的排放限值相比国五标准降低50%、颗粒物指标限值降低33%；同时，对于汽车存量上要加快淘汰，既要淘汰不符合国家标准的在行驶车辆，也要加快降低燃油车比重。

而航空运输通过采用不可预期燃油的最低标准政策、航路优化、载重平衡优化、飞机硬件方案优化、可持续航空燃油（SAF）的使用等方式提高运行效率，进而实现降碳。水路运输上推广LNG动力船舶，适时推进内河水运电气化、岸电常态化，提高船舶能效水平，降低水运碳排放强度。

7.6.2 交通领域碳减排实施方案

7.6.2.1 积极推进运输结构调整

积极构建接驳联运模式发展新格局，整合现有运输场景，优化设计工业企业、物流货场以及码头港口等各类运输场景，有序形成零排放通道。

结合昌黎县交通发展及规划特征，重点推广搭建大宗货物"铁路运输＋新能源重卡"接驳联运模式，以该县钢铁和水泥运输结构调整为切入点，聚焦新能源重卡，强化特定场景应用示范，引领重卡车辆逐步向电动化转变。首先，优化设计运输场景，根据换电重卡续航能力不足的实际特点，推广将其应用在公铁联运和钢厂等专用场景的短途运输，配套干线换电网络布局，用于满足各钢铁、水泥企业的运输需求；其次，打造无障碍换电生态系统，破除区域换电模式应用阻碍，加快促进换电重卡的标准统一，落实建设重卡充电站、充电桩和换电站；最后，在推广氢能重卡的应用，满足较长续航里程需要的同时，有效减少尾气排放，从根本上缓解大气污染问题，有利于实现低碳绿色物流的发展目标。

目前，新能源汽车类型包括燃料电池电动汽车（FCEV）、混合动力汽车、氢燃料电池汽车、纯电动汽车（BEV、太阳能）和其他（可再生合成燃料、高效储能器、二甲醚）等汽车类型，因此在不同阶段要合理规划汽车运行结构，有效管控传统燃油汽车的运行，同时大力推广新能源汽车，逐渐成为交通运输领域的主角。尤其注重在公交领域推行新能源汽车的使用，由传统燃油车向混动汽车，进一步向纯电动车推进转变。

7.6.2.2 优化公路等交通基础设施建管养运

2022年4月国家交通运输部印发关于《"十四五"公路养护管理发展纲要》，其中提出要"推动绿色养护发展"，具体从健全绿色养护的评价方法和评价标准，加强绿色养护技术的研究与推广。大力推动废旧路面材料、工业废弃物等再生利用，提升资源利用效率。进一步提升养护作业机械化水平，推动公路养护降本增效。发挥公路养护领域科技创新平台作用，强化关键技术攻坚，持续开展长寿命基础设施建养技术研究。开发新型公路养护设备，启用纯电动清扫车，将"绿色＋智慧"贯彻到路面清扫、洒水和除尘等路面养护工作中。

预防性养护是降低道路全生命周期养护成本的最佳方法，具有绿色、低碳的显著优势。可根据昌黎县道路特点，采用微表处技术、雾封层技术、超薄抗滑表层技术、桥梁不中断交通同步顶升技术、桥梁体外预应力技术、斜拉桥换索技术等新技术与各类型新材料对道路进行预防性养护。借鉴其他高速公路建设的绿色低碳技术，推广使用贴缝带及灌缝胶等可再生物料，减少资源浪费；大面积采用不粘轮乳化沥青，投入大功率吸尘车，积极探索智慧养护新模式，加大就地热再生等绿色、高效的四新材料应用，应用电动养护车、就地热再生技术，有效降低碳排放。

7.6.2.3 推进交通运输设备车辆的轻量化技术研发与创新

鼓励运输设备采用轻量化材料，减少能源消耗并提高运输效率。选用先进的复合材料和轻质金属，如碳纤维和铝合金等，降低车辆的重量，从而减少能源消耗和碳排放。同样，轻质材料也可在飞机、火车和船舶制造领域广泛应用。

第7章 各行业领域碳减排路径及实施方案

结合昌黎县运输业发达及重卡应用效率高的特征，提出重点研发和应用重卡轻量化技术。当下国产重卡自重相比较国外同类车型高出15%～20%的情况下，在实现轻量化的方法上，一是优化车辆设计结构，二是在优化产品结构的基础上应用新材料。首先在材料轻量化方面，我国的研究者和制造商正在探索使用轻量化材料，如铝合金、碳纤维等，来替代传统的钢材。这些材料具有更低的密度，同时保持甚至提高材料的强度和刚度。其次，工艺轻量化也是轻量化技术研究的重要方面，这包括对传统生产工艺的创新，如采用精密铸造件替代普通铸造件，通过增加筋板、去掉应力较小区域等措施实现降重等。再者，结构设计轻量化则是通过对承载部件进行拓扑优化来实现。通过有限元分析软件对车架模型进行刚度和强度分析，应用高强度钢、高强度球铁和铝合金材料，在保证车辆性能的同时实现降重目标等。最后通过配置优化，基于对客户使用场景的精准定义，减少多余的设计，从而实现轻量化。例如，采用复合材料板簧、楔式制动器、轻量化后轮端等技术进行降重优化，实现了自重的显著降低，从而提高经济效益。

一般来说，汽车重量每减少10%，燃油消耗量将降低8%左右。对于在高油价时代艰难生存的卡车用户来说，减重势在必行。如果车辆自重降低0.8t就可以多装货物0.8t，按照每年行驶20万千米、每千米平均运价0.28元计算，一辆轻量化重卡一年可比载重量相同的普通车型增加收入5万～6万元。

眼下，国产的重卡轻量化技术手段，多数采用铝合金油箱、少片簧或橡胶悬挂，把斜交胎换成子午线轮胎、双胎改单胎等，大部分停留在比较简单的零部件替换和轻质材料使用方面。或将驱动桥改为转向桥、双层梁改为单层梁，也是国产轻量化重卡常用的技术手段。短期内，中重型卡车应以天然气作为过渡燃料，未来长远发展还应该以氢能源火车为主流，因此需要降低制作成本，并大力推广。各种新能源的优缺点对比见表7-3。

表7-3 各类新能源比较

类型	燃料名称	优点	缺点
过渡燃料	天然气	排放量少； 基础设施建设相对完备	依旧存在碳排放； 发动机有燃料泄漏风险且容量低
未来长期燃料	生物质柴油	可替代柴油； 可利用现有配送设备	原料有限； 产能受限
	纯电动	技术相对成熟； 运行平稳，维修量少	续航短，充电时间长，重量大； 产能有限，需要重新构建基础设施网络
	燃料电池电动	续航里程与燃料加注时间与柴油相近； 运行平稳，维修量少	燃料成本高； 基础设施相对较差

7.6.2.4 实现战略性减碳举措

主要针对公路交通碳减排的顶层战略，提出整体战略布局、政策体系和标准规划，具体举措主要包括制定公路交通运输碳排放测算方法和标准规范，形成清晰化、透明化的排放数据和指标体系，明确基准场景和基准年份的公路交通碳排放总量及其现状构成；根据《国家综合立体交通网规划纲要》，明确提出"到 2035 年，除部分边远地区外，基本实现全国县级行政中心 15 分钟上国道、30 分钟上高速公路、60 分钟上铁路"的基本要求，建设现代化高质量县域立体交通网，强调提升运输服务品质、基础设施数字化和网联化升级、强化规划实施保障、减排目标实现、增强创新发展动力、提升安全应急保障能力、推进绿色发展以及加强党的领导和协调协同。通过以上措施，推动公路交通运输业的可持续发展，提高运输效率和服务质量，同时确保环境友好和资源节约。以"碳强度"控制为主、碳排放总量控制为辅，明确公路交通减碳的主要领域、实现方式和阶段性目标，进一步凝聚减碳共识和合力；深化与欧盟国家在交通减碳领域的交流，在交通碳排放定价和交易体系、碳排放标准互认与数据共享、跨境基础设施互联互通、零碳机场和零碳港口共建、清洁能源区域联盟等方面深化合作。

7.6.2.5 加大技术性减碳投入

技术性减碳举措主要针对技术进步和可科技创新领域，提出公路交通碳减排新技术、新方法和新模式。

注重对新能源及清洁能源的研发，重点关注在生物质柴油、纤维素乙醇等交通运输替代燃料、载运工具新技术的研发和应用上；另一方面要积极推动电力、氢能、天然气和先进生物液体燃料等新能源的运用。技术进步有效控制新能源交通工具的生产成本，为公路客运渗透率的提高提供动力。现阶段仍然存在产品结构、混动技术研发、汽车轻量化、动力电池续航能力和电池循环寿命等多方面的瓶颈，未来发展需要从动力电池、燃料电池、加氢与充电系统等方面进行突破和创新，降低新能源汽车制造成本的同时，减少受众应用成本和购买成本。

具体举措主要包括建立公路交通运输碳排放统计监测平台，运用大数据、物联网、区块链等数字技术，实现分方式、分企业、分区域碳排放精细化管理；大力发掘交通新技术的减碳空间，如卡车编队行驶可降低碳排放 10%～15%，应大力发展自动驾驶、编队行驶、光伏路面、电气化公路、地下物流、出行即服务（MaaS）等新模式。

7.6.2.6 创新管理性减碳举措

主要针对管理体系和治理能力方面，提出公路交通碳减排的奖惩机制制度。

具体举措主要包括建立低碳交通认证制度，完善相关标准和认证流程，只有经过低碳交通认证的交通企业、工程或者项目，才能申请交通部门的相关优惠政策，并实行"高碳排放一票否决制"；创新绿色交通融资制度，通过发行绿色交通债券、降低绿色交通项目资本金、延长经营性项目收费年限等措施，加大对于绿色交通基础设施的投资力度；开展零碳交通能力建设，组织大型交通和物流企业形成零碳联盟，发起脱碳减碳倡议，并广泛开展培训、技术交流、理念推广等能力建设工作；推广交通运输碳排放权交易体系，按照"污染者付费"原则，实施碳排放定价、排放收费、碳汇补贴等举措，建立零排放区域，完善交通行业碳排放权交易市场。

7.6.2.7 强化金融支持绿色交通

完善绿色交通领域的金融标准，针对昌黎县"公路+铁路"两大领域，系统梳理绿色交通的金融服务界限，破解绿色交通项目识别难题。加快将交通运输业纳入转型金融第二批支持行业，引导更多的社会资本支持交通领域低碳和零碳转型。

丰富绿色交通金融产品开发，运用信贷、债券、租赁和股权等多种工具相结合的方式，推广交通运输业绿色发展和转型升级。

建立健全激励约束机制，推行专项贷款低息优惠的货币政策，定向支持绿色交通发展。鼓励金融机构为交通领域低碳转型意愿高、减排效果好的企业，开辟绿色通道，实行优惠利率和减免业务收费等助力政策，促进相关企业节能减排。

7.7 建筑领域碳减排路径及实施方案

7.7.1 建筑领域碳中和目标及路径

7.7.1.1 提高建筑节能水平

实现"双碳"目标，建筑节能是一道不可跨越的关口。为降低建筑能耗，20世纪80年代末我国开始推行建筑节能标准，目前很多地区已经大范围普及65%的节能设计标准，北方采暖区域基本进入75%节能标准。截至2023年，昌黎县新增建筑均已执行75%的建筑节能标准。

住房和城乡建设部2022年3月1日印发的《"十四五"建筑节能与绿色建筑

发展规划》提出，到 2025 年，城镇新建建筑全面建成绿色建筑，建筑能源利用效率稳步提升，建筑用能结构逐步优化，建筑能耗和碳排放增长趋势得到有效控制，基本形成绿色、低碳、循环的建设发展方式，为城乡建设领域 2030 年前碳达峰奠定坚实基础。城镇新建居住建筑能效水平提升 30%，公共建筑能效水平提升 20%。提高建筑节能水平以《建筑节能与可再生能源利用通用规范》确定的节能指标要求为基线，分阶段、分类型、分气候区提高城镇新建民用建筑节能强制性标准，重点提高建筑门窗等关键部品节能性能要求，推广地区适应性强、防火等级高、保温隔热性能好的建筑保温隔热系统。推动政府投资公益性建筑和大型公共建筑提高节能标准，严格管控高耗能公共建筑建设。引导京津冀等重点区域制定更高水平节能标准，开展超低能耗建筑规模化建设，鼓励政府投资公益性建筑、大型公共建筑、重点功能区内新建建筑执行超低能耗建筑、近零能耗建筑标准。推动零碳建筑、零碳社区建设试点。推动农房和农村公共建筑执行有关标准，推广适宜节能技术。

在提高建筑节能标准的基础上，2020 年 7 月 24 日，住建部、发改委等 7 部门联合印发的《绿色建筑创建行动方案》提出，鼓励各地因地制宜推动超低能耗建筑、近零能耗建筑发展。推动新建建筑全面实施绿色设计。制修订相关标准，将绿色建筑基本要求纳入工程建设强制规范，提高建筑建设底线控制水平。推动绿色建筑标准实施，加强设计、施工和运行管理。推动各地绿色建筑立法，明确各方主体责任，鼓励各地制定更高要求的绿色建筑强制性规范。

7.7.1.2　推动清洁能源使用

可再生能源，诸如太阳能、风能、地热能等，本身不产生二氧化碳，如果对其加以合理利用，同样能为建筑运行提供能量，实现对传统电力、热力的替代，进而降低建筑运行产生的碳排放。因此，可再生能源的应用为建筑运行阶段实现脱碳的重要途径，可再生能源与建筑的结合，已经成为推动建筑碳达峰、碳中和的必然趋势。

《"十四五"建筑节能与绿色建筑发展规划》提出，到 2025 年，全国新增建筑太阳能光伏装机容量 0.5 亿千瓦以上，地热能建筑应用面积 1 亿平方米以上，城镇建筑可再生能源替代率达到 8%，建筑能耗中电力消费比例超过 55%。根据太阳能资源条件、建筑利用条件和用能需求，统筹太阳能光伏和太阳能光热系统建筑应用，宜电则电，宜热则热。推进新建建筑太阳能光伏一体化设计、施工、安装，鼓励政府投资公益性建筑，加强太阳能光伏应用。在城市酒店、学校和医院等有稳定热水需求的公共建筑中积极推广太阳能光热技术。在农村地区积极推广被动式太阳能房等适宜技术。推广应用地热能、空气热能、生物质能等解决建筑采暖、生活热水、炊事等用能需求。鼓励各地根据地热能资源及建筑需求，因地制宜推广使用地源热泵技术。在满足土壤冷热平衡及不影响地下空间开发利用的情况下，推广浅层土壤源热泵技术。在进行资源评估、环境影响评价基础上，采用梯级利用方式开展中深层地热能开发利用。合理发展生物质能供暖。建议开展可再生能源资源条件勘察和建筑利用条件调查，编制可再生能源建筑应用实施方案，确定本地区可再生能源应用目标、项目布局、适宜推广技术和实施计划。建立对可再生能源建筑应用项目的常态化监督检查机制和后评估制度，根据评估结果不断调整优化可再生能源建筑应用项目运行策略，实现可再生能源高效应用。对较大规模可再生能源应用项目持续进行环境影响监测，保障可再生能源的可持续开发和利用。

7.7.1.3 建筑绿色节能运行

在建筑节能设计中，应合理开发，科学使用自然资源，利用太阳能、风能等自然资源实现建筑内部供暖，提高建筑取暖、采光、保温性能，净化建筑内空气，改善空气质量。太阳能主要是利用太阳光产生热量，形成化学反应，将太阳能转变为热能或者电能，为建筑运行提供能量。太阳集热器能够收集太阳发生的热量，并将其转变为热能，在寒冷的冬季可以给建筑供暖，在炎热的夏季，太阳集热器能够设计成空调，给人们提供舒适、凉快的生活环境。太阳能设备运行过程中无须燃烧燃料，不会给生态环境带来任何影响，满足国家提出的节能环保发展战略。风能则是空气流动过程中产生的能量，通过风能供电能够把风能当作建筑内部充电、照明、无线电通信的电压，以降低对电力资源的消耗，节省不可再生资源。

提高建筑用能管理智能化水平。鼓励将楼宇自控、能耗监管、分布式发电等系统进行集成整合，实现各系统之间数据互联互通，打造智能建筑管控系统，实现数字化、智能化的能源管理。通过运用物联网、互联网技术，实时采集、统计、分析建筑用能数据，优化空调、电梯、照明等用能设备控制策略，实现智慧监控和能耗预警，提高能源使用效率。推动有条件的公共机构建设能源管理一体化管控中心。

提高既有居住建筑节能水平。除违法建筑和经鉴定为危房且无修缮保留价值的建筑外，不大规模、成片集中拆除现状建筑。在严寒及寒冷地区，结合北方地区冬季清洁取暖工作，持续推进建筑用户侧能效提升改造、供热管网保温及智能调控改造。在夏热冬冷地区，适应居民采暖、空调、通风等需求，积极开展既有居住建筑节能改造，提高建筑用能效率和室内舒适度。在城镇老旧小区改造中，鼓励加强建筑节能改造，形成与小区公共环境整治、适老设施改造、基础设施和建筑使用功能提升改造统筹推进的节能、低碳、宜居综合改造模式。引导居民在更换门窗、空调、壁挂炉等部品及设备时，采购高能效产品。推动既有公共建筑节能绿色化改造。强化公共建筑运行监管体系建设，统筹分析应用能耗统计、能源审计、能耗监测等数据信息，开展能耗信息公示及披露试点，普遍提升公共建筑节能运行水平。引导各地分类制定公共建筑用能（用电）限额指标，开展建筑能耗比对和能效评价，逐步实施公共建筑用能管理。持续推进公共建筑能效提升重点城市建设，加强用能系统和围护结构改造。推广应用建筑设施设备优化控制策略，提高采暖空调系统和电气系统效率，加快LED照明灯具普及，采用电梯智能群控等技术提升电梯能效。建立公共建筑运行调适制度，推动公共建筑定期开展用能设备运行调适，提高能效水平。

7.7.1.4 推动原材料低碳化

全面推广绿色低碳建材，推动建筑材料循环利用。发展绿色农房。制造绿色建材的原材料多采用工业废弃物、生产生活垃圾等废弃资源，如用垃圾焚烧灰制作的绿色水泥以及用粉煤灰等制作的高强混凝土等，既节约天然资源，又消化处理废弃垃圾，保护环境。"十四五"是我国推动经济高质量发展和生态环境质量持续改善的攻坚期，也是推进落实碳达峰目标的关键期，建筑原材料行业必须深入贯彻落实党的十九大和十九届五中全会精神，以推动安全发展、高质量发展为主题，以二氧化碳排放达峰目标与碳中和愿景为牵引，提前谋划与布局碳减排工作，要从自身实际出发，制定切实有力措施，推进建筑材料行业碳达峰目标的提前实现。

一是调整优化产业产品结构，推动建筑材料行业绿色低碳转型发展。要将与碳减排密切相关的能耗、环境排放、资源综合利用等作为约束性指标列入行业发展目标之中，加强对碳排放的源头控制，加快淘汰落后产能进程，严格减量置换政策，加大压减传统产业过剩产能力度，坚决遏制违规新增产能，推动建筑材料行业向轻型化、终端化、制品化转型。支持企业谋划发展绿色低碳新业态、新技术、新装备、新产品，有序安排生产，压减生产总量和碳排放量。鼓励行业领军企业开展资源整合和兼并重组，推进产业链、价值链向高附加值、高质高端迈进。

二是加大清洁能源使用比例，促进能源结构清洁低碳化。统筹推进产业结构与能源结构调整，进一步优化建筑材料行业能源消费结构，逐步提高使用电力、天然气等清洁能源的比重。鼓励企业积极采用光伏发电、风能、氢能等可再生能源技术，研发非化石能源替代技术、生物质能技术、储能技术等，并在行业推广使用。

三是加强低碳技术研发，推进建筑材料行业低碳技术的推广应用。开发和挖掘技术性减排路径和空间，探索建筑材料行业低碳排放的新途径，优化工艺技术，研发新型胶凝材料技术、低碳混凝土技术、吸碳技术，以及低碳水泥等低碳建材新产品。发挥建筑材料行业消纳废弃物的优势，进一步提升工业副产品在建筑材料领域的循环利用率和利废技术水平，替代和节约资源，降低温室气体过程排放。着力推广窑炉协同处置生活垃圾、污泥、危险废物等技术，大幅提高燃料替代率。推广碳捕集与碳储存及利用等碳汇技术，通过采取矿山复绿等有效措施，积极推进碳中和。

四是提升能源利用效率，加强全过程节能管理。坚持节约优先，加强重点用能单位的节能监管，严格执行能耗限额标准，树立能效领跑者标杆，推进企业能效对标达标。建立企业能源使用管理体系，利用信息化、数字化和智能化技术加强能耗的控制和监管。在水泥、平板玻璃、陶瓷等行业，开展节能诊断，加强定额计量，挖掘节能降碳空间，进一步提高能效水平。

五是推进有条件的地区和产业率先达峰。积极推进建筑材料行业在经济发展水平高和绿色发展基础好的地区和产业率先实现碳达峰。重点行业自觉压减产量，不新增产能，率先落实二氧化碳强度和总量"双控"要求，推进大气污染物与温室气体的协同减排，协同治理。

六是做好建筑材料行业进入碳市场的准备工作。全力做好建筑材料行业碳排放权交易市场建设基础性工作，逐步完善建筑材料各产业碳排放限额与评价工作，进一步推进与扩展建筑材料各主要产业碳排放标准的研发与制定。水泥和平板玻璃行业要率先做好进入全国碳市场准备，提前谋划和组织好有关企业参与碳交易方案制定、碳交易模拟试算、运行测试等前期工作。

7.7.2 建筑领域碳减排实施方案

7.7.2.1 推进低碳建设技术

为贯彻落实新发展理念，推动建筑业转型升级，针对加快新型建筑工业化发展，国家提出加快发展新型建筑工业化，从传统粗放建造方式向新型工业化建造方式转变。新型建筑工业化是指"以构件预制化生产、装配式施工为生产方式，以设计标准化、构件部品化、施工机械化为特征，能够整合设计、生产、施工等整个产业链，实现建筑产品节能、环保、全生命周期价值最大化的可持续发展的新型建筑生产方式"。

（1）发展装配式建筑和钢结构住宅　装配式建筑方式是将从工厂加工制造的建筑用构件和配件在建筑施工现场上通过可靠的连接方式进行装配，避免了传统施工产生的噪声、粉尘污染，同时缩短施工周期，减少原料消耗，是一种低碳环保的生产技术。2022年6月住房和城乡建设部发布的《城乡建设领域碳达峰实施方案》中提出，到2030年装配式建筑占当年城镇新建建筑的比例应达到40%。推广建筑使用钢结构体系等可再生循环材料。我国钢结构住宅占比仅1%左右，发展空间广阔。大力发展钢结构建筑，鼓励医院、学校等公共建筑优先采用钢结构建筑，积极推进钢结构住宅和农房建设，完善钢结构建筑防火、防腐等性能与技术措施。

（2）低碳回收设计　在建筑全生命周期中，初期设计阶段对建材的回收利用起决定性作用。设计师在设计阶段就要考虑拆除后废旧建材的可回收性，需优先选用可回收性强的材料；同时还需考虑拆除的便利性，以达到低碳拆除目的。应用新型具有通用尺寸的可再生构件进行建造，是实现建筑低碳拆除的重要手段。

（3）优化建筑物拆除方式　建筑的拆除包括拆毁、拆解两种方式。拆毁方式为在短时间通过机械将大部分废旧材料进行破碎，破碎后材料难以回收，只能作为建筑垃圾进行填埋处理。拆解方式为通过小型机械将构件尽可能从主体结构中分离，拆除后的构件仍然可以加以利用。虽然这种方式在施工时间上延长了，但是极大地减少了碳排放量。在技术、设备层面上拆解与拆毁两种方式大致相同，但在废旧建材的循环利用率上，差别很大。因此拆除应优先选用拆解方式进行。在拆解过程中需要遵循"由内至外，由上至下"的顺序进行，即"室内装饰材料-门窗、散热器、管线-屋顶防水、保温层-屋顶结构-隔墙与承重墙或柱-楼板，逐层向下直至基础"。

7.7.2.2　施工过程节能环保

（1）节能　施工过程主要的能源使用为机械设备运作消耗的柴油、电力，办公生活电力消耗，以及食堂炊事燃料消耗。施工现场节能包括加强能源管理、技术节能。其中能源管理首要需制定合理施工能耗指标，提高施工能源利用率，定期进行计量、核算、对比分析，并开展预防与纠正措施；其次针对各主要机械设备制定相应的经济运行操作规程、维护保养规程,并按规定执行;设备操作人员需进行技能培训,对于特种设备操作,如重型卡车、高压电工等人员还需持证上岗,确保各设备处于高效运行状态。施工企业还可通过导入能源管理体系并认证来进一步提升能源管理水平,降低施工能耗。

技术节能需从施工机械设备的选型入手,优先选择国家、行业推荐的节能、高效、环保的设施设备,如采用一级能效的制冷设备、空压机、水泵等机电产品。据相关统计,节能电机工作效率比普通标准电机高3%～6%,平均功率因数高9%,总损耗减少20%～30%。施工现场物料周转选用低油耗、低碳排放运输工具,如生物柴油机车、混合动力机车,乃至氢燃料车,并通过合理规划运输线路降低周转里程;照明采用LED节能灯具,实现声控、光控等功能;有条件则选用太阳能光伏发电照明技术,应用于路灯、加工棚照明、办公区廊灯等进一步降低照明用电。建筑施工过程新技术、新设备的应用因提高了施工效率,同样能达到降低能耗目的。如在地基基础方面采用的灌注桩后注浆技术,不需要泥浆或水泥浆护壁,且成桩质量稳定,施工效率提高,进而降低了施工过程能耗。

(2) 节水 施工现场用水环节包括施工用水、办公生活用水、绿化降尘用水。施工过程可通过采取节水器具与设施,开展水循环利用,雨水收集利用等措施节约用水量。采用节水器具,诸如在办公生活区使用节水龙头、节水卫生洁具等,节省办公生活用水量。在施工现场可设置污水沉淀池,将部分基坑降水和雨水引入沉淀池内,经过处理去除掉漂浮物与悬浮物,再加入助凝剂对污水和雨水进行混凝和沉淀,污水则处理成可重新利用的水,由此实现水循环利用及雨水回收。该部分水可用于现场降尘、绿化、车辆冲洗、混凝土结构养护用水等。同时现场还可通过加装水计量器具,将施工、生活用水分开计量,各自进行用水计量考核,严格控制用水量。

(3) 节材 节材,即施工现场需最大限度地降低材料消耗。为实现节材,施工单位首先加强对各材料的质控、采购、储运、使用管理。对于材料采购,施工单位要制定明确的环保材料采购条款,对材料供应单位进行审核、比较、挑选。在采购前,对材质及性能进行详细的检查、检测,确保符合要求。同时需根据施工进度、库存情况合理安排材料采购、进场时间和每次进场数量,减少库存积压。对于周转材料要根据施工流水安排,合理确定材料用量,并在日常工作中制订维修与保养计划,降低损耗。施工现场还应有序堆放材料,且储存环境适宜,防止因日晒、雨淋、受潮、受冻、高温或地基变形等环境因素造成损坏。材料使用采取严格的登记使用制,随时掌握施工用料信息,避免材料浪费。

施工单位还应建立建筑废弃物管理制度，制定明确的废弃物处理方式，遵循"减量化、资源化、无害化"原则，充分利用材料，减少浪费。对于可现场直接回用的废弃物，特别是将其用于之后的施工过程，有助于提高材料的循环利用率。例如，在施工过程中截掉的短钢筋可用于后期的构造柱植筋与砌体植筋；利用废弃模板定做一些遮光棚、隔声板等维护结构；利用废弃的钢筋头制作楼板马凳筋、地锚拉环等。对于无法现场直接回用的废弃物，可通过特定的加工处理厂处理，重新用到施工中，实现建筑垃圾减量化、资源化。如利用建筑废弃物混合料作为复合地基散体桩材料；利用废弃混凝土和废弃砖石制成粗细骨料，用于生产相应强度等级的混凝土、砂浆、墙板、地砖等建材制品。

(4) 节地　施工现场需在开工前期合理规划施工总平面布置，减少占地，尽量减少土方开挖和回填量，减少机械设备因施工作业产生的碳排放；同时利用山地、荒地作为取、弃土场用地，避免侵占农田、林地，保护植被；施工后需根据"用多少、垦多少"的原则，恢复原有地貌和植被，必要时还需与当地园林、环保部门或当地植物研究机构合作，补救施工活动中人为破坏植被和地貌造成的土壤侵蚀。

(5) 环境保护　施工过程主要污染源有废水、噪声、扬尘、光污染以及建筑废弃物。施工废水可通过收集、处置，实现循环利用。噪声排放需执行《建筑施工场界环境噪声排放标准》，现场使用低噪声、低振动的设备，采取隔声与隔振措施，避免或减少施工噪声和振动。施工现场道路、塔吊、脚手架等部位扬尘可通过自动喷淋降尘和喷雾炮降尘技术进行降尘。对于光污染，需在夜间室外照明灯加设灯罩，透光方向需集中在施工范围；电焊作业采取遮挡措施，避免电焊弧光外泄。建筑废弃物和生活垃圾需开展分类，遵循"减量化、资源化、无害化"原则，充分利用材料，减少浪费。

此外，施工单位还可在工地现场内外围布置绿色植物进行挡风降尘，同时增加现场固碳能力。对于施工周期较长的现场甚至可以按照永久绿化的要求安排。在布置绿色植物时还需考虑选取合适的植株类型，构造丰富的复层结构。例如，采取"乔木＋灌木＋草被"相结合的多层绿化方式能够有效增强植被固碳能力及生态环境效益。

7.7.2.3 推动用能的电气化

降低能源的碳排放因子，将原能源系统中燃煤、燃气等高碳排放的化石能源替换为风光电、工业余热等碳排放因子近乎为零的清洁能源。提升用能终端电气化水平，可有效降低直接燃烧化石燃料所产生的直接碳排放量。可再生能源应用技术，包括太阳能光伏发电、风力发电、沼气发电等均集中于提供零碳电力能源，因此在昌黎县全面推进电气化，使用可再生能源产出的零碳电力将是实现全面脱碳的有效手段。在建筑运行过程亦不例外。建筑运行阶段除消耗电力外，在采暖供热、炊事燃气灶等环节还间接或直接消耗了大量的化石燃料。该部分化石燃料消耗若改为电力消耗，同时提升能源供给端及建筑运行端的可再生能源发电率，将有效降低建筑运行期间的碳排放。在采暖、供热电气化上，需要结合各地区实际情况分区推进。在北方，由于我国煤炭资源相对丰富，昌黎县现阶段仍以燃煤供热方式为主，推进电气化目前条件仍不成熟。昌黎县采暖期降碳需先走加强区域集中供热、提升供热效率路线，并尽可能用调峰的热电厂余热和工业生产过程排出的低品位余热、生物质能等作为基础热源，做到清洁取暖。

推进电气化有赖于高效电气灶的开发，同时需要引导改变居民长期以来的明火烹饪习惯，推广使用电气灶。在生活热水供应方面，可以推动电动热泵热水器的使用，热泵热水器具有高效节能的特点，是替代目前多数家庭使用的燃气热水器和电热水器的良好选择。

推动建筑业用能电气化和低碳化，还需要加快优化建筑用能结构，深化可再生能源建筑应用。开展建筑屋顶光伏行动，大幅提高建筑采暖、生活热水、炊事等电气化普及率。实施供暖系统电气化改造，结合清煤降氮锅炉改造，鼓励因地制宜采用空气源、水源、地源热泵及电锅炉等清洁用能设备替代燃煤、燃油、燃气锅炉。大力推广太阳能光伏光热项目，充分利用建筑屋顶、立面、车棚顶面等适宜场地空间，安装光电转换效率高的光伏发电设施。鼓励有条件的公共机构建设连接光伏发电、储能设备和充放电设施的微网系统，实现高效消纳利用。推广光伏发电与建筑一体化应用，推动太阳能供应生活热水项目建设，开展太阳能供暖试点。

7.7.2.4 提升能源利用效率

建筑运行阶段使用有各种设备，如照明、空调、水泵等，提升这些设备的能效，尽可能减少运行过程能耗损失，让能量输出最大化，可达到降低能耗、减少二氧化碳排放的目的。在提升设备能效的同时，实现对设备的智能化控制，在运行时能根据需求情况自动启闭或者实现变频运行，同样可减少能耗。对于建筑管理而言，导入能源管理体系并有效运行，将形成能耗目标考核机制，提升管理人员的节能意识及挖掘节能机会的主观性，对建筑运行整体能效提升将起到积极作用。而能源管理信息化将有助于提升能源管理水平，改善能源绩效。

推动建筑用能与能源供应、输配响应互动，提升建筑用能链条整体效率。开展城市低品位余热综合利用试点示范，统筹调配热电联产余热、工业余热、核电余热、城市中垃圾焚烧与再生水余热及数据中心余热等资源，满足城市及周边地区建筑新增供热需求。在城市新区、功能区开发建设中，充分考虑区域周边能源供应条件、可再生能源资源情况、建筑能源需求，开展区域建筑能源系统规划、设计和建设，以需定供，提高能源综合利用效率和能源基础设施投资效益。开展建筑群整体参与的电力需求响应试点，积极参与调峰填谷，培育智慧用能新模式，实现建筑用能与电力供给的智慧响应。推进源-网-荷-储-用协同运行，增强系统调峰能力。

7.8 农业领域碳减排路径及实施方案

7.8.1 农业领域碳中和目标及路径

7.8.1.1 有害投入品减量替代

农业是非二氧化碳温室气体（主要指甲烷和氧化亚氮）的主要排放源，排放量占全球人类源温室气体排放总量的10%～12%。农作物种植过程使用了大量的化肥、农药、农膜，这些农业生产资料在生产过程中也会排放温室气体，例如，生产1kg的尿素，会排放约16kg二氧化碳当量温室气体。

化肥是中国种植业第一大碳源，其对中国种植业碳排放量贡献最大。因此，减少种植业碳排放的关键是减少化肥的使用量。政府要制定和实施严厉的政策来控制化肥的使用，并且提升化肥使用技术，提高化肥使用效率，推广使用有机肥料以及循环农业等，从而实现遏制化肥绝对使用量的增长。引导传统种植业向气候智慧型种植业发展，提升种植业产出效率，减少化肥农药等碳源的投入。

棚膜作为设施农业重要的一种农膜投入类型，更是提高了农膜投入碳排放。因此提高棚膜质量，延长棚膜使用寿命，减少棚膜更换频率，可有效降低棚膜投入碳排放。

通过科学制定施肥和农药、农膜等使用方案，采用高效、环保的新型农业生产资料，既有助于农业的碳减排，也可通过倒逼农资产业结构改革和生产优化，以避免生产过程的温室气体排放。

优化施肥结构，合理配置氮、磷、钾和中微量元素等养分供给，进一步拓展利用有机肥，引进和推广新型肥料；改进施肥方式，提高肥料利用率，精确施肥，根据土壤条件、农作物生长特征等因素，分类确定合理施肥量；根据作物营养需求规律，适度进行联合播种，增强农田对作物所需养分的供给强度和利用效率。

应用环境友好的病虫害防控技术，创建有利于作物生长的外部环境条件，从而抑制病虫灾害的发生，进而从源头上减少农药的施用。研发推广生物农药、高效低毒农药及其施用技术，以替代高毒高残留农药；开发应用现代植保机械，提升雾化和沉降度，提高施用农药的利用率。在准确诊断作物病虫害的基础上精准施用农药，严格按照农药施用要求，按照规范的施用剂量和次数施药。组织规模化专业防治机构，开展专业化统防统治，提高防治效率。

农业生产过程中使用农药，对于控制病虫害具有重要意义。在碳中和背景下，存在农药过量使用的问题，造成土壤和环境污染，还会导致病虫害产生抗药性，加速生物的变异，严重威胁农业生产活动的进行。因此在农业生产中加快农药减量措施的实施，开展重大病虫航化作业，推进农药减量控害。棚膜作为设施农业重要的一种农膜投入类型，更是提高了农膜投入碳排放。因此提高棚膜质量，延长棚膜使用寿命，减少棚膜更换频率，可有效降低棚膜投入碳排放。通过科学制定施肥和农药、农膜等使用方案，采用高效、环保的新型农业生产资料，既有助于农业的碳减排，也可通过倒逼农资产业结构改革和生产优化，以避免生产过程的温室气体排放。

7.8.1.2 立体种养的节地模式

立体种养模式是以自然规律为基础，对资源环境合理高效利用，以达到目标物种立体种养模式的优化设计，立体种养模式所涵盖的农业活动范围较广，如稻田立体种养、田园式种养等。

立体种养，为现代农业发展探索出一条可持续之路。囿于传统的耕作方式和理念，我国在农业现代化方面还存在一些短板，如生产模式粗放、对地力消耗缺少节制等。"绿色发展要有可持续性，农业生产不能竭泽而渔。"因此，我们要依靠科技支撑和创新驱动，走产出高效、产品安全、资源节约、环境友好的现代农业发展道路。无论是稻渔空间的"稻渔综合种养"，还是有些地方借助林地资源发展的"林菜""林草""林菌""林药"等"林下经济"，都是依托山水林田湖草和谐共生的良好生态而发展起来的，走的都是可持续发展之路。

立体种养，为现代农业发展开拓了新思路。立体种养让不同产业、不同物种间有了融合发展的可能，也给现代农业经营提供了新思路。"跨界"是时下网络上的流行语，其实在农业生产和经营中也不乏"跨界"。立体种养打破了农、林、牧、渔业间的界限，田野与乡村旅游、与电商的结合拓展了农业经营的思路，贯穿其中的不仅有种植理念的转变，也有经营理念的更新。这种理念上的转变和更新，必将给现代农业带来更大的想象空间和发展空间。

通过改进作物布局、调整作物结构、完善耕作灌溉技术及规范耕作制度，达到农业节水的目的。在管理层面，可通过合理制定用水价格以及相关管理措施与政策机制调控达到用水高效管理。滴灌方式可以有效降低生长期土壤碳排放，且降低灌溉能耗。保护性耕作在有效保持作物产量的同时可以显著降低温室气体排放。将间歇淹水等节水灌溉措施与优化施肥措施相结合，可减少稻田温室气体总排放，同时还可提高水分和养分利用效率。对水旱轮作农田，如水稻-小麦、水稻-油菜等轮作，在非稻季施用有机肥，在提升土壤碳库的同时，避免了由于有机肥施用造成的甲烷排放。筛选低排放高产水稻品种、添加甲烷抑制剂等新型材料、施用生物质炭等稳定性高的有机物料，也是降低稻田甲烷排放的有效途径，是新的固碳减排协同技术的发展方向。

发展生态农业、循环农业，以提高农业资源及能源利用效率；在农业生产活动的诸多环节，通过农业物资、农产品及农业废弃物的综合减量化及资源化利用，降低农业活动能源消耗，促进农业可持续发展。一是通过发展无土栽培等设施农业，综合使用水、热、光等条件，减少对土地的使用，可以实现植被光合作用的增强，促进农业固碳、吸碳；发展低碳农业，就是要充分利用光照、积温、土地、水等农业资源条件，尽可能地同化二氧化碳，转换光能，实现农产品产量的增加。二是要减少农业生产中的碳排放。通过节约或替代化石能源的使用，减少化肥、农药等物质的使用，采用可降解的农膜，利用秸秆还田、施农家肥、生物杀虫剂等方式，减少农作物对化石能源的惯性使用；通过推广测土配方施肥、精准施肥、平衡施肥的科学施肥方式，提高对农用化学品的利用率，从而减少其使用量，达到减少农业碳排放的目标。三是要转变传统发展观念。通过充分利用沼气，采用有机肥及科学的施肥管理技术，对秸秆实现综合利用，尽最大可能减少农业生产对化石能源的依赖。同时辅以少耕、免耕等水土保持栽培技术，农田水分管理技术，病虫害低碳防控技术，选育优良品种等，在农业生产的方方面面转变固有的粗放生产观念，促进农业的低碳发展。

7.8.1.3 废弃物的资源化利用

针对不同农业废弃物的自然属性特征及分布特点，规划合理的废弃物收集运输办法。建立若干废弃物处置及资源化利用集成化成套技术工艺；创建不同区域农业废弃物的针对性资源化利用模式。在政策机制层面，建立基于农业废弃物资源化利用的完备的全产业链条运营机制，提高农业废弃物资源化的综合效益。

农业废弃物的资源化利用对农业固碳减排也有着潜在的巨大贡献。中国农作物秸秆每年高达10亿吨以上，秸秆露地焚烧一度十分普遍，21世纪初以来中国政府一直实行严厉的秸秆禁烧管控。根据国家温室气体排放清单，2014年之前秸秆焚烧导致每年约900万吨的温室气体排放。2015年以来，农业部通过财政专项支持，鼓励在华北、东北、西北等地区发展秸秆的"五料化"（能源化、肥料化、基质化、材料化和饲料化），利用率已达80%以上，避免或者抵消排放的贡献十分显著。虽然中国秸秆利用率已经较高，但是其深度农业利用仍然有待推广。中国目前除了有约20%的秸秆被废弃，被利用的部分中有40%的秸秆被直接还田。为避免秸秆还田的病虫害残留和对下茬作物生长的不利效应，并考虑到农民实施还田的实际困难，秸秆离田炭化-生物质炭还田技术应运而生。中国的秸秆炭化工程技术，以及生物质炭土壤改良和炭基肥生态农业技术已处于全球领先地位。含生物质炭15%～20%的炭基肥，可以减少化肥15%，实现农作物产量和品质的双向提升，并减少农田温室气体排放20%以上，且有利于改善耕地生态。

当前，农民生产生活中产生的农业废弃物处理粗放、综合利用水平不高的问题日益突出，已成为农村环境治理的短板。农业废弃物资源化利用是改善环境污染、发展循环经济、实现农业可持续发展的有效途径。农业废弃物资源化利用工作要贯彻党中央、国务院有关决策部署，围绕解决农村环境脏乱差等突出问题，聚焦畜禽粪污、病死畜禽、农作物秸秆、废旧农膜及废弃农药包装物五类废弃物，以就地消纳、能量循环、综合利用为主线，坚持整县统筹、技术集成、企业运营、因地制宜的原则，采取政府支持、市场运作、社会参与、分步实施的方式，注重县乡村企联动、建管运行结合，着力探索构建农业废弃物资源化利用的有效治理模式。目标是规模养殖场配套建设粪污处理设施比例达80%左右，畜禽粪污基本资源化利用；病死畜禽基本实现无害化处理；秸秆综合利用率达到85%以上；当季农膜回收和综合利用率达到80%以上；废弃农药包装物有效回收利用。通过试点，形成可复制、可推广、可持续的模式和机制，辐射引领各地加快改善农村人居环境，建设美丽宜居乡村。

农业废弃物是农业生产与加工过程中产生的副产品，数量巨大，具有可再生、再生周期短、生物降解、环境友好等优点，是重要的生物质资源。2019年中央一号文件也明确提出，发展生态循环农业，推进畜禽粪污、秸秆、农膜等农业废弃物资源化利用，是加强农村污染治理和生态环境保护的重点工作之一。因此，做好农业废弃物的再利用，加快推进农业农村现代化，发展质量农业、科技农业、绿色农业、循环农业，是今后农业农村工作中的关键环节。

7.8.2 农业领域碳减排实施方案

为贯彻落实碳达峰碳中和重大决策部署，推进农业农村绿色低碳发展，2022年5月7日，农业农村部和国家发展改革委制定的《农业农村减排固碳实施方案》中提出，到2025年，农业农村减排固碳与粮食安全、乡村振兴、农业农村现代化统筹融合的格局基本形成，粮食和重要农产品供应保障更加有力，农业农村绿色低碳发展取得积极成效。

农业生产结构和区域布局明显优化，种植业、养殖业单位农产品排放强度稳中有降，农田土壤固碳能力增强，农业农村生产生活用能效率提升。到2030年，农业农村减排固碳与粮食安全、乡村振兴、农业农村现代化统筹推进的合力充分发挥，种植业温室气体、畜牧业反刍动物肠道发酵、畜禽粪污管理温室气体排放和农业农村生产生活用能排放强度进一步降低，农田土壤固碳能力显著提升，农业农村发展全面绿色转型取得显著成效。为达到这一目标，应加快推进减排固碳，提高资源利用效率，改善生态环境，实现农业农村绿色发展。

7.8.2.1 废弃物资源化

（1）畜禽粪污资源化　畜禽粪污资源化利用是解决畜禽养殖污染问题的根本出路，是推动种养结合发展的根本路径，是改善土壤地力的有力举措。鼓励各级农业农村部门开展畜禽粪污处理和畜禽粪肥施用效果监测评价，逐步积累第一手数据，探索构建基础数据库，对标准重要参数和指标等进行验证，提高标准的科学性、合理性和适用性。鼓励开展畜禽粪污资源化利用全链条监测和畜禽粪肥施用定位监测，研究确定不同畜种、不同区域、不同工艺的处理时间，研究确定不同气候、不同土壤、不同作物的畜禽粪肥施用量，为畜禽粪污资源化利用提供有力支撑。加快制定相关成套设施装备建设规范、畜禽养殖臭气管控技术规范，加大农机购置与应用补贴政策支持力度，引导科研院所、社会团体、企业等集成组装关键技术、工艺和设施装备。探索建立标准评价制度，定期开展重点标准实施效果评价，持续提升畜禽粪污资源化利用标准质量。对中小规模的不具备专业化粪污资源化处置能力的养殖场所，主要推行有机肥发酵腐熟技术手段，并配套相应的畜禽粪污收集、有机肥发酵加工等设施设备。对于粪污资源化处置专业机构，可分类开展好氧或厌氧消化系统建设，推行沼气资源化利用及畜禽发酵有机肥利用技术，实现沼气高值化利用及商品化有机肥的规模化生产。

(2) 农作物秸秆资源化　完善秸秆综合利用方式。结合资源禀赋和农业农村发展需求等，推进适用的秸秆利用方式，促进秸秆利用产业结构优化和提质增效。

推进秸秆变肥料还田，提升耕地质量。因地制宜示范推广秸秆科学还田适用技术，形成适应机械化生产、助力后茬作物稳产优质的秸秆还田规程，推进秸秆就近就地轻简化科学还田，提高土壤钾素利用率，促进农田土壤固碳增汇，巩固提升土地综合生产能力。

推进秸秆变饲料养畜，减少粮食消耗。推进生物菌剂、酶制剂、饲料加工机械等应用，加快秸秆青（黄）贮、颗粒、膨化、微贮等技术产业化，促进秸秆饲料转化增值，提升秸秆在种养循环中的纽带作用，壮大秸秆养畜产业。

推进秸秆变能源降碳，助力"双碳"工作。积极有序发展秸秆为原料的成型燃料、打捆直燃、沼气工程、热解气化等生物质能利用，提升农村清洁用能比例。在乡村社区、园区以及公共机构等推广打捆直燃集中式供热、成型燃料＋生物质锅炉供热、成型燃料＋清洁炉具分散式供暖等模式。

推进秸秆变基质原料，培育富民产业。推动以秸秆为原料生产食用菌基质、育苗基质、栽培基质等，用于菌菇生产、集约化育苗、无土栽培、改良土壤等。鼓励以秸秆为原料，生产非木浆纸、人造板材、复合材料等产品，延伸农业产业链。

(3) 废旧农膜及废弃农药包装物资源化　建立完善农村塑料废弃物收运处置体系。完善农村生活垃圾分类收集、转运和处置体系，构建稳定运行的长效机制，加强日常监督，不断提高运行管理水平。根据当地实际，统筹县、乡镇、村三级设施建设和服务，合理选择收集、转运和处置模式。

深入实施农膜回收行动，推广标准地膜应用，推动机械化捡拾、专业化回收和资源化利用。同时，开展农药包装物回收行动，支持和指导种养殖大户、农业生产服务组织、再生资源回收企业等相关责任主体积极开展灌溉器具、渔网渔具、秧盘等废旧农渔物资回收利用。围绕废弃物回收、处置、激励政策制定等关键环节，提升废旧农膜及废弃农药包装物再利用技术工艺水平，探索基于市场机制的回收处理政策机制，实现无害化处置及资源化利用。

7.8.2.2　农膜使用减量

(1) 生物降解农膜技术产品推广　加大生物降解农膜替代技术产品的研发投

入和政策的支持。加强可降解农膜产品的研发工作；探索相关政策机制创新，破除生物降解农膜成本阻碍，有效促进生物降解农膜推广应用。建立工作专班，组建专家指导组，制定技术指导意见，加强调研指导，开展技术培训，组织经验交流，全力支撑加厚地膜与全生物降解地膜推广应用项目实施。

加强农用薄膜管理办法等相关法规宣贯力度，参与农资打假行动和塑料污染治理行动，加大产品市场抽检力度，公布一批农膜监管执法典型案例，打击非标农膜入市下田。推动各地不断健全农膜回收网络体系，试点推广农膜回收区域补偿制度，提升资源化再利用能力。

（2）农膜减量应用及规范标准制定　持续开展全生物降解地膜应用评价，指导地方严格执行全生物降解地膜标准。选用韧性及抗老化能力强、厚度适宜的农膜，隔年耕种减少覆膜或无须再次覆膜，在原有农膜上打孔播种，降低农膜使用量，减少耕地中碎片化农膜比重，降低了田间农膜回收难度。在农膜生产方面，严格根据国家标准规范生产，保障农用地膜产品质量，提升农膜使用及回收效率。

（3）宣传及政策引导　建立产学研合作平台，推进农膜使用回收新技术、新产品、新装备研发。通过强化环保宣传教育，提高从业者环保意识；制定具体化农膜回收管理办法，充分调动农膜回收的积极性，鼓励农民回收田间残留农膜。

7.8.2.3　化肥减量方案

（1）调优结构减量　优化肥料配方。充分挖掘测土配方施肥基础数据，综合作物养分需求、土壤养分供应和肥料效应制定肥料配方，统筹基肥追肥比例，注重养分形态配合和中微量元素补充。强化配方发布。采用聚类等方法将大量肥料配方综合形成配比合理、便于生产的区域主推肥料配方。建立肥料配方发布渠道和发布机制，引导企业生产配方肥。做好配方肥供应。统筹各方力量，实现肥料配方"及时发布、按需生产、科学施用"有效链接。鼓励肥料生产企业分区域、分作物设立智能配肥站，建立多样、定点、精准、全面的配方肥供应体系，扩大配方肥生产供应。在作物种植结构方面，适当调减玉米种植面积，增加粮食、豆类等高附加值作物种植面积；在肥料利用结构方面，优化氮、磷、钾养分配比，促进大、中微量元素结合，优化肥料利用结构，研发推广新型肥料及施用技术。

（2）精准施肥减量　信息化指导。及时制定和发布本区域主要农作物科学施肥指导意见，推动施肥方案进店、入户、上墙、挂网，引导农民按"方"施肥。智能化推荐。推广应用养分专家施肥系统、县域测土配方施肥专家系统等智能化、简便化推荐施肥系统，指导配方肥科学合理施用，提升农民科学施肥水平。充分利用手机 APP、短信微信、触摸屏等方式，开展配方肥施用技术宣传，提高配方肥到位率。专业化服务。积极培育科学施肥社会化服务组织，支持肥料企业和社会化服务组织开展个性化、定制化配方肥施用服务，推动配方肥下地。利用信息化手段，探索构建配方肥供需网络，形成"自主选择、按需生产、精准配送"的配方肥供应模式。加强推动测土配方施肥，在一定范围内进行规模化的技术应用推广；推广化肥机械深施、追肥、种肥联播等技术，减少施肥后营养流失比例；根据作物种植需求，推广微灌施肥技术，减少肥料和水资源的浪费。

（3）有机肥替代减量　加强畜禽粪便的资源化处置及有机肥产品的生产应用，准确匹配植物营养需求，根据各种作物的养分供应特性，指导科学使用方式与合适用量，提高养分吸收效率；此外，应根据耕地及作物种植情况，推广绿肥种植及秸秆高效还田利用等方案。

7.8.2.4　农药减量方案

（1）推进科学用药　生物农药替代化学农药、高效低风险农药替代老旧农药，高效精准施药机械替代老旧施药机械。推广应用生物农药和活性高、单位面积用量少的高效低风险农药及其水基化、纳米化等制剂，淘汰低效、高风险农药品种；推广应用高效节约型施药机械，逐步淘汰老旧施药机械，提高农药利用效率。推广低毒低残留农药，逐步淘汰高毒性农药；推广高效大中型植保专业机械使用，提高农药利用效率；宣传科学用药常识，培训科学用药技术骨干，辐射带动农药的科学使用。

（2）推进绿色防控　精准预测预报、精准适期防治、精准对靶施药。加强农作物病虫害自动化、智能化监测预警，提升精准预报能力和水平；加强抗药性监测治理，推行对症选药、轮换用药、适期适量用药；推广靶标施药、缓释控害、低量喷雾等高效精准施药技术，提升防控效果。优化适合不同作物病虫害绿色防控模式，普及病虫害绿色防控知识及核心技术应用，建设绿色防控示范区，推动绿色防控大面积推广应用。

（3）推进统防统治　培育专业化防治服务组织，大力推进多种形式的统防统治。加大力度扶持发展一批装备精良、技术先进、管理规范的专业化防治服务组织和新型农业经营主体，鼓励开展全程承包、代防代治等多种形式的防控作业服务，推进防治服务专业化。推动农机农艺融合，创造利于高效植保机械作业的农田环境条件，促进统防统治规模化发展。推动植保机械装备现代化建设，发展病虫防治专业化结构，实现农作物病虫统防统治。推进专业化绿色防控技术在统防统治组织架构下的应用推广，有效提升病虫害科学化防治组织能力，提高统防统治服务水平。

7.8.2.5 水-能-地节用

改进作物布局，调整作物种植结构，优化融合耕作及节水灌溉相关技术；通过农业用水水费政策调整等措施，实现用水控制的管理体制与体制创新。推进农业节水设施建设。开展大型灌区续建配套与现代化改造、中型灌区续建配套与节水改造，完善渠首工程和骨干工程体系，加固改造或衬砌干支渠道，有条件的灌区推广管道输水。统筹规划、同步实施高效节水灌溉与高标准农田建设，加大田间节水设施建设力度。在干旱缺水地区，积极推进设施农业和农田集雨设施建设。

以粮食和重要农产品生产所需农机为重点，推进节能减排。实施更为严格的农机排放标准，减少废气排放。因地制宜发展复式、高效农机装备和电动农机装备，培育壮大新型农机服务组织，提供高效便捷的农机作业服务，减少种子、化肥、农药、水资源用量，提升作业效率，降低能源消耗。加快侧深施肥、精准施药、节水灌溉、高性能免耕播种等机械装备推广应用，大力示范推广节种节水节能节肥节药的农机化技术。实施农机报废更新补贴政策，加大能耗高、排放高、损失大、安全性能低的老旧农机淘汰力度。推动农村沼气工程建设及应用；推进农作物秸秆及畜禽粪污资源化利用；鼓励开展农膜回收利用；强化化肥农药减量施用；研发推广节能低耗农机装备及其使用技术。

加强高标准农田建设，加快补齐农业基础设施短板，提高水土资源利用效率。发展稻田立体种养模式，在水稻种植区通过适量投放各类鱼虾蟹产品、养殖鸭子等措施，实现稻鱼、稻虾、稻蟹、稻鸭共生，可有效改善稻田环境，实现稻田立体种养综合效益的提升。通过有效推进一二三产业融合，发展田园式综合体模式，菜园布局中配套种植花草与小型果树、蔬菜、水果等，实现菜园种植模式向休闲田园式综合体模式的转换。此外，应因地制宜选择性地制定有效节地方案，如沙地散养、生猪-马铃薯生态协同种养模式等，减少土地资源浪费，提升农业活动的效率。

7.9 消费领域碳减排路径及实施方案

7.9.1 消费领域碳中和目标及路径

党的二十大报告指出，发展绿色低碳产业，健全资源环境要素市场化配置体系，加快节能降碳先进技术研发和推广应用，倡导绿色消费，推动形成绿色低碳的生产方式和生活方式。2021年国务院印发《"十四五"节能减排综合工作方案》，提出"深入开展绿色生活创建行动，增强全民节约意识，倡导简约适度、绿色低碳、文明健康的生活方式，坚决抵制和反对各种形式的奢侈浪费，营造绿色低碳社会风尚。推行绿色消费，加大绿色低碳产品推广力度，组织开展全国节能宣传周、世界环境日等主题宣传活动，通过多种传播渠道和方式广泛宣传节能减排法规、标准和知识。加大先进节能减排技术研发和推广力度。发挥行业协会、商业团体、公益组织的作用，支持节能减排公益事业。畅通群众参与生态环境监督渠道。开展节能减排自愿承诺，引导市场主体、社会公众自觉履行节能减排责任。"2021年9月国家公布的《中共中央 国务院关于完整准确全面贯彻新发展理念做好碳达峰碳中和工作的意见》成为"1＋N"政策体系的"1"，即总体目标。2021年10月，国务院发布的《2030年前碳达峰行动方案》与"双碳"目标大背景下各行业和各地政府发布的碳达峰碳中和相关的具体的政策文件构成"1＋N"政策体系的"N"。

2022年国家发展改革委等七部门印发的《促进绿色消费实施方案》做出了清晰部署，总体思路是，面向碳达峰、碳中和目标，大力发展绿色消费，增强全民节约意识，反对奢侈浪费和过度消费，扩大绿色低碳产品供给和消费，完善有利于促进绿色消费的制度政策体系和体制机制，推进消费结构绿色转型升级，加快形成简约适度、绿色低碳、文明健康的生活方式和消费模式。总体目标是，到2025年，绿色消费理念深入人心，奢侈浪费得到有效遏制，绿色低碳产品市场占有率大幅提升，重点领域消费绿色转型取得明显成效，绿色消费方式得到普遍推行，绿色低碳循环发展的消费体系初步形成。到2030年，绿色消费方式成为公众自觉选择，绿色低碳产品成为市场主流，重点领域消费绿色低碳发展模式基本形成，绿色消费制度政策体系和体制机制基本健全。

从工业、农业、建筑、交通等行业和产品碳排放看，很多在运营端和废弃端碳排放占比大的行业和产品，其碳排放量不断增加，如交通碳排放已占全国终端碳排放的15%，建筑碳排放占1/3以上，消费品范围碳排放一般超过80%。

2022年5月国家正式施行消费端碳减排量化标准《公民绿色低碳行为温室气体减排量化导则》，导则推荐了涉及衣、食、住、行、用、办公、数字金融7大类别的40项绿色低碳行为，为测算、评估公民绿色行为的碳减排量提供了一把"标尺"。比如，服装领域的绿色低碳行为包括旧衣回收、使用可持续原材料生产的衣被等；饮食领域包括减少一次性餐具、植物基肉类替代传统肉类、光盘行动、小份/半份餐食等；居住领域包括使用清洁能源、绿色节能产品、节约用水、节约用电、生活垃圾分类等。

第一，"双碳"行动直指高度能源依赖的现代生活。随着我国经济快速发展和人民生活水平的极大提高，人们的消费方式也进入了日益依赖能源消耗的模式。今天的生活中，住房乘用电梯、电器依靠电源、餐饮使用燃气、冬季需要供暖、出行消耗燃油等，不仅须臾不可离开能源，而且生活消费的能耗强度也逐渐增强。在化石能源为主的能源结构下，这种能耗强度不断升高的消费方式产生了更多的碳足迹。与世界人均能耗相比，我国人均能耗水平是低的，但14亿多人口使得总的消费碳排放量变成一个大数。"双碳"行动主要是推动以能源结构调整和节约使用能源为主体内容的能源革命，这就对现行的生活能源消费格局提出了强烈的变革要求。近年来，国家采取了诸如加快折旧、给予补贴等惠民政策，加快了高能耗家用电器的更新，使电动汽车等新能源车大量替代了燃油汽车等，对于降低能耗和污染物排放及碳排放起到了很大作用。随着"双碳"行动深入推进，现行高度依赖能源消耗的社会消费习惯和消费模式还将发生深刻变化，低碳消费是未来消费方式的重要导向。

第二，"双碳"行动矫正过多物质消耗的消费方式。随着消费水平的提高，现代生活中物质产品的生产链条在拉长，从原材料到最终品的环节在增多，产品的精细化和精致化导致增加了很多过程性中间产品，例如产品的奢侈装饰、过度包装等。在近年来快速增长的快递、外卖业中，2016年全国快递312.8亿件，2020年达到833.6亿件，4年增长166%，人均快递业务量达到60件；2021年上半年达到494亿件，估计全年将突破1000亿件，人均达到72件。2016年全国网上外卖用户2.09亿，2020年达到4.19亿，4年增长100%；2016年手机网上外卖用户1.94亿，2020年达到4.18亿，4年增长115%。2020年，全国外卖行业总体订单量超过171亿单。我国每天的快递业务量已突破3亿件，快递包装中大量使用编织袋、塑料袋、纸封套、包装箱、木箱、胶带以及缓冲物等，2020年快递包装废物总量超过1000万吨。这些快递包装物在其生产过程中也消耗了很多能源并排放了温室气体，因此控制其过度使用也是"双碳"行动的重要内容。

第三，"双碳"行动引导循环再生的可持续消费。生活水平提高导致生活消费中物质消耗增加是难以避免的，人民生活也不能因为"双碳"的要求而不再改善。因此，为了在不断提高人民消费质量的前提下尽量减少物耗增加而产生的碳排放，必须加强对这些物质消费后的废弃物进行循环再生利用，即在减量化基础上加强其资源化，这是"双碳"行动的重要内容。我国目前正在制定《快递包装废物污染控制技术规范》，其中规定快递包装废物的利用处置应按照循环使用、再生利用、降解处理、焚烧处置、填埋处置的优先顺序进行选择。

2021年德国提出到2030年将基于消费层面的人均温室气体排放量比2016年减少一半，具体路径包括提高消费者对"个人消费足迹"认知、食物浪费减半、自行车使用量增加一倍以及将电子商务中通过认证的可持续产品市场份额提高到34%等；2017年瑞典制定了通过五个方面来跟踪主要消费领域温室气体排放轨迹的计划，包括个人交通、航空旅行、食品、建筑、纺织品等，并以此作为区域排放跟踪的补充；2021年日本国会通过修改了《全球变暖对策促进法》，规定到2050年实现脱碳社会（碳中和）。环境部门在全国推广"酷选择"运动，包括少用空调的"凉装""暖装"运动、合理使用交通工具的"智能移动"、节能高效照明的"点亮未来计划"等。

对物质产品进行循环利用是降低碳排放的主要路径之一。《欧盟生态指令2009/125/EG》旨在到2020年降低欧盟能耗约9%，到2030年降低16%。2020年欧盟又发布了《新循环经济行动计划：创造一个更清洁和更具竞争性的欧洲》，覆盖了电子和信息通信技术、电池和车辆、包装、塑料、纺织品、建筑住房、食品、水和营养物质在内的主要商品价值链。从2025年起，欧盟废弃物管理法规将要求对纺织品进行专门回收。

德国在1991年就出台了《包装条例》，提出了著名的生产者责任延伸制度，要求生产者对产品的最终去向负责，从而鼓励产品设计中做到易拆解、易回收。2020年德国实施新修订的《循环经济法》，倡导改变"丢弃文化"，要求生产商、零售商、销售平台等把过去当作垃圾丢弃的商品或其包装物进行捐赠或再利用。2021年新修订的《包装法》规定所有一次性塑料瓶和易拉罐均收取0.25欧元的法定押金。从2023年起，餐厅、外卖商店、咖啡店等必须提供多用途容器，以便提高其重复使用比例。

日本提出了"循环型社会"理念，旨在扩展循环经济的范围，使整个社会都尽量做到资源循环使用。2000年通过的《循环型社会形成推进基本法》强调垃圾的减少、重复利用和循环利用，覆盖包装、家电、食物、汽车等多个领域。日本汽车工业协会制定了《推动报废汽车数量减少、重复使用和循环利用的产品设计阶段提前评估指南》，指导设计易于拆解分类的新款汽车。有的服装生产商和销售商开展"衣服到衣服再循环"运动，回收旧衣服送给世界各地有穿衣需求的群体，无法被重新利用的衣服则会被处理成燃料或隔音材料进行循环使用。

2021年通过的《塑料资源循环法》规定到2050年实现塑料材料的循环利用。

持续完善低碳消费领域法律法规体系，为未来对低碳消费进行科学合理监管提供保障。我国低碳消费的法治化建设尚处于起步阶段，法律法规及相关制度的法律基础较为薄弱，配套的法规规章较为分散。应探索开展《低碳消费促进法》的立法前期准备工作，制定并出台规范低碳消费的基本法律，构建低碳消费法律法规体系。配套改革消费税，根据产品碳消耗程度设计差别税率，运用税收手段对消费环节进行低碳化调节，引导全社会低碳消费。

在碳中和目标下，忽略消费端减排潜力，仅依靠生产端碳减排推动能源结构和产业结构转型，不仅面临高额成本，还有可能抵消减排成果。而且，生产端减排终究不能覆盖全部的碳排放源。例如，作为调节性电源的绿色煤电仍会造成一定的碳排放，但其有存在必要性。又如，考虑到成本问题，节能降碳政策和措施倾向于"抓大放小"，体量小而碳排放监测、报告、核查困难的企业仍按照原有模式进行生产也会在总量上带来不小的碳排放。此类不可避免和难以替代的碳排放源需要消费端的碳减排机制加以配合应对。因此，未来的政策设计需要加大对消费端碳排放的关注，适时选择具有减排效率、可操作性和可接受性的政策措施，在提升公众认知的基础上，有效、常态化地引导居民低碳消费，辨识非低碳消费行为背后的碳能力障碍，通过政策设计倒逼居民形成低碳预期。例如，逐步减少城市加油站，合理规划并增加"充电桩"等基础设施数量是引导消费者在选购乘用车时以新能源车替代传统燃油车的重要举措之一。

尽快建立绿色消费场景全覆盖的居民低碳消费标准体系。目前居民消费领域碳减排定量核算范围较窄，主要集中在绿色出行等领域，减碳核算未实现消费场景全覆盖。应尽快出台居民消费领域减碳量核算国家标准，明确不同消费场景碳减排量核算原则与流程、核算边界、核算方法、识别标准、用户数据隐私保护等要求，为核准用户减碳量提供依据。

低碳发展离不开公众参与，需要将低碳理念转变为居民的自觉行动和主动选择。不同于以往以生产端节能降碳为主的碳减排目标，碳中和涉及经济社会的系统性绿色低碳转型，需要消费者共同参与。提升公众认知能力、增强消费者对碳中和目标的理解是消费者转变生活方式，积极参与碳减排的基础。在居民普遍对气候、碳减排的认知呈现"依赖"心理，认为"这是全球性的问题和政府的工作"时，应关注不同消费群体的低碳需求，从气候、高碳消费的影响结果等入手进行差异化宣传教育，并通过配套政策工具，倒逼消费者低碳行为决策。

通过市场机制将居民个人碳减排融入碳交易体系。充分发挥市场机制的减排作用，探索在全国碳排放权注册登记系统下组建全国居民碳排放权交易中心，推动全国居民碳交易市场建设，并打通个人交易与企业碳交易的链接渠道，允许居民通过核定的减碳量参与碳市场交易并获取相应的收益，形成长期动力，促进绿色低碳消费行为的传播与普及。

(1) 绿色消费的心理动因　引发居民可持续绿色消费行为产生的具有稳定、内驱特征的深层心理动因是推动居民进行自主、持续的绿色消费的关键。目前，我们对绿色消费行为的研究包括环境态度对绿色消费的情绪和心理利益的影响，以及绿色产品偏好的自我动机和社会动机等。环境态度已被证明是消费者愿意为绿色产品支付溢价的良好预测因素，如有机食品等，以及参与回收电子垃圾。情绪反应（如恐惧、愤怒、内疚、羞愧或骄傲）对行为也有潜在的重大影响，情绪是一个被高度重视的范畴，该领域的学者们对不同的情感进行了探索。社会规范是影响消费者绿色消费行为的重要因素之一，也是许多关于消费的理论和模型的基础。社会规范的概念既包括我们认为是普遍实践或正常的行为（描述性规范），也包括我们认为在道德上是正确的或应该做的行为（强制性社会规范），这两种类型的规范都可以对绿色消费行为产生重要影响。此外，学者们发现个人价值观、价值取向和人格特征也与绿色消费行为相关。消费者感知有效性对环境态度和环境承诺有积极的影响。消费者的环境责任被发现与消费者的环境行为密切相关。消费者对绿色行动和实践的认知（即绿色专业知识）决定消费者对绿色行为和绿色品牌的态度。

(2) 绿色消费的技术及助推动因　社会的绿色转型不仅需要居民践行绿色消费行为，还需要政府和企业组织等多方主体共同参与。如果政府和企业提倡可持续的生活方式，有利于环境的行为会更有可能发生。一方面，居民的绿色消费行为离不开企业的绿色转型。企业在绿色领导力、绿色办公、绿色生产、绿色包装、绿色供应链、绿色技术发展和创新等方面的努力，为居民消费绿色产品和服务提供了保障。企业的绿色转型需要和居民的绿色消费匹配发展。另一方面，居民的绿色消费行为离不开政府的政策助推和引导。政府出台的环境政策，如制定准则、承诺和随后的反馈、奖励和惩罚，都是影响绿色消费的重要因素。个体间属性特征和心理特征方面的异质化是客观存在的，从而导致个体行为的决策具有多元性和难以预测性。如今，媒体在绿色消费行为中也扮演着重要的角色。现代消费者通常会密切研究网络信息，以作出他们的购买决策。媒体曝光在传播有关环境的信息和知识方面发挥了重要作用，这些信息和知识会影响个人对环境的态度和行为。通过媒体平台进行广告宣传，以吸引消费者的注意力，已被用于绿色产品营销。因此，基于互联网、大数据、行为观察技术对绿色消费升级实践与助推过程中微观主体真实行为进行洞察，从而实施有效的助推政策对居民绿色消费行为进行引导和激励，是推进我国居民自主、持续的绿色消费行为的关键。

（3）绿色消费的文化动因　文化被定义为一个群体区别于另一个群体的集体思想方案。在个人主义文化中，人们偏爱松散的社会结构，在这种社会结构中，个人只照顾自己和他们的直系亲属；而在集体主义文化中，个人属于一个或多个紧密的内群体，人们紧密地融合在一起。民族文化价值观是民众共有的价值观和生活习惯，它由群体创造，代代相传，具有稳定性。在国家和企业组织的推动下，居民会形成勤俭节约、绿色低碳、文明健康等价值认同、情感认同、关系认同和行动认同，进而有利于社会的绿色消费转型升级。居民的绿色消费将成为我国社会文化规范的一部分，形成绿色消费新风尚。

7.9.2　消费领域碳减排实施方案

在未来消费侧居民碳减排政策设计过程中，应注重把握不同居民的这一差异化减排意愿，以精细化治理理念为引领，精准识别不同居民在减少日常生活能源消费、减少相应碳排放方面的具体偏好。政府相关部门应加大对其居民群体的鼓励、引导力度，完善其参与和实施减少日常能源消费、减少相应碳排放的有关技术能力建设和基础设施配套服务，为其潜在减排意愿向实际减排行为、潜在减排能力向实际减排效能转变创造积极良好的平台和条件；另一方面，对于其他减排意愿相对较弱的居民而言，政府相关部门可积极借助微信、微博等多元化线上平台优势开展调查研究，深入了解该类居民对于采取和实施减少日常能源消费、减少相应碳排放这一行为要求的真实态度和看法，明晰影响该类居民减排积极性的限制性因素所在，以此为基础针对性采取相应策略手段，增强其居民参与消费碳减排的主观意愿。

7.9.2.1　日常绿色行为约束

（1）加快提升食品消费绿色化水平　引导消费者树立文明健康的食品消费观念，合理、适度采购、储存、制作食品和点餐、用餐。加强对食品生产经营者反食品浪费情况的监督。深入开展"光盘"等粮食节约行动。推进厨余垃圾回收处置和资源化利用。把节粮减损、文明餐桌等要求融入市民公约、村规民约、行业规范等。

（2）鼓励推行绿色衣着消费　推动各类机关、企事业单位、学校等更多采购具有绿色低碳相关认证标识的制服、校服。倡导消费者理性消费，按照实际需要合理、适度购买衣物。规范旧衣公益捐赠，鼓励企业和居民通过慈善组织向有需要的困难群众依法捐赠合适的旧衣物。鼓励单位、小区、服装店等合理布局旧衣回收点，强化再利用。

（3）积极推广绿色居住消费　推进农房节能改造和绿色农房建设。因地制宜推进清洁取暖设施建设改造。全面推广绿色低碳建材，推动建筑材料循环利用。大力发展绿色家装。鼓励使用节能灯具、节能环保灶具、节水马桶等节能节水产品。倡导合理控制室内温度、亮度和电器设备使用。加快生物质能、太阳能等可再生能源在农村生活中的应用。

（4）大力发展绿色交通消费　合理引导消费者购买轻量化、小型化、低排放乘用车。进一步提高城市公共汽电车、轨道交通出行占比。加强行人步道和自行车专用道等城市慢行系统建设。鼓励共享单车规范发展。

（5）全面促进绿色用品消费　加强绿色低碳产品质量和品牌建设。鼓励引导消费者更换或新购绿色节能家电、环保家具等家居产品。大力推广智能家电，通过优化开关时间、错峰启停，减少非必要耗能，参与电网调峰。推动电商平台和商场、超市等流通企业设立绿色低碳产品销售专区，在大型促销活动中设置绿色低碳产品专场，积极推广绿色低碳产品。

（6）有序引导文化和旅游领域绿色消费　完善机场、车站、码头等游客集聚区域与重点景区景点交通转换条件，推进骑行专线、登山步道等建设，鼓励引导游客采取步行、自行车和公共交通等低碳出行方式。制定发布绿色旅游消费公约或指南，加强公益宣传，规范引导景区、旅行社、游客等践行绿色旅游消费。

7.9.2.2　推行碳减排核算标准互认规则

在碳排放数据核算方面，无论政府或是企业的平台，存在相互不兼容、数据场景分散、碳减排量化标准不一、个体减排行为重复核算等问题，将导致其后的碳减排核证和抵消难以获得碳排放权交易体系的认可。此外，消费端与企业生产端在碳核算和规则方面也尚未关联打通。难以接入有关场景的公众减排数据，不能满足城市共治的管理要求和目标。

为了打破地域和企业之间的壁垒，促进生活消费端碳减排及其交易的全国化，应针对消费端减排场景的标准进行认证和采信，标准监管部门协调各地设置差异化碳排放因子和系数，推行碳减排核算标准互认规则。

7.9.2.3 建立消费端碳减排市场

我国目前的碳交易政策侧重碳排放配额的管理，有待重启的国家核证自愿减排量（CCER）项目的备案和减排量的签发，也未涉及生活消费端。需要建立个人参与的碳减排市场，采用数字化技术和政策＋公益＋商业化多元运营模式，允许生活消费端碳减排通过第三方数字化碳平台建立碳普惠计量、交易和抵消的认证，降低城市碳中和成本。

7.9.2.4 第三方数字碳减排平台保障数据安全、公正和透明

构建第三方数字碳减排平台，确保个人隐私，构建安全可控的智能化综合性数字信息基础设施；对碳账本实行实名制，防止不同平台重复核算个人和单位的碳足迹和碳资产。各平台和综合平台通过大数据、区块链、云计算等数字化手段如实记录和核算，保证数据的实时性、可追溯性和不可篡改性，确保碳减排市场的透明性和公正性。数字化还能实现数据的实时验证和碳信用的实时发放，保证个人自愿碳市场的交易机制。

7.9.2.5 构建可持续的社会合作网络

由于个人减排量微小，即使可以交易，交易金额过小也很难改变个人行为，因此需要给予多元化的溢价激励。这不是靠一个企业、行业、地区就可以实现的，有必要构建一张可持续的社会合作网络，以实现整合资源、搭建平台、推动合作、互利共赢的目标。

7.9.2.6 完善相关政策体系

政府可通过设置专项基金、税收优惠、节能补贴等方式来发挥经济型政策对居民的激励作用，引导居民主动作出响应双碳战略实施、减少日常能源消费的行为选择。政府有关部门可积极探索碳普惠制在居民日常能源消费领域的建设应用，通过碳普惠制对居民衣、食、住、行等生活能源消费领域的节能减碳行为进行量化，通过政府公共服务兑换、企业产品服务优惠、减碳积分交易等方式来鼓励居民自觉节约和减少日常能源消费、主动参与低碳实践，对居民低碳行为给予激励刺激，通过持续性的正向反馈来不断强化居民节能减碳行为，增强居民节约和减少日常生活能源消费、减少相应碳排放的积极性，推动居民碳减排行为从短期偶发性选择向长期持续性生活习惯转变。

碳减排已经开始试点，但在县域层面，法律和行政法规尚未对碳普惠交易作出规定，相关部门规章也未涉及，既导致碳减排体系的建设无法可依，也导致其

交易缺乏法律依据。有必要结合生活消费端的碳减排潜力、地方政府的试点情况和国际实践的共识，制定生活消费端碳减排碳及其交易的整套立法体系和政策方案。

7.10 其他领域碳减排实施方案

7.10.1 金属制品行业碳减排实施方案

2023年4月，工业和信息化部等部门印发《关于推动铸造和锻压行业高质量发展的指导意见》，意见要求到2025年，铸造行业颗粒物污染排放量较2020年减少30%以上，年铸造废砂再生循环利用达到800万吨以上，吨锻件能源消耗较2020年减少5%。强调要将绿色生产方式贯穿铸造和锻压生产全流程，开发绿色原辅材料、推广绿色工艺、建设绿色工厂、发展绿色园区，深入推进园区循环化改造。金属加工制造过程的碳排放量与钢结构主材、制造工序、加工用辅材等因素密切相关，因此可采取下列碳减排措施。

7.10.1.1 推广应用高强钢等高性能钢材

由于金属构件的碳排放主要来自钢材生产，在钢结构体系不变的情况下，可采用轻量化设计，降低单位面积用钢量来减少碳排放，具体可通过推广应用高强钢材料、高性能构件等方法实现。目前国内钢结构工程中，Q420、Q460钢材应用已经较为成熟，Q550、Q690钢材也开始在多个项目中应用。

7.10.1.2 推广应用轧制型材等高效能钢材

有研究分析在金属加工工序中金属构件组焊的碳排放占比较大，接近制造工序总排放的80%。构件组焊过程中，主要工作是钢板加工成型材，即构件本体的焊接占比太大。钢结构制造，可通过加大应用高效能标准化型材比重以减少本体的组焊工作，如钢柱、钢支撑可应用冷成型方矩管或热轧H型钢，钢梁采用热轧H型钢等，减少制造过程中的碳排放，同时也可提高制造效率。另外，在结构设计深优化过程中，可以通过归并型材规格，减少截面种类，以适应数字化流程型生产的同时减少制造工序中的碳排放。

7.10.1.3 推进制造工艺优化和生产线升级

传统钢结构制造过程包括钢板下料、组焊、表面清理及涂装等主要工序，下料主要采用气体火焰切割，组焊工序也划分为多个工位加工，表面清理采用抛丸或喷砂等工艺，制造效能不高，这些都会导致碳排放处于高位。需要进一步优化制造工艺，如采用激光下料、组焊矫一体化、高效焊接、激光除锈等先进工艺，降低各工序的碳排放。另外，生产线制造工序流程较长且单条生产线物流距离较长。通过调研发现，有的生产线建设长度不是根据最优工艺流线设计，而是根据用地尺寸确定。由此可见，碳减排措施需要对既有生产线诊断，进一步基于数字化、智能化制造优化工序和生产线。

7.10.1.4 推广应用清洁能源及低排放辅材

加工制作过程中，外购电力的碳排放占比较高，建议工厂根据自身厂房情况，设置光伏发电等清洁能源，以增加清洁电力的使用，有效降低该部分碳排放。组立焊接工序中，采用低碳焊剂将有助于减少该工序产生的碳排放。钢板切割下料工序中，采用丙烷类气体比乙炔类气体碳排放少。

7.10.1.5 推广环保可降解的金属加工油液

金属加工油液的环保属性不仅指自身具备无毒无害的特性，其废液可处理性特别是能否采用节能低碳的处理方式如生物降解等方法进行废液处理。如利用加工后的动植物油脂作为新型基础油，以代替矿物油的使用，进而提高金属加工液的生物降解性能；合成酯类产品作为基础油或油性剂的方法也可以提高金属加工液的生物降解性。

7.10.2 皮毛加工与制衣行业碳减排实施方案

昌黎县国民经济和社会发展"十四五"规划指出皮毛产业坚持"全产业链推进"思路，全力补齐谱系管理、科学养殖、胴体处理、创意设计、商贸物流等链条短板，支持龙头企业做大做强，打造"昌黎貉"特色品牌，培育以皮毛产业为主导的百亿级产业集群。按照"组团式布局、集群式发展、生态式发展"的理念，围绕"基地＋市场＋园区"三位一体的总体思路，高标准建设养殖小区，高规格建设皮毛加工项目，高品质建设裘皮交易平台，高层次建设皮毛产业园区，拓展产业广度和深度，实现由传统发展模式向创新型发展模式转变，努力将昌黎打造成产销两旺的"北方裘都"。

为防治制革、毛皮工业污染物对环境的污染，引导制革、毛皮工业污染防治技术的开发和应用，逐步实现清洁生产，促进制革、毛皮工业规模化和可持续发展，生态环境部专门出台了《制革、毛皮工业污染防治技术政策》，其中强调了行业集中制革，污染集中治理，并提出了应采用和推广的清洁生产技术和工艺、节水措施、废水和废弃物的综合处理利用技术。

推广皮毛清洁生产工艺技术。采用国内最新工艺，降低鞣制过程中的盐用量，实现皮毛加工的中水循环利用，降低对环境的污染。扶持基于先进污水处理技术的高标准花园式污水处理厂项目，建成低污染、低排放、中水再利用的绿色花园式产业园区，推动皮毛产业高质量发展。皮毛加工主要的清洁生产技术和工艺见表7-4。

含铬废水在进行综合废水处理之前必须先进行预处理除铬，产生的铬泥属危险废物，不得与其他废水处理污泥混合处理。对综合废水的处理，宜先调节pH后，加絮凝剂沉降或气浮除去悬浮物和过滤性残渣，再经过耗氧、厌氧生化方法处理。对于制革固体废物处置和综合利用技术，提倡方法见表7-5。

表7-4 皮毛清洁生产工艺技术和工艺

序号	皮毛清洁生产工艺技术和工艺
1	逐步淘汰撒盐保藏鲜皮的原皮保藏工艺，采用转鼓浸渍盐腌法，或池子浸渍盐腌法等，并提倡循环使用盐
2	将制革厂建在大型屠宰场附近，直接加工鲜皮
3	逐步采用低硫、无硫酶脱毛及低COD排放的脱毛方法，提倡小液比脱毛和脱毛浸灰废液的循环使用
4	利用化学及生物助剂，提高浸灰效果，循环利用浸灰液，直至取代石灰的加工工艺，逐步采用无铵盐脱灰技术
5	在鞣制过程中，逐步采用无盐浸酸法和不浸酸铬鞣工艺
6	采用无污染的化工材料预鞣、剖白湿皮；提倡低铬高吸收铬鞣和无铬鞣剂替代铬鞣，在复鞣过程中不用或少用含铬复鞣剂
7	使用新型复鞣、加脂材料，提高皮革对加脂剂的吸收；慎用能促进三价铬氧化为六价铬的富含双键的加脂剂
8	用非卤化物表面活性剂代替卤化物表面活性剂，用易生物降解的助剂代替不易降解的助剂

表7-5 制革固体废弃物处置

序号	制革固体废弃物处置
1	采用保毛脱毛法，实现毛的回收利用；剩余可用于制作皮革化工材料、化妆品中的保湿成分、毛发营养剂或肥料
2	鞣制前的皮边角废料可用于制作明胶和其他产品
3	蓝湿皮边角料可用于制造再生革和脱铬后提取其中的蛋白质，以作为工业蛋白的原料；未脱铬的可制作皮革化学品回用于皮革工业
4	从鞣制的铬废水中回收的铬泥制成铬鞣剂回用于鞣制过程

7.10.3　造纸与玻璃等企业碳减排实施方案

造纸工业减污降碳重在减少煤炭的使用，充分依托生物质能源方面的行业优势，尽可能以生物质燃料替代煤炭将是现阶段造纸工业推动能源结构低碳化切实可行的途径之一，企业可在充分利用自产树皮、木屑、干化污泥等基础上，加大区域内其他可用生物质燃料的收集和使用，提高生物质能源的占比。另外，通过自备热电站煤改气、碱回收炉及石灰窑等的能源清洁化改造，对污水处理过程中厌氧环节产生的沼气进行回收利用，以及提高光伏发电等清洁能源使用等，均可有效减少碳排放。

加强废弃物利用、提升能源资源利用效率是实现碳减排的重要措施。一是配合"林浆纸一体化"和废纸回收利用，适当增加木材纤维的使用比例。以木材纤维作为原料生产纸产品不仅能保障产品的高质量，而且木材纤维的提取率较高，耗费的制浆化学品和能源较少，碳排放和污染相对较低，回收利用率也远高于非木浆。二是推动完善相关标准体系和使用水性阻隔涂层技术等，加强对废纸的回收利用，减少能源资源、新鲜用水、化学品的消耗，助推节能、减污、降碳协同增效。三是对非木浆进行合理开发与使用。我国可利用的非木材纤维来源广泛，造纸企业可探索研发先进的低碳处理技术和相关设备，进行清洁化生产并提高非木材纤维得率。四是处理造纸废水产生的污泥数量庞大，且成分结构较为复杂，含水量较高，加强污泥资源化、无害化处理将是造纸工业提高能源资源效率的重要突破口之一。

探索研发节能低碳和 CCUS 技术。随着节能降碳压力的与日俱增，寻求相关技术突破将是造纸工业转型升级的关键。造纸工业企业越来越重视在连续蒸煮、余热回收、废纸利用、热电联产等生产过程中节能低碳技术的研发，以及在生产中使用生物质能源和纳米材料等新兴材料。其中，蒸汽冷凝水闭式回收、纸机封闭气罩热能回收、高效双盘磨浆机、造纸靴式压榨和透平式真空泵等先进技术已逐步在造纸工业普及应用。从碳中和总体目标来看，通过调整能源结构和实施工艺、设备、技术优化升级改造后，还不得不排放的二氧化碳，需通过生态建设、工程封存等措施固碳，才能达到碳中和。深入开发 CCUS 技术是其中的重要可能途径之一，被捕获的二氧化碳还可以作为高附加值产品的原材料或者化学品，如将二氧化碳制成化学品（燃料）微藻的生产、混凝土碳捕集、生物能源的碳捕集和存储，以及制浆造纸中酸析木质素、生产塔罗油、沉淀碳酸钙和利用二氧化碳作为反溶剂生产木质素纳米颗粒等。

在"双碳"目标愿景和碳交易市场机制下，提升造纸工业企业的碳排放管理水平将是有效应对碳减排压力的重要保障。首先，应建立健全碳排放核查核算制度，根据《造纸和纸制品生产企业温室气体排放核算方法与报告指南（试行）》中的核算边界，针对企业生产过程中的关键环节，做好碳排放核算工作，摸清自身排放水平，挖掘减排潜力，为获得碳配额、参与碳交易和对应进行节能低碳技术改造奠定坚实基础。其次，要将碳配额作为资产进行管理，积极参与碳排放权交易，在通过技术改进减少碳排放的同时，也要充分利用市场手段实现减排目标，两者相互配合，提高履约效率，降低履约成本，获取减排效益。另外，还要加强碳排放管理体系技术支持力量，设置节能降碳管理机构，注重碳管理人才队伍建设，建立贯穿企业碳排放全生命周期的碳管理制度和数据信息系统，明确整体产业链及工序的降碳关键点，通过科技创新及应用不断推进企业减污降碳转型落地。

而在玻璃行业，节能是减排的最重要途径，配合料粒化预热、熔窑保温、富氧燃烧、余热综合利用等技术是未来平板玻璃节能的重要途径。传统的粉状配合料由于热导率小，在熔化时固相接触面积小，反应速度慢，从而增加了相应的能耗。随着浮法玻璃窑炉朝着大型化方向发展，配合料块化、粒化和预热技术成为未来发展的趋势。富氧燃烧技术、纯氧助燃技术、全氧燃烧技术的开发应用，不仅能有效降低能源消耗 $26\%\sim30\%$，而且能有效减少氮氧化物的排放，提高熔窑的熔化能力，提高玻璃成品质量，延长熔窑使用寿命。其次是控制玻璃配料的气体率，根据生产线的实际情况，合理调整配合料配方，控制配合料的气体率，同时采取添加活性原料、合理增加碎玻璃的回炉率等手段，可以有效减少原料在生产过程中的二氧化碳排放量。

优化原料结构，使用低碳配方。纯碱是日用玻璃产品的主要原料之一，也是原料分解产生碳排放的主要来源。日用玻璃企业可综合考虑熔化温度、成形性能等因素，合理减少纯碱用量，如采用苛性钠代替纯碱作为澄清剂，减少日用玻璃生产的过程碳排放。引入活性原料可加速硅酸盐的形成和加速玻璃澄清与均化，同时降低熔制温度和减少碳酸盐的用量。如可采用含有 Li_2O 的锂云母、锂长石、锂辉石代替玻璃组分中部分 Na_2O。有研究显示当玻璃组分中引入 $0.13\%\sim$

0.26%的 Li_2O 时,玻璃熔化温度可降低 20~30℃,可节约纯碱 19.3%,进而减少碳排放量。在玻璃熔制过程中,加入的碎玻璃仅需经历物理变化(即可熔化成玻璃液),因此碎玻璃相当于经脱碳处理的原料。研究表明每利用 1t 碎玻璃,可减少 115~176kg 的温室气体排放。因此,改进原料配方,增加碎玻璃使用量,也是日用玻璃行业碳减排的有效措施。

第 8 章
昌黎县碳达峰碳中和重点任务

作为沿海率先发展区，昌黎县要抓实钢铁、制造行业减污降碳，以"无废园区"和美丽海湾建设为立足点，从能源、工业、交通、建筑多领域着手，打造循环经济、推动低碳发展。

8.1 推动能源绿色低碳转型

统筹能源安全和绿色低碳发展，推动能源供给体系清洁化、低碳化和终端能源消费电气化。根据资源禀赋和环境容量，在持续实施能源消费总量和强度"双控"的基础上，推行清洁生产机制，促进污染型能源结构向清洁型转化；实施可再生能源替代行动，加大风电、生物质发电等清洁能源的供应和推广力度，逐步提高清洁能源使用比重，构建清洁低碳、安全高效多元能源体系；引进绿色能源大数据平台，整合能源生态圈企业，打通能源上下游全产业链，提升能源资源配置能力与智能化水平。严控煤电项目，"十四五"时期严格合理控制煤炭消费增长、"十五五"时期逐步减少。持续推进冬季清洁取暖，特别是农村地区。新改扩建工业炉窑采用清洁低碳能源，优化天然气使用方式，优先保障居民用气，有序推进工业燃煤和农业用煤天然气替代。打好结构节能、项目节能、管理节能组合拳。

实施可再生能源替代行动，大力发展风能、太阳能、生物质能、海洋能、地热能等，积极推动可再生能源制氢。扩大"光热＋"、石墨烯、地源热泵、空气源热泵等清洁取暖改造覆盖范围，积极开展煤改（沼）气、煤改电、煤改地热、煤改太阳能等多种模式试点示范。加强农村环境保护和新能源工程建设、农村风光电清洁能源建设，稳步推进清洁能源替代；推广应用清洁高效煤电技术，推进燃煤机组超低排放与节能改造，加快发展热电联产。力促拜尔共享储能电站、山东凯润100MW风电、烯旺新材料科技公司新建石墨烯产业等储备项目转化。到2025年，非化石能源消费比重达到13%以上；2030年，煤炭消费比重降至60%以下，非化石能源消费比重达到19%以上。

谋划建设新的输电通道，大幅提升可再生能源调入比例，新建通道可再生能源电量比例原则上不低于50%。

有序发展风力发电，加快建设风电场项目。重点发展光伏发电，大力发展小型分布式光电，推进光伏电站等项目，支持发展农光互补、光伏渔业等新模式。积极推进生物质能综合开发利用。支持发展氢能源，合理布局加氢站。

推进昌黎县光伏发电项目实施。推动蓝凯新能源项目实施。该项目主要是利用钢铁厂内部屋顶、车棚和料棚的上部闲置空间安装太阳能光伏发电系统，将太阳能转换成电能，通过升压站把电压升压到220kV，将电力输送至变压站，直供给宏兴钢铁进行使用。预计设备全部运行后，年平均发电量可达1300万千瓦时，同燃煤火电站相比，每年可节约标准煤5242.68t。并以此为基础，在更大范围内利用在厂区或周边空间安装太阳能光伏发电系统，减少对公共电网的依赖，降低间接碳排放。推动中电建秦皇岛昌黎30万千瓦海上光伏试点项目、国华投资秦皇岛昌黎500MW海上光伏试点项目、河北华电昌黎500MW海上光伏试点项目、国电电力昌黎50万千瓦海上光伏试点项目落地实施。

推进昌黎县风电项目实施。推动金风海上风电等百亿级重特大项目落地，加快实施蓝凯200MW、华能、新天等风电项目开工建设。

推进公共区域光伏发电项目实施。充分利用机关、学校、医院、商场等公共区域，安装光伏发电系统，完成并网发电。

出台重点企业机组改造或清洁能源财政补贴政策。为达到节能减排效果，燃煤电厂、钢铁厂等高污染高排放行业需对发电机组、除尘或脱硫脱硝设备进行升级改造，对企业节能减排项目提供财政补贴或贷款优惠政策。针对生物质发电行业，存在秸秆回收成本高的痛点，可对生物质回收环节进行适度补贴。

建立新能源市场化发展新机制，优化新能源市场交易和合约调整机制，建立政府授权的中长期差价合约机制，完善新能源参与跨省跨区交易机制。完善财税、价格、金融政策。引导企业节能降碳，引导资本投入碳达峰碳中和领域。完善和落实资源综合利用和可再生能源发展的税收优惠政策，比如资源税、碳税、税收减免或抵免等，推动可再生能源发展。

出台清洁能源发电用地支持政策，适当放宽光伏、风电项目建设的土地限制。支持利用废弃土地、荒山荒坡、农业大棚、滩涂、鱼塘、湖泊等建设就地消纳的分布式光伏电站。研究出台建筑光伏一体化发展指导意见，扩大建筑外立面光伏利用率。根据昌黎县区域资源特征、不同行业领域能耗结构等实际情况，将零碳电力增长目标和消纳目标、年度指标分解到各区域和领域。

8.2 推动绿色低碳创新发展

以构建绿色低碳循环经济体系为目标，以提升发展质量和效益为中心，做好"强链、补链、延链"文章，紧紧围绕传统产业升级、新兴产业聚合、服务业增效，建成构建具有区域竞争力的"333"现代产业体系。强化产业准入和落后产能退出，坚决遏制"两高"项目盲目发展，严格控制新增煤电项目，新建机组煤耗标准达到国际先进水平，有序淘汰煤电落后产能，加快钢铁企业、电厂、供热公司等现役机组节能升级和灵活性改造，积极推进供热改造，推动煤电向基础保障性和系统调节性电源并重转型。大力推动煤炭清洁利用，合理划定禁止散烧区域，多措并举、积极有序推进散煤替代，逐步减少直至禁止煤炭散烧。

加速传统产业高端化、智能化、绿色化进程。抓好传统产业技改转型，金属材料产业推动天创冷轧 1450mm 等重点建设项目 2024 年内投产达效，持续推进吉泰板业二期、安丰 1450mm 热连轧卷板、天创冷轧 1450mm 二期等重量级项目开工建设，加速启动安丰公司新建冷轧生产线项目，全力开展昌港铁路前期工作，以钢铁企业工艺、技术和装备水平提升为目标，推动"绿色智能工厂-绿色智慧企业-绿色智慧产业"的渐进式建设，打造"共建共享的钢铁生态圈"。推动工业领域降碳产品价值实现，探索培育"零碳"工厂。推进宏兴碳中和示范区（一期）项目建设进度，推动宏兴碳中和示范区（二期）项目落地实施。

推动安丰烧结机升级改造，到 2025 年，单位地区生产总值能耗比 2020 年分别下降 13.5%，规模以上工业单位增加值能耗较 2020 年下降 16.5% 以上，重点耗能行业能效达到标杆水平的比例超过 30%。

"十四五"期间，单位 GDP 二氧化碳排放累计降低 19%。

单位工业增加值二氧化碳排放下降幅度大于全社会下降幅度，重点行业二氧化碳排放强度明显下降。

以战略新兴产业引领昌黎未来发展，实现"昌黎突围"。大力扶持节能环保、新能源、新材料、高端装备制造、电子信息和生命健康等新兴产业。以中关村生命园昌黎科创基地为基础，引进生命健康、国际商贸物流、保健品、特医食品、医疗器械项目，大力发展生物医药和生命健康产业。积极培育氢能源全产业链等新兴产业增长点。引进绿色能源大数据平台，整合能源生态圈企业，打通能源上下游全产业链，提升能源资源配置能力与智能化水平。推动生产性服务业向专业化和价值链高端延伸，支持工业设计、智慧物流、知识产权代理等服务业加快发展。依托机场功能，抓住国家批准设立北戴河生命健康产业创新示范区的契机，努力打造以生命健康、通用航空、现代物流、康旅服务为主导的空港高科技产业新城。到2025年末，高新技术企业达到50家，高新技术产业增值占规模以上工业增加值的35%，千家工商注册企业中高新技术企业数量达到5家以上，实现千家工商注册企业中科技型中小企业数量达到100家，形成创新主体集聚效应。

优化调整产业结构，促进新兴产业培育壮大、现代服务业培优做强，2025年第三产业增加值占地区生产总值的38%。

建立地方财政科技支出稳定增长机制，健全科技创新奖励扶持政策体系，鼓励企业加大科技创新投入，逐步提高规模以上工业企业研发经费支出占主营业务收入比重。设立昌黎科技创新引导基金和产业扶持基金，用于支持科技型企业引进培育和传统产业改造提升。完善金融支持创新体系，鼓励金融机构优先支持高新技术企业和科技型中小企业的资金需求，2025年绿色低碳技术研究与试验发展经费投入强度达到3.5%。

8.3 推动循环经济快速发展

坚持循环经济发展理念，培育以金属材料和装备制造产业为主导的产业集群，坚持集约化、绿色化、智能化、差异化发展，重点支持安丰、宏兴等龙头企业转型升级。做强精品钢铁、新型建材等产业，加强园区基础设施建设，促进钢铁产业转型升级，探索打造产业超千亿的融循环经济、科技驱动、活力社区为一体的循环经济产业园区，打造华北地区一流的"共建共享的有色金属生态圈"、国内具有重要影响力的钢铁循环产业示范基地。推广皮毛清洁生产工艺技术，采用国内最新工艺，降低鞣制过程中的盐用量，实现皮毛加工的中水循环利用，打造"绿色皮毛循环生态圈"。

到2025年，主要再生资源循环利用量比2020年增长10%以上；到2030年，比2025年增长8%以上。

推动集中供热工程，积极推进电厂余热和其他热源利用，推动钢铁企业余热利用供暖项目，对县城区热源厂进行扩容改造。

推进工业固废综合利用，支持粉煤灰、冶炼渣等工业固废规模化高值化利用。针对粉煤灰，在风险可控前提下，探索推动粉煤灰有用组分提取及农业领域应用，开发应用大掺量粉煤灰混凝土技术，改造提升粉煤灰生产砌块等新型建材产品的技术水平和产品质量，继续扩大粉煤灰在建材领域的应用规模。积极培育市场和专业化企业，大幅提高粉煤灰规模化应用比例。积极推动高炉渣、钢渣、尾渣分级利用和规模化利用。推动钒钛冶金渣提取有用组分和含重金属冶金渣无害化处理利用；推广技术先进、能耗低、耗渣量大、附加值高的产品，全面实现钢渣"零排放"。深化工业固废综合利用评价，促进工业固体废物资源综合利用产业规范化、绿色化、规模化发展。推进资源综合利用产品增值税、企业所得税等优惠政策的落地兑现。推动固废在园区内、厂区内协同循环利用，提高固废就地资源化效率，创建一批"无废工业园区""无废企业（工厂）"。开展县级工业固体废物综合利用示范。到2025年，新增大宗固废综合利用处置率达到95％；大宗固废综合利用能力显著提升，综合利用产业体系不断完善，综合利用政策机制不断健全，粉煤灰、冶炼渣规范处置率达到100％，一般工业固废综合利用率达到95％；到2030年，综合利用处置率进一步提高。

推行城乡垃圾分类，实现垃圾资源化利用，加强生活垃圾无害化处理。在城区内主要居住区、街道、广场、公共建筑附近合理设置智能化垃圾分类设施。推动建设实施昌黎静脉产业园垃圾焚烧发电项目，实现收集处理产业化。开展"智慧环卫"系统研发和建设，建立垃圾产生、投放、收集、运输、处置的全过程管控体系，实行精准管理，提高垃圾分类的智能化、标准化、规范化水平。到2025年，城市生活垃圾分类体系基本健全，生活垃圾资源化利用比例达到60％。到2030年，城市生活垃圾分类实现全覆盖，生活垃圾资源化利用比例达到65％。

推进实施"西热东输"工程。"西热东输"供热工程是将位于昌黎县西部的安丰公司、宏兴公司的工业余热，引入东部的县城用于居民冬季取暖。工程总投资5.62亿元，包括新建热力管道40.3km、建设中继泵站1座、换热首站2座，工程完工后，将形成多热源枝状管网供热系统格局，实现县城部分区域低碳清洁供热。投入使用后，预计每年节约煤炭使用量8.63万吨，减排二氧化碳19.09万吨、二氧化硫2466.72t、氮氧化物326.49t。

推进实施"粉丝加工园热电联产"工程。昌黎县秦皇岛鹏远淀粉有限公司利用自身资源优势，将企业生产过程中产生的余热回收再利用，谋划了粉丝加工产业园区热电联产项目。该项目计划投资8000万元，项目建成后，在促进企业节能减排的同时，将承担起周边 2.6 万平方米居民采暖任务。

8.4　推动交通领域低碳发展

结合昌黎县交通发展及规划特征，重点推广搭建大宗货物"铁路运输＋新能源重卡"接驳联运模式，以昌黎县钢铁和水泥运输结构调整为切入点，聚焦新能源重卡，强化特定场景应用示范，引领重卡车辆逐步向电动化转变。

加快调整公、铁、水、空在客、货运中的比例，大宗货物及人流从公转铁、公转水方向调整，加快昌港铁路储备项目转化，推进宏兴铁路专用线建设进度。2025 年铁路货运量比重提升 3 个百分点，火电、钢铁、建材等行业大宗货物清洁运输比例力争达到 80％。

为提高大宗物料铁路运输比例，减少公路运输扬尘，以及汽车油料燃烧产生的尾气和二氧化碳排放，宏兴钢铁规划投资 56925.9 万元在昌黎县朱各庄镇实施"秦皇岛宏兴钢铁有限公司铁路专用线工程"。项目实施后运量为 530 万 t/a，其中达到煤炭 70 万 t/a、焦炭 160 万 t/a、石灰石矿 100 万 t/a、铁矿石 100 万 t/a，发送钢材 100 万 t/a。

大力发展舒适、便捷的公共交通、轨道交通。调整交通用能结构，加大交通运输领域绿色低碳产品供给，加大节能与新能源汽车推广力度，大力发展氢能源、纯电动汽车等新能源汽车。大力推广节能与新能源汽车，强化整车集成技术创新，提高新能源汽车产业集中度。提高城市公交、出租汽车、邮政快递、环卫、城市物流配送等领域新能源汽车比例，提升新能源汽车个人消费比例。开展电动重卡、氢燃料汽车研发及示范应用。加快充电桩建设及换电模式创新，构建便利高效适度超前的充电网络体系。到 2025 年，清洁能源及新能源公交车、出租车比例分别达到 90％以上、80％以上。到 2030 年，城市公共交通领域新增的机动车基本采用新能源和清洁能源，当年新增新能源、清洁能源动力的交通工具比例力争达到 40％左右，乘用车和商用车新车二氧化碳排放强度分别比 2020 年下降 25％和 20％以上。

倡导绿色生活方式，到 2030 年，城市绿色出行比例不低于 70％。

8.5　推动建筑领域低碳发展

推动绿色建筑、装配式建筑和超低能耗建筑的全面发展，大力推广住宅全装修和绿色建材，继续推进可再生能源建筑应用，有序推进既有建筑绿色改造。打造新一代节能、绿色、可循环的建材产品。构建绿色新型建材产业链,创新"互联网+模板支撑"商业模式,培育专、精、特、新中小企业。

到 2025 年,全县城镇竣工绿色建筑占比 100%,星级绿色建筑占比达到 50% 以上。2030 年前星级绿色建筑全面推广绿色建材。到 2030 年施工现场建筑材料损耗率比 2020 年下降 20%。

到 2025 年,新建装配式建筑占当年新建建筑比例 30% 以上,全县装配式建筑占新建建筑面积比例达到 50%,全县超低能耗建筑开工建设面积累计达到 10 万平方米,城镇民用建筑全面推行超低能耗建筑标准,城镇基本实现清洁取暖,可再生能源建筑应用面积占城镇新建建筑面积超过 70%。到 2030 年装配式建筑占当年城镇新建建筑的比例达到 40%;实施建筑能效提升工程,2030 年前新建居住建筑本体达到 83% 节能要求,新建公共建筑本体达到 78% 节能要求。建筑用能电气化,到 2030 年建筑用电占建筑能耗比例达到 45% 以上,新建公共建筑全面电气化比例达到 20%。

到 2025 年,城镇建筑可再生能源替代率达到 8% 以上,新建公共机构建筑、新建厂房屋顶光伏覆盖率力争达到 50%。

推动施工现场建筑垃圾减量化,到 2030 年新建建筑施工现场建筑垃圾排放量不高于 $300t/10^4 m^2$。完善建筑垃圾资源化利用体系,实行分类合理利用,采取固定与移动相结合的建设模式,统筹规划、合理布局建设完善建筑垃圾处置利用设施。工程渣土可采用就地回填、堆土造景、制砖等资源化利用方式,工程垃圾和拆除垃圾生产再生骨料、路基施工。市政基础设施、公共设施、海绵城市等建设项目优先使用符合质量标准或取得绿色建材标识的再生产品。到 2025 年建筑垃圾资源化利用率达到 40% 以上,综合利用达到 80% 以上,2030 年建筑垃圾资源化利用率达到 55% 以上。

8.6 推动绿色低碳技术研发

要加大节能减排科技投入,加强低碳技术创新,加快推进低碳技术产业化、低碳产业规模化发展,持续推进低碳技术科技成果转移转化。聚焦昌黎县钢铁、建材、水泥等优势主导产业,加强与国内、国际科研机构和先进企业的交流合作,积极拓宽低碳发展交流合作渠道;同时,针对昌黎县产业发展实际,狠抓突出重点领域关键低碳技术创新,建立昌黎县能源、工业、交通等低碳发展技术体系,推动 CCUS 等方面技术研发和示范应用,促进构建昌黎县重点产业与低碳协调高质量发展的良好局面。

采取"揭榜挂帅"机制，实施一批具有前瞻性、战略性的重大前沿科技项目，开展低碳零碳负碳关键核心技术攻关。如充分利用当地钢铁产业特色，开展氢冶金技术研发及应用示范，推进超低耗碳减排装置研发及技术攻关。

加强低碳技术研发及低碳人才储备工作，加快推动低碳相关技术进步，积极推广和应用新产品、新技术、新材料。加强对氢能"制、储、运、加、用"全链条技术研发与攻关，加大开展低碳发展能力建设的培训工作力度，邀请国内一线专家、人才对相应负责部门和技术团队定期开展培训工作，积极学习吸收国内外先进理念、技术和管理经验，建立一支技术过硬的低碳人才队伍，为新质生产力的发展提供人才支撑。

8.7 推进钢铁企业超低排放

宏兴钢铁为更好推进节能减排和提高产品质量，解决现有竖炉焙烧球团生产线单机能力小，加热不均，对原料适应性差的缺点，规划通过淘汰现有4台$10m^2$竖炉，建设1条200万t/a链箅机-回转窑球团生产线。项目完成后可削减颗粒物、二氧化硫、氮氧化物排放量分别不少于171.902t/a、255.47t/a、290.036t/a。链箅机-回转窑可用燃料种类较多，可以使用天然气、高热值煤气、重油以及煤等多种燃料，电耗和燃料单位消耗低，污染排放易于控制。为此规划与之配套的天然气储备项目，采用天然气作为200万吨链箅机-回转窑焙烧燃料，符合我国能源利用和发展政策，达到减碳目的。

安丰钢铁拆除现有10座年总石灰生产能力63万吨的石灰竖窑，采用国际先进的意大利麦尔兹石灰窑技术，建设3×600t/d麦尔兹并流蓄热式石灰窑生产线及配套设施项目。由于麦尔兹石灰窑这种竖窑采用了并流蓄热系统，废热得到了充分利用，节能效果显著，热耗低；技改前年产63万吨石灰，吨石灰能耗为134.02kg；技改后年产60万吨石灰，吨石灰能耗108.9kg，吨石灰能耗可由原来的134.02kg降到108.9kg。

建设环保管控治一体化平台。一体化平台系统可将所有有组织、无组织监测和治理设施均实现联网，对全公司所有涉及无组织排放实行TSP监控、空气质量监控、高清视频监控等有效监控，实现全厂有组织、无组织、物流运输及门禁系统管控信息化、数据化、智能化。通过全天候在线监控企业污染物排放情况及污染处理设施运行情况，构建全方位、多层次、全覆盖的企业环境监测网络，实现企业各类污染物的污染预防、达标排放，提高环境管理工作效率，对监测数据进行深度挖掘与应用，以更精细的动态方式实现企业环境管理和决策的智慧化。

8.8 推动高炉富氢冶炼示范

昌黎县兴国精密机件有限公司与上海大学合作立项的"高炉富氢低碳冶炼关键工艺技术研究与示范（21DZ1208900）"项目获得上海市首批双碳专项项目1000万的经费支持，用以建设高炉富氢低碳技术研发试验系统平台，共同研究先进的氢冶金技术。目前该中心建造了我国首台套以"40m^3可解剖试验炉"为核心的半工业化试验系统，形成车载高压供氢-卸压喷吹-氢冶金联用平台，完成了我国首次以纯氢为喷吹气源进行高炉富氢冶炼技术开发试验，获得了钢铁生产中大规模安全使用氢气的经验。以目前兴国精密拥有的450m^3铸造高炉进行富氢冶炼，按照降低焦比10%以上、减少二氧化碳排放量10%以上计算，每吨铁可节省焦炭成本约100元，减少二氧化碳排放约143kg，公司年降低二氧化碳排放约84942t。在此基础上积极谋划绿色制氢、储氢附属项目，其主要是利用光伏发电等绿色能源建设制氢，项目计划投资1.78亿元，建成后单日可产氢30万立方米。总体规划的"30万m^3/d可再生能源电解水制氢-450m^3高炉富氢冶炼-炉顶煤气循环"工业化应用示范项目，可实现制氢-氢气储输-富氢冶金-碳捕集循环的全链条技术创新，预计可实现吨铁降碳30%～50%。

8.9 推进冀东水泥绿色制造

为推进绿色制造，淘汰落后产能，促进工业节能降耗，推出工业领域降碳减污行动方案，昌黎冀东水泥有限公司改造循环风机，窑头、窑尾罗茨风机和更换空压机。循环风机改造是拆除原有循环机的上、下壳体、出风口、入口调节阀门以下非标装置，风机润滑管路等，更换高效循环风机。原风机按照年运转6120h，每千瓦时按0.5元计算，改造完成后功耗按照降低375kW·h，年节约电量约229.5万kW·h，年节约电费114.75万元。窑头、窑尾改造罗茨风机是将原有两台罗茨风机（一台ZG150，一台ZG200）拆除，更换为两台磁悬浮鼓风机。改造后，按照年平均运行7200h估算，年节约电量为25.5万kW·h，电费按照0.5元/(kW·h)计算，年节约电费为12.7万元。购置的1台新型双级压缩变频水泥空压机，预测每吨可降低系统电耗0.41kW·h。

8.10　全面推动绿色低碳消费

搞好顶层设计，推动低碳政策的落实，切实践行低碳发展理念，并强化低碳发展意识的宣传，充分依托互联网、广播电视等现代传媒手段，利用全国低碳日、节能宣传周、环境日等，充分调动居民和企业低碳践行的主动性，提高低碳认知度，培养低碳素养。

加大居民生活绿色电力使用力度，改进农业农村用能方式，因地制宜推进生物质能、太阳能等可再生能源在农村生活中的应用，鼓励农村开展秸秆制沼气，推广节能环保灶具等设备，提升农村用能电气化水平。通过推广新能源车使用，加快发展新能源车充电桩等配套建设，优化县城与乡镇充电桩布局，减少车辆油品消耗。通过鼓励个人购买新能源车辆，推动电动汽车下乡等方式，推动交通用能绿色化，同时，积极倡导"135"绿色出行方式，即1km内步行，3km内自行车骑行，5km内选择公交，减少能源消耗。

参考的规划及政策等文件

一、昌黎县的规划及政策文件

[1] 《昌黎县国民经济和社会发展第十四个五年规划和二〇三五年远景目标纲要》
[2] 《昌黎县统计年鉴》(2018—2022 年)
[3] 《昌黎县交通运输业发展"十四五"规划研究报告》
[4] 《昌黎县综合交通运输"十四五"规划报告》
[5] 《昌黎县"十四五"现代农业发展规划》
[6] 《昌黎县现代农业发展总体规划(2015—2025 年)》
[7] 《昌黎县农业总体情况》(2022 年)
[8] 《昌黎县国土空间总体规划(2021—2035 年)》
[9] 《昌黎县土地利用总体规划(2010—2020 年)修改方案》
[10] 《昌黎县绿色建筑专项规划(2020—2025 年)》
[11] 《昌黎县绿色建筑专项规划(编号 130322)图纸图则》(2020 年)
[12] 《昌黎县"十四五"林业发展思路及规划》
[13] 《昌黎县森林资源的总面积及种类,开发利用现状》(2023 年)
[14] 《昌黎动态库数据》(2023 年)
[15] 《昌黎冀东水泥有限公司 2022 年能源利用状况报告》

二、秦皇岛市规划及政策文件

[1] 《秦皇岛市国民经济和社会发展第十四个五年规划和二〇三五年远景目标纲要》
[2] 《秦皇岛市统计年鉴》(2018—2022 年)
[3] 《秦皇岛市综合交通运输发展"十四五"规划》
[4] 《秦皇岛市"十四五"循环经济发展规划》

三、河北省的规划及政策文件

[1] 《关于完整准确全面贯彻新发展理念认真做好碳达峰碳中和工作的实施意见》
[2] 《河北省碳达峰实施方案》
[3] 《河北省"十四五"节能减排综合实施方案》
[4] 《河北省科技支撑碳达峰碳中和实施方案(2023—2030 年)》
[5] 《财政支持碳达峰碳中和政策措施》
[6] 《河北省城乡建设领域碳达峰实施方案》

[7] 《关于建立健全绿色低碳循环发展经济体系的实施意见》
[8] 《河北省工业领域碳达峰实施方案》
[9] 《河北省"十四五"工业绿色发展规划》
[10] 《河北省建设京津冀生态环境支撑区"十四五"规划》
[11] 《河北省国民经济和社会发展第十四个五年规划和二〇三五年远景目标纲要》
[12] 《美丽河北建设行动方案(2023—2027年)》
[13] 《河北省公路发展"十四五"规划》
[14] 《石家庄市建材行业碳达峰实施方案》
[15] 《石家庄市工业领域碳达峰实施方案》
[16] 《石家庄市"十四五"节能减排综合实施方案》
[17] 《石家庄市"十四五"时期"无废城市"建设实施方案》
[18] 《关于加快推进绿色低碳循环发展经济体系的若干措施》
[19] 《唐山市碳达峰实施方案》
[20] 《唐山市"十四五"节能减排综合工作实施方案》
[21] 《唐山市"十四五"时期"无废城市"建设工作方案》
[22] 《唐山市工业领域碳达峰实施方案》
[23] 《关于加快建立统一规范的碳排放统计核算体系实施方案》
[24] 《唐山市减污降碳协同增效实施方案》
[25] 《唐山市关于建立健全绿色低碳循环发展经济体系的实施意见的通知》
[26] 《雄安新区城乡建设领域碳达峰实施方案》
[27] 《金融支持雄安新区绿色低碳高质量发展的指导意见》
[28] 《雄安新区近零能耗建筑核心示范区建设实施方案》
[29] 《雄安新区城乡建设领域绿色发展专项资金管理办法(试行)》
[30] 《雄安新区推进工程建设全过程绿色建造的实施方案》
[31] 《雄安新区银行业金融机构支持绿色建筑发展前置绿色信贷认定管理办法(试行)》
[32] 《承德市科技支撑碳达峰碳中和实施方案(2023—2030年)》
[33] 《承德市减污降碳协同增效实施方案》
[34] 《承德市城乡建设领域碳达峰实施方案》
[35] 《承德市"十四五"节能减排综合性实施方案》
[36] 《承德市"十四五"时期"无废城市"建设实施方案(2021—2025年)》
[37] 《张家口市绿色工厂创建实施方案》
[38] 《张家口市减污降碳协同增效实施方案》
[39] 《张家口市"十四五"时期"无废城市"建设实施方案》
[40] 《廊坊市"十四五"节能减排综合实施方案》
[41] 《保定市"十四五"时期"无废城市"建设工作方案》
[42] 《保定市"十四五"节能减排综合落实方案》
[43] 《沧州市"十四五"时期"无废城市"建设工作方案》

［44］《沧州市"十四五"节能减排综合实施方案》
［45］《邯郸市"十四五"时期"无废城市"建设实施方案》
［46］《邯郸市"十四五"节能减排综合实施方案》
［47］《衡水市"十四五"节能减排综合实施方案》
［48］《衡水市"十四五"时期"无废城市"建设实施方案》
［49］《邢台市"十四五"节能减排综合实施方案》
［50］《邢台市促进绿色消费实施方案》
［51］《邢台市"十四五"时期"无废城市"建设工作方案》
［52］《辛集市"十四五"节能减排综合实施方案》
［53］《定州市氢能产业发展规划（2021—2023）》
［54］《定州市建设节约型社会实施方案》
［55］《关于建立降碳产品价值实现机制的实施方案（试行）》
［56］《定州市"十四五"节能减排综合实施方案》
［57］《定州市氢能产业发展三年行动方案（2023—2025年）》
［58］《定州市"十四五"时期"无废城市"建设实施方案》

四、国家相关规划及政策文件

［1］《中共中央 国务院关于完整准确全面贯彻新发展理念做好碳达峰碳中和工作的意见》
［2］《2030年前碳达峰行动方案》
［3］《中国建筑能耗与碳排放研究报告（2021）》
［4］《建筑节能与绿色建筑发展"十四五"规划》
［5］《绿色建筑创建行动方案》
［6］《城乡建设领域碳达峰实施方案》
［7］《农业农村减排固碳实施方案》

参考文献

[1] 戴静怡,曹媛,陈操操.城市减污降碳协同增效内涵、潜力与路径[J].中国环境管理,2023,15(2):30-38.

[2] 杨华磊.碳达峰碳中和纳入生态文明建设整体布局的时代价值及实践进路[J].思想理论教育导刊,2022(10):147-153.

[3] 苏利阳.碳达峰、碳中和纳入生态文明建设整体布局的战略设计研究[J].环境保护,2021,49(16):6-9.

[4] 巢清尘."碳达峰和碳中和"的科学内涵及我国的政策措施[J].环境与可持续发展,2021,46(2):14-19.

[5] 孙晶琪,周奕全,王愿,等.市场型环境规制交互下减污降碳协同增效的效应分析[J].中国环境管理,2023,15(2):48-58.

[6] 庄贵阳,窦晓铭,魏鸣昕.碳达峰碳中和的学理阐释与路径分析[J].兰州大学学报(社会科学版),2022,50(1):57-68.

[7] 杨文琦,杨剑,张愉聆,等.中国碳排放权交易市场发展现状与对策探究[J].投资与创业,2023,34(19):148-150.

[8] 唐将伟,黄燕芬,张祎.国内碳排放权交易市场价格机制存在的问题、成因与对策[J].价格月刊,2024(2):1-10.

[9] 樊宇琦,丁涛,孙瑜歌,等.国内外促进可再生能源消纳的电力现货市场发展综述与思考[J].中国电机工程学报,2021,41(5):1729-1752.

[10] 李媛媛,等.碳达峰国家特征及对我国的启示[N].中国环境报,2021-4-13.

[11] 张楠,张保留,吕连宏,等.碳达峰国家达峰特征与启示[J].中国环境科学,2022,42(4):1912-1921.

[12] 周立.主要发达经济体从碳达峰到碳中和的路径以及启示[J].现代工业经济和信息化,2023,13(6):189-191.

[13] 樊星,李路,秦圆圆,等.主要发达经济体从碳达峰到碳中和的路径及启示[J].气候变化研究进展,2023,19(1):102-115.

[14] 曲建升,陈伟,曾静静,等.国际碳中和战略行动与科技布局分析及对我国的启示建议[J].中国科学院院刊,2022,37(4):444-458.

[15] 李岚春,陈伟,岳芳,等.英国碳中和战略政策体系研究与启示.中国科学院院刊,2023,38(3):465-476.

[16] 汪惠青,魏天磊.欧盟碳治理的最新进展、经验总结及相关启示[J].西南金融,2022(5):3-15.

[17] 董利苹,曾静静,曲建升,等.欧盟碳中和政策体系评述及启示[J].中国科学院院刊,2021,36(12):1463-1470.

[18] 丁一,李川.碳交易体系建设的国际实践与启示[J].清华金融评论,2023(2):17-19.

[19] 贺城. 借鉴欧美碳交易市场的经验,构建我国碳排放权交易体系[J]. 金融理论与教学,2017(2):98-103.

[20] 陈骁,张明. 碳排放权交易市场:国际经验、中国特色与政策建议[J]. 上海金融,2022(9):22-33.

[21] 丁粮柯,梅鑫. 中国碳排放权交易立法的现实考察和优化进路——兼议国际碳排放权交易立法的经验启示[J]. 治理现代化研究,2022,38(1):88-96.

[22] 白彦锋. 推动"双碳"目标如期实现的财税政策选择[J]. 人民论坛,2023(24):92-95.

[23] 袁宇良,杨月,盛雪柔,等. 碳达峰碳中和政策解析与对策建议[J]. 山东大学学报(工学版),2023,53(5):132-141.

[24] 吴晗,滕柯延,路超君. 部分国家和地区碳达峰情况比较研究及对中国的启示[J]. 环境工程技术学报,2022,12(6):2032-2038.

[25] 陈虹铮. 我国碳排放权交易监管制度研究[D]. 福州:福建农林大学,2023.

[26] 王钰珏. 基于碳排放强度目标的碳排放配额分配机制研究[D]. 西安:西安理工大学,2023.

[27] 张叶东. "双碳"目标背景下碳金融制度建设:现状、问题与建议[J]. 南方金融,2021(11):65-74.

[28] 黄玉婷,昌灏. 碳金融:以市场化机制助推双碳目标达成[J]. 经济研究导刊,2023(8):65-67.

[29] 郑军,刘婷. 主要发达国家碳达峰碳中和的实践经验及对中国的启示[J]. 中国环境管理,2023,15(4):18-25,43.

[30] Word Resources Institute. Turning Points:Trends in Countries' Reaching Peak Greenhouse Gas Emissions over Time[R/OL][2022-12-25].

[31] 张雪. 低碳经济下食品加工企业环境绩效评价及影响因素分析[D]. 天津:天津科技大学,2024.

[32] 阳平坚,彭栓,王静,等. 碳捕集、利用和封存(CCUS)技术发展现状及应用展望[J]. 中国环境科学,2024,44(1):404-416.

[33] 史家乐,李静,海燕. 水泥行业碳源分析及碳排放核算研究[J]. 水泥,2023(11):20-23.

[34] 刘演景,黄春兰,唐华臣,等. 双碳背景下广西食品行业碳排放分析及路径研究[J]. 食品工业,2022,43(8):249-253.

[35] 张铮燕. 考虑碳排放的我国建筑业全生命周期能源效率研究[D]. 天津:天津大学,2016.

[36] 段萌. 山西省建筑业碳排放影响因素及达峰预测分析研究[D]. 太原:山西财经大学,2023.

[37] 胡婉玲,张金鑫,王红玲. 中国种植业碳排放时空分异研究[J]. 统计与决策,2020,36(15):92-95.

[38] 侯越斌,徐伟,王选,等. 基于调研数据的河北平原农村温室气体排放核算与分析[J]. 中国环境科学,2024(4):1-11.

[39] Agency I E. 2006 IPCC guidelines for National Greenhouse Gas Inventories. Geneva:IPCC,2006.

[40] 薛小军,侯智华,张红昌,等. 碳中和背景下燃气热电联产与地源热泵耦合替代燃气锅炉供热研究[J]. 动力工程学报,2022,42(4):7.

[41] 周在峰. 智燃热电双碳减排全应科技助力造纸行业热电智能化转型升级[J]. 造纸信息,2022(8):75-77.

[42] 劳金旭，郑威，巩志强，等．山东电网不同类型热电机组供热与调峰性能研究[J]．山东电力技术，2022，49（4）：5．

[43] 林晓晟，史双铭，王玉，等．"双碳"背景下吉林省集中供热行业碳排放基准线及降碳潜力研究[J]．绿色科技，2023，25（2）：132-136．

[44] 王开亭，李小斌，张红娜，等．集中供热系统中应用湍流减阻剂的节能减排综合性能评价[J]．综合智慧能源，2022，44（9）：11．

[45] 艾平，彭宇志，金柯达，等．面向低碳村镇的可再生能源热电联供系统仿真与优化[J]．农业机械学报，2023（S2）：350-358，399．

[46] 钱增学．热电联产企业碳排放数据处理及减排对策研究[J]．合成技术及应用，2022，37（3）：48-51．

[47] 郝建．热电厂热网扩容改造及热负荷分析[J]．能源与节能，2022（10）：58-60．

[48] 夏磊，刘慧，梁诗敏，等．生物质废弃物热电联产温室气体减排量核算及讨论分析[J]．农业与技术，2023，43（10）：112-114．

[49] 陈亚梅，姜璐，严萌，等．基于文献计量的燃煤电厂碳排放研究进展[J]．辽宁大学学报（自然科学版），2023，50（2）：107-118．

[50] 黄宇箴，陈彦奇，吴志聪，等．碳中和背景下热电联产机组抽汽分配节能优化[J]．发电技术，2023，44（1）：9．

[51] 朱家华，穆立文，蒋管聪，等．生物质协同流程工业节能、降污、减碳路径思考[J]．化工进展，2022，41（3）：1111-1114．

[52] 尹晶晶，张燕茹，柳仲毓，等．碳普惠制下公交出行碳减排潜力分析——以厦门市为例[J]．低碳世界，2024，14（1）：1-3．

[53] 张晶，高源．内蒙古自治区交通领域碳减排政策需求分析[J]．内蒙古公路与运输，2023（6）：45-49，62．

[54] 王震坡，詹炜鹏，孙逢春，等．新能源汽车碳减排潜力分析[J]．北京理工大学学报，2024，44（2）：111-122．

[55] 张丽娟．浙江省交通领域低碳发展举措的碳减排成效分析[J]．综合运输，2023，45（7）：32-35．

[56] 方涵潇，刘灿，蒋康，等．湖南省交通运输领域碳排放达峰路径研究[J]．交通运输系统工程与信息，2023，23（4）：61-69．

[57] 王璐琪，叶启智，叶浩良．多层次视角下城市群交通基础设施系统碳减排推进路径[J]．生态经济，2023，39（7）：86-92．

[58] 马冬，窦广玉，彭頔．我国机动车碳减排潜力分析及建议[J]．世界环境，2023（3）：56-59．

[59] 朱育严．"双碳"背景下交通运输行业技术发展建议[J]．上海节能，2023（2）：134-140．

[60] 詹炜鹏，王震坡，邓钧君，等．基于大数据的电动汽车行驶阶段碳减排影响因素分析[J]．汽车工程，2022，44（10）：1581-1590．

[61] 王佳琦，闫承凯，席欧，等．"双碳"目标下交通运输行业的绿色金融发展研究[J]．交通节能与环保，2022，18（5）：55-59．

[62] 章轲．绿色货运体系加快形成污染防治和碳减排待深化[N]．第一财经日报，2022-10-14（A02）．

参考文献

[63] 康泽军,任焕焕,程明,等.新能源汽车使用环节碳减排方法学研究[J].石油石化绿色低碳,2022,7(4):20-25.

[64] 王双.金融支持绿色交通现状与展望[J].金融纵横,2023,(7):35-41.

[65] Bi J, Zhang R R, Wang H K, et al. The benchmarks of carbon emissions and policy implications for China's cities: Case of Nanjing[J]. Energy Policy, 2011, 39(9): 4785-4794.

[66] Klöwer M, Hopkins D, Allen M, et al. An analysis of ways to decarbonize conference travel after COVID-19[J]. Nature, 2020, 583(7816): 356-359.

[67] Bi J, Zhang R R, Wang H K, et al. The benchmarks of carbon emissions and policy implications for China's cities: Case of Nanjing[J]. Energy Policy, 2011, 39(9): 4785-4794.

[68] 刘莉娜,曲建升,邱巨龙,等.1995—2010年居民家庭生活消费碳排放轨迹[J].开发研究,2012(4):117-121.

[69] 郭璇.消费主义视角下北京城市居民生活碳消费结构与碳减排潜力研究[D].上海:华东师范大学,2017.

[70] 李栋,祁兴芬,刘富刚.基于节能减排的农村居民生活碳排放研究——以德州市为例[J].安徽农业科学,2014,42(1):3.

[71] 刘长松.家庭碳排放与减排政策研究[M].北京:社会科学文献出版社,2015.

[72] 王素凤,赵嘉欣,贾宇枝子,等.基于STIRPAT模型的安徽省居民生活能源碳排放影响因素实证研究[C]//2019中国环境科学学会科学技术年会.[2024-03-02].

[73] 王悦,李锋,陈新闯,等.典型社区家庭消费碳排放特征与影响因素——以北京市为例[J].生态学报,2019,39(21):7840-7853.

[74] 李云峰,张大为,王春香,等.居民家庭生活碳排放特征及减排路径研究——以昆明市为例[J].低碳经济,2022,11(3):10.

[75] 韦洪莲.加快塑料包装废物减量化,推进绿色低碳循环发展[J].资源再生,2021(7):13-15.

[76] 中国环境与发展国际合作委员会课题组.绿色转型与可持续社会治理专题政策研究报告[R].2021.

[77] 李银银,徐军.钢铁企业各工序碳排放量核算方法研究[J].冶金经济与管理,2023(5):27-30.

[78] 李双江.河北安丰钢铁集团有限公司2022年度温室气体排放核查报告[R].石家庄:河北科技大学,北京卡本能源咨询有限公司,2023.

[79] 李双江.秦皇岛宏兴钢铁有限公司2022年温室气体排放核查报告[R].石家庄:河北科技大学,北京卡本能源咨询有限公司,2023.

[80] 李双江.秦皇岛顺先钢铁有限公司2022年温室气体排放核查报告[R].石家庄:河北科技大学,北京卡本能源咨询有限公司,2023.

[81] 宋伟明.昌黎县兴国精密机件有限公司2022年温室气体排放核查报告[R].石家庄:河北省电子信息技术研究院,2023.

[82] 上官方钦,崔志峰,周继程,等.双碳背景下中国电炉流程发展战略研究[J].钢铁,2024,59(1):12-21.

[83] 张颖,王莹,查松妍,等.钢铁行业氢冶金技术路线及发展现状[J].烧结球团,2023,48(4):8-15,23.

[84] 龚奂彰，黄秀玉. 钢铁行业碳捕集技术的典型应用[J]. 低碳化学与化工，2023，48（5）：103-108.

[85] 2022 中国城镇污水处理碳排放研究报告[J]. 城乡建设，2023（4）：60-67.

[86] 2022 中国城市生活垃圾处理碳排放研究报告[J]. 城乡建设，2023（8）：72-79.

[87] 赵伟华，王艳艳，白萌，等. 农村污水处理过程的碳排放核算与碳减排研究综述[J]. 市政技术，2023，41（10）：1-6，276.

[88] 张学茸. 污水处理厂的温室气体排放核算方法学研究[D]. 北京：北京建筑大学，2023.

[89] 王仕，夏金雨，蒋玉君，等. 垃圾分类下焚烧与填埋处理过程及碳排放核算——以苏州市为例[J]. 黑龙江环境通报，2023，36（7）：20-22.

[90] 龙吉生，阮涛. 生活垃圾焚烧发电厂热电联产碳减排效益分析[J]. 环境卫生工程，2023，31（4）：46-51.

[91] 李庆伟，陈振明，岳清瑞，等. 钢结构制造全过程碳排放与碳减排研究[J]. 建筑结构，2023，53（17）：8-13.

[92] 何旭丹，王焕松，贾学桦，等. 中国造纸和纸制品行业碳排放特征及减排路径分析[J]. 中国造纸，2023（11）：144-151.

[93] 程言君，张亮，王焕松，等. 中国造纸工业碳排放特征与"双碳"目标路径探究[J]. 中国造纸，2022，41（4）：1-5.

[94] 刘志海. 我国平板玻璃行业碳排放现状及减排措施[J]. 玻璃，2020，47（1）：1-6.

[95] 宁可，孙晓峰，王均光. 我国日用玻璃行业碳排放特征及减排措施[J]. 环境科学研究，2022，35（7）：1752-1758.

[96] 李润. 邯郸市碳排放影响因素及碳达峰情景预测研究[D]. 邯郸：河北工程大学，2023.

[97] 郭海兵，孟晨. 基于 STIRPAT 模型的碳排放预测——以连云港市为例[J]. 城市建设理论研究（电子版），2023（23）：196-198.

[98] 刘茂辉，刘胜楠，孙猛，等. 基于 STIRPAT 模型的天津市碳达峰和碳中和分析[J]. 环境保护与循环经济，2022，42（2）：8-13.

[99] 相楠，徐峰. 基于结构与效率双控的北京市碳达峰优化路径仿真模拟研究[J]. 北京工业大学学报（社会科学版），2022，22（4）：68-87.

[100] 姚明秀，王淼薇，雷一东. 基于 STIRPAT 模型的上海市碳达峰预测研究[J]. 复旦学报（自然科学版），2023，62（2）：226-237.

[101] 杨桂才，张峰. 多情景模拟下资源枯竭型城市能源消费碳达峰预测研究——以铜陵市为例[J]. 城市建设理论研究（电子版），2022（29）：22-24.

[102] 胡跃东. 鄂尔多斯市实现"碳达峰"路径研究[J]. 北方经济，2022（6）：22-24.